大学課程

機構学

改訂２版

稲田 重男
森田 鈞
長瀬 亮
原田 孝　共著

第 1 版のまえがき

現代は機械の時代である．私どもの日常生活も機械の働きなくしては成り立たないといってもよい．自動車，ミシン，耕うん機などは私どもが直接扱う機械であり，また私どもの周囲にあるいろいろの品物，たとえば，衣料品，家庭用品，新聞などいずれも機械の産物である．それではこれらの機械はいったいどのような構造を持っているのであろうか．なかには比較的簡単なものもあるが，原動機，工作機械，印刷機械，紡織機械などには驚くほど複雑な構造を持ったものがあり，一見近寄りがたい様相を示しているが，これらの複雑な機械もこれを分析してその構成要素の運動を見ると案外簡単な原理から成り立っているのであって，上記の複雑な各種の機械はこの簡単な原理を組み合わせ発展させているのにすぎない．機構学というのはこのような機械を構成している個々の要素の形とそれらの間の相対運動について研究する学問であって，機械を設計し制作するための基礎となるものである．したがって，機構学は機械の誕生とともに誕生し，そして機構学の進歩がすなわち機械の進歩となって，現在の輝やかしい機械の時代をつくっているものといえる．それであるから機構学の歴史は古く，そのだいたいの体系もかなり以前からでき上がっていて現在にいたるもそれほどの変化はないように見えるが，その内容は非常な進歩を見せているのであって，たとえば歯車とかカムとかの理論についても続々と新しい研究成果が発表され，それがまた実際に応用されて現在の優秀な歯車なりカムなりとなっているのである．

本書は筆者らが大学機械工学科の学生に対して講義しているところを基にして機構学の基礎的なところのみを入門的になるべく平易に記述したものであって，機械工学に志す学生諸君，現に機械を取り扱っておられる若い技術者，ならびに機械に興味を持つ一般の方々などにいくらかでも御参考になることができたならばはなはだ有難いことと考える次第である．

本書は OHM 文庫中の一書として，「機構学入門」の書名で 1959 年に初版が発行されたのであるが，幸にして大方の好評を得て1965年までに12版を重ねることができ，またその間多くの大学からも教科書あるいは参考書として御採用をいただいたことは，誠に光栄の至りであった．

今回装いを改め新書版として発行するにあたり，少し内容を改めたが，全体の構成は旧版と同様としておいて，ただ表現方法に多少手を加える程度とした．しかし歯車装置と巻掛け伝動装置に関してはいくらかの増補を行ない，また用語ならびに表示方法をJISに示されたものによるようにした．その他各章ごとに演習問題とその解答を入れて，勉学の参考に資することにした．

今後も折にふれて内容を充実していきたいと念願しておる次第であるが，読者諸賢におかれましても不備の点や，説明不足などを御指摘をいただければ甚だ幸いと思っております．

終りにのぞみ本書を草するにあたって野口尚一先生の「機構学」，丹羽重光先生の「機構学」，その他多くの著書に御教示を仰いだことを厚く御礼申し上げます．

1966年2月

稲田重男
森田鈞

改訂2版にあたって

本書の原著者である稲田重男先生と森田鈞先生は，日本の機械工学教育のさきがけとして数多くの機構学に関する教科書をご執筆されてこられました．原書は日本国内の機構学の教科書の原点として位置づけされ，その後出版された数多くの機構学の教科書に多大なる影響を与えています．このたび，近年の新しい技術体系の内容を盛り込み，本書が今後も次世代の技術者教育に役立ててもらえるよう改訂が企画されました．

残念なことに稲田重男先生，森田鈞先生はご逝去されましたが，あらためて原書を精読しますと，最近の教科書では簡略化されている内容が妥協を許さずに実に緻密に解説されていることに驚かされます．今回の改訂では原書に込められた両先生のお考えを継承し，新しい時代を迎える機構学の教科書の礎となることを意識しました．

まず，「自由由度解析」では，グリュブラー方程式の解説と同時に，関連する解析力学との連携を意識して対偶の拘束条件の説明を行いました．「瞬間中心」に関しては，同次座標系を導入して瞬間中心が無限遠点に存在する場合の扱いを解説しました．「機構解析」および「カムや歯形の輪郭形状計算」では空間運動解析へも発展可能な手法として，機構解析にベクトルループ解析を，輪郭形状計算には曲線群の包絡線解析を導入しました．

なお，今回の改訂で導入した解説方法は，他の一般的な機構学教科書の内容とは一線を画してはおりますが，原書にしたためられた妥協を許さない稲田先生と森田先生のご意思を継承するものと考えております．

末筆に，本改訂版の完成を，故 稲田重男先生，故 森田鈞先生にご報告申し上げるとともに，本書が引き続き機械工学の教育にご活用いただけることを願って，改訂版の序といたします．

2016年10月

著者らしるす

目　　次

第1章 総　　論

第2章 リンク装置

第3章 カム装置

第4章　摩擦伝動装置

第5章　歯　車　装　置

第6章　巻掛け伝動装置

第1章　総　　論

1・1　序　　説

1・1・1　機構学について

機構学（theory of mechanism）は，ときには機械運動学（kinematics of machine）ともいわれるものであって，機械の動き方を研究する学問である．したがって，ここでは

① 機械を構成する要素，すなわち機素（たとえば，歯車，カムなど）の形の研究

② 各機素相互間の運動を支配する法則の研究

が主として行われる．これらの研究を行う場合，実際の機械をそのままの形で取り扱うことは不便なので，一般にこれを単純化した形で取り扱い，また各部には質量はないものとする．したがって，機構学においては，物の形，変位，速度，加速度について論じるのであって，ある運動をさせるのにはどれほどの力を必要とするか，また慣性はどれくらいかというようなことまでは論じないのが普通である．しかし，場合によっては，たとえばベルト伝動においては，ベルトの張力とか摩擦力とかを考えないわけにはいかないこともある．

機構学は，このようにして機械を構成する各部の形と，それら相互間の運動の条件を明らかにして，それによってある機械を設計する場合に，その機械の目的を達成するにはどのような部品を用い，またそれらをいかに組み合わせれば最も合理性のある立派な機械とすることができるか，ということに役立たせようとするものである．

1・1・2　機械と機構

機械（machine）とは，Franz Reuleaux によれば，**抵抗力のある物体の組合せであって，その各部はある限定された相対運動を行い，これによって自然のエネルギーをわれわれの欲する仕事に変じるもの**と定義されている．

すなわち，機械は物体の組合せであり，各部の間には相対運動があり，かつ，その運動はある一定の拘束された運動であって，しかもある仕事をするものでなければならない．したがって，物体の組合せであっても，相互の間に運動のない場合は機械とはいわない．それは**構造物**（structure）である．また，相互の間の運動がなんらの制限を受けず自由勝手である場合は，機械としての働きを期待しえない．工作機械にしても，紡績機械にしても，設計者の計画したとおりの一定の運動をすることによって予期したような仕事をなしうるのであって，自由自在に勝手な動きをしたのでは，目的の仕事をすることができない．そのほか時計，メータ，測長機などの測定器類は，一見機械に類似し，精密機械といわれることがあるが，これらのものは，ある仕事をさせる目的でなく，単に人間の感覚の補助として用いられる場合には，やはり機械でなく，**器具**（instrument）と呼ばれるのである．

実際の機械は，以上のような条件を備えた多数の物体の組合せから成り立っているが，その中から一組の物体の組合せを取り出し，それに対して各部分の形や，相互の間の限定された運動を調べる場合は，この一組の物体の組合せを**機構**（mechanism）と呼ぶことがある．この場合は，一般に力とか仕事とかを考える必要がないので，材質とか太さとかも考える必要がなく，したがって，場合によっては，その運動が全く同じ一定の限定された運動となるような点と線との組合せとして扱うことがある．たとえば，ガソリンエンジンあるいは圧縮ポンプなどを**図1･1**の（a）のように各部を表しても，（b）のように表しても，運動に関しては全く同じとみることができる．（b）のように表したものを**スケルトン**（skeleton）という．

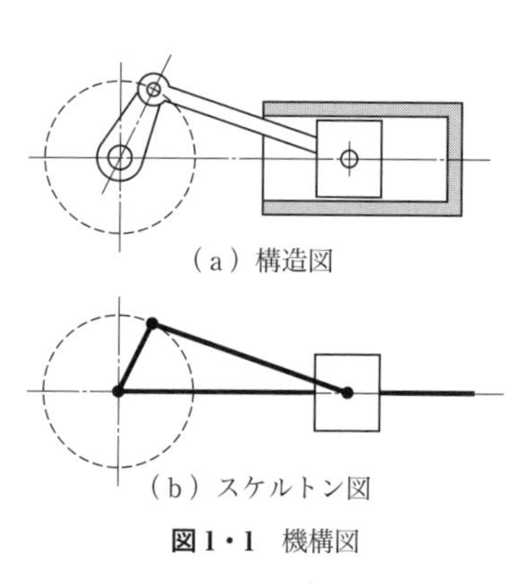

（a）構造図

（b）スケルトン図

図1･1 機構図

1･1･3 機素と対偶

機械を構成する個々の部分品を機構学においては**機素**（machine element）という．

機構学で扱う代表的な機素は，剛体，質点，弾性体，可撓体などである．**剛体**（rigid body）は力を加えても変形しない物体である．剛体は大きさを有するので，剛体の空間あるいは平面における運動は，位置，速度，加速度と同時に角度（姿勢），角速度，角加速度を考慮する必要がある．**質点**（point of mass）は，大きさを考慮しないで一点に質量が存在すると考える仮想的な物体である．質点には大きさがないので，その運動は位置，速度，加速度のみを考慮すればよい．剛体を質点に近似することで，剛体からなる機構の複雑な力学問題を簡単な問題に置き換えることができる．**弾性体**（elastic body）は力を加えると変形するが，力を取り除くと元の形状に戻る物体である．**可撓体**（flexible body）はベルト，ロープ，チェーンなどの張力が作用する条件下で機能する物体である．

また，二つの機素が相接して相互に運動する場合は，互いに**対偶**（pair）をなしているという．

そして，二つの機素が面で接触している場合は**面対偶**（低次の対偶 lower pair）といい，線または点で接触している場合は**線点対偶**（高次の対偶 higher pair）という．**図1・2**は面対偶の例であって，二つの機素の間の運動は**すべり運動**（sliding motion）であり，**図1・3**は線点対偶の例であって，すべり運動と**転がり運動**（rolling motion）とを行うことができる．

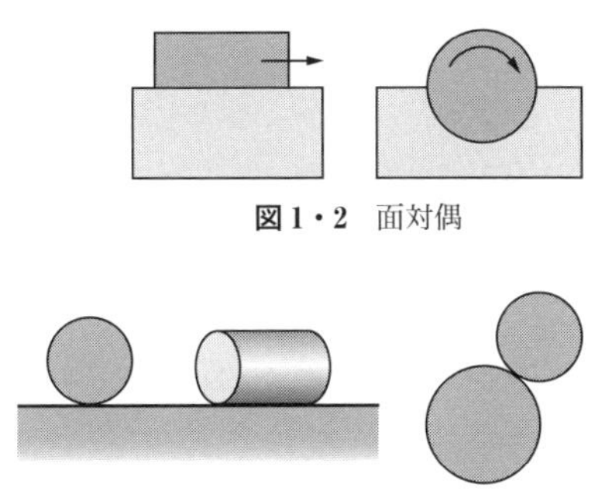

図1・2　面対偶

図1・3　点対偶と線対偶

これらの対偶をある一種の運動しかできないように拘束した場合は**限定対偶**（closed pair）といい，面対偶においては次の3種類となる．

① すべり対偶（sliding pair，prismatic pair）…… **図1・4**（a）
　　軸線方向のみに運動をする．

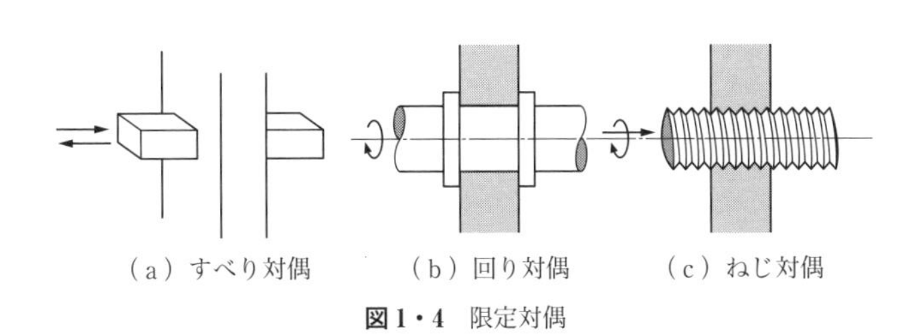

図1・4　限定対偶

② 回り対偶（turning pair, revolute pair）…… 同図（b）
　軸線のまわりに回転だけをする．

③ ねじ対偶（screw pair, helical pair）…… 同図（c）
　回転をしながら一定の割合で軸線の方向に進む．

1・1・4　リンクと連鎖

機素が互いに対偶をなして次々とつながり，その最後の機素がまた最初の機素と対偶をなすように環状につながったものを**連鎖**（chain）と名付け，その一つひとつの機素を**リンク**（link）または**節**（せつ）という．すなわち，機械はこのような連鎖から構成されているものと考えることができ，その構成要素の一つひとつを個々に考えるときは機素と呼び，それを連鎖の一員と考えたときはリンクと呼ぶ．

連鎖はこのように環状をなしているから，リンクには必ず二つ以上の対偶がある．**図1･5**（a）はa～dの4個のリンクからなり，各リンクはそれぞれ両端に回り対偶をもっているが，図（b）では，cのリンクは回り対偶とすべり対偶をもっている．これに対し図（c）では，a～fの6個のリンクよりなり，この中でaとdのリンクは3個の回り対偶をもっている．そこで，2個の対偶をもつリンクを**単リンク**（simple link），3個以上の対偶をもつリンクを**複リンク**（compound link）といって区別することもある．

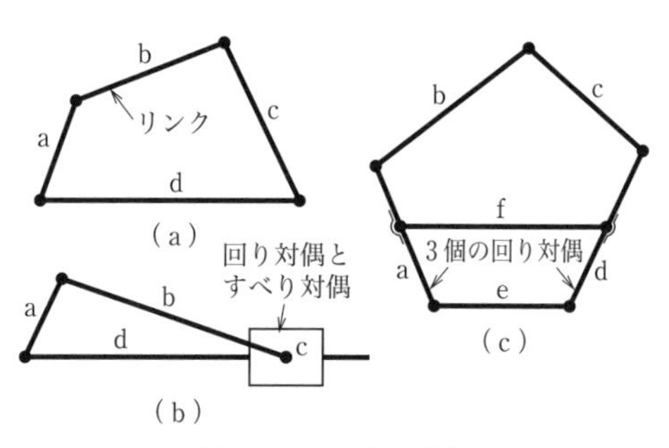

図1・5　リンクと連鎖

連鎖が**図1･6**（a）のように3個のリンクよりなる場合は，各リンクは相対運動はできないので，このようなものは**固定連鎖**（locked chain）といわれる．これに対し（b）のように4個のリンクよりなるときは，その一つのリンクを固定すると，他のリンクはある一定の運動だけが可能となるので，このようなものを**限定連鎖**（constrained chain, closed chain）といい，さらに，（c）のように5個以上のリンクよりなる場合は，その一つのリンクを固定したとき他のリンクの運動はある一つの運動に限定されないので，**不限定連鎖**（unconstrained chain）

という．しかしこの場合も，(d) のようにfのリンクを付加すれば，一定の運動のみをする限定連鎖とすることができる．そして，機械に用いられる機構はこの限定連鎖よりなるものである．

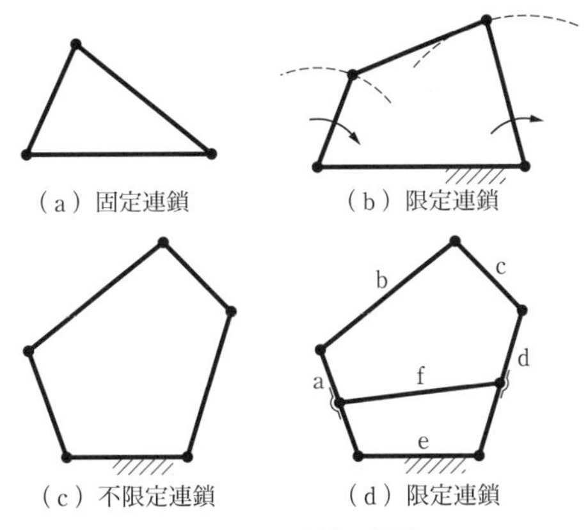

図1・6 連鎖の種類

次に，**図1･7** (a) は限定連鎖であって，dリンクを固定した場合，aはO_{ad}を中心として回転し，cはO_{cd}をを中心としてある範囲揺動する機構であるが，もし図 (b) のようにcを固定すると，今度はbとdがある範囲を揺動する機構となる．このように，同じ連鎖において固定するリンクを変えることにより別な機構となることを**連鎖の置換え** (inversion of chain) という．

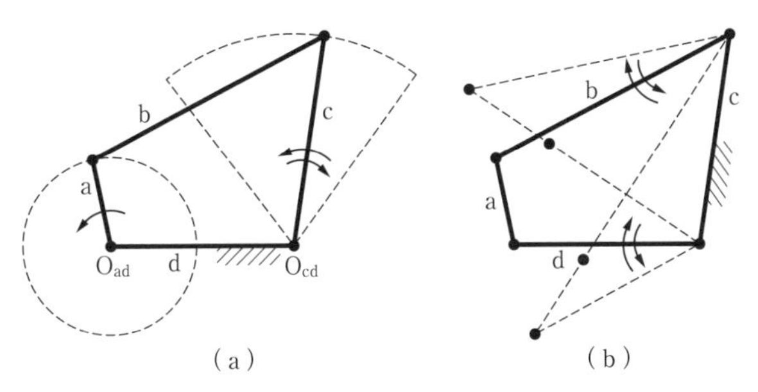

図1・7 連鎖の置換え

1・1・5 運動伝達方法

機構において，最初にエネルギーを取り入れて動くリンクを**原動節**＊ (driver) といい，原動節によって動かされるリンクを**従動節**＊＊ (follower) という．

原動節から従動節に運動を伝達する方法を分けると

① 直接接触 (direct contact) によるもの

・転がり接触によるもの

＊原節，主動節などともいう． ＊＊従節，被動節などともいう．

・すべり接触によるもの

・転がり接触とすべり接触の両方によるもの

② 中間媒介節（intermediate connector）によるもの

・硬質媒介節（rigid connector）によるもの

・巻掛け媒介節（wrapping connector）によるもの

とすることができる．

図1･8は直接接触による運動の伝達の例であって，図（a）は2個の円形の車を接触させて原動節dを回せば従動節fが回されるが，この場合は転がり接触である．図（b）はカムの例であって，カムdを回せばフォロワfが上下運動をする．フォロワと固定節の間はすべり接触，カムとフォロワの間は転がり接触とすべり接触によっている．図（c）は歯車の例で，dの歯車を回せばfの歯車が回されるが，このとき歯面においてはすべり接触と転がり接触が同時に存在する．

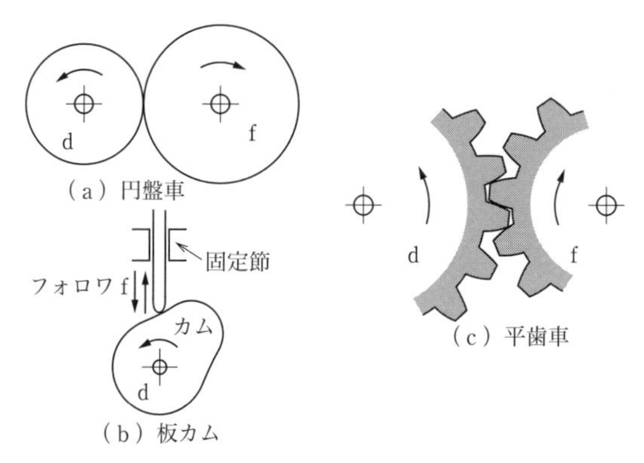

図1・8　直接接触による伝達

図1･9は中間媒介節を用いて間接に運動を伝達する場合の例であって，図（a）では，金属などの硬い材料でつくった連接棒cを媒介節としてdを回せば，fが回される．また図（b）においては，ベルトやチェーンのように自由に曲げることのできるcを媒介節として2個の車に巻き掛けておくと，dを回せばcによってfが回される．

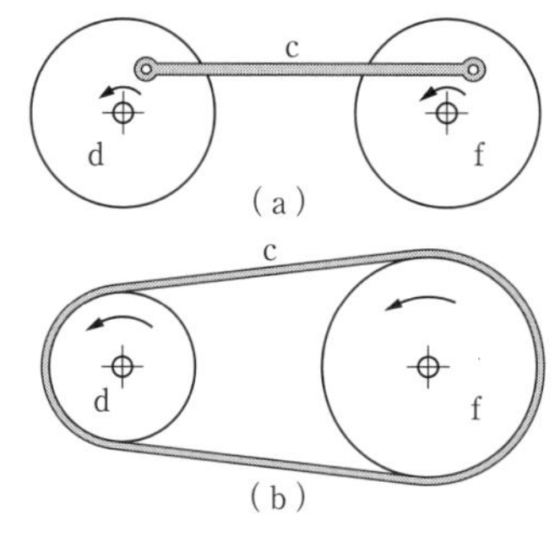

図1・9　中間媒介節による伝達

1・2　機構における運動

1・2・1　運動の種類

機械は非常に複雑な運動をするように見えるが，その運動を分析してみると，実はそれほど複雑なものではなく，ほとんど

① 平面運動（plane motion）

② 球面運動（spherical motion）

③ らせん運動（screw or helical motion）

の3種のどれかであるとみてよい．しかも大部分は平面運動に属するものであって，球面運動，らせん運動をする場合はごく少数である．

平面運動というのは，物体上のすべての点がそれぞれある一平面内においてのみ運動する場合で，物体が案内に沿ってすべり運動をする線運動と，その平面に直角な軸線のまわりを回る回転運動とがある．

球面運動というのは，物体上のすべての点がそれぞれ空間内である一定点から一定の距離を保ちつつ運動をする場合で，この定点を中心とする球面上を運動する．前の平面運動はこの球面運動の球の半径が無限大となった特別の場合とみることができる．

らせん運動というのは，物体上の各点がある軸線のまわりに回転すると同時にその軸線に平行に移動するような運動で，「ねじ」がその例である．

本章においては主として平面運動を対象として記述する．

1・2・2　瞬 間 中 心

運動をしている物体は，すべてある瞬間にはある点を中心として回転運動をしているものとみることができる．この点を**瞬間中心**（instantaneous center）と名付ける．

たとえば，点Mが**図1・10**のようにA～Dの経路を描いて運動したとすると，A点を通過する瞬間にはO_Aを回転の中心とするような運動をする．同様にB点ではO_Bを，C点ではO_Cを，D点ではO_Dをその通過する瞬間の回転の中心としている．これらのO_A，O_B，O_C，O_Dが瞬間中心である．もしM点が点Oを中心として円運動をしているならば，瞬間中心は常にO点であ

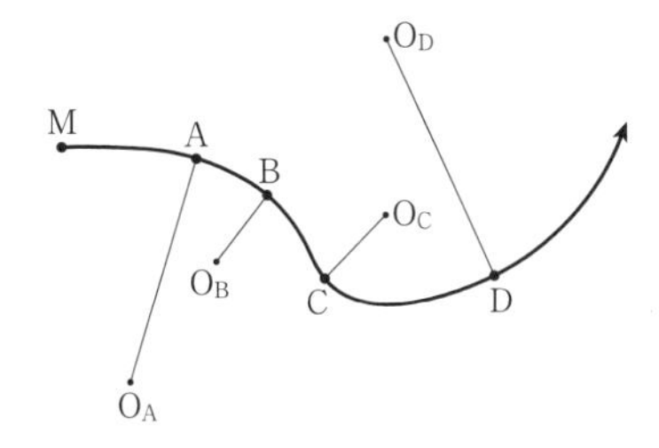

図1・10　瞬間中心

る．また，M点が直線運動をしているならば，瞬間中心は進行方向に対して直角の方向の無限の遠方にあると考えられる．なお，ある物体が他の物体と線点対偶をなして転がり運動をする場合は接触点が瞬間中心である．

いま，ある物体が**図1･11**のように点Oを中心として回転運動をしているとする．物体上の任意の二点A，BはもちろんOを中心として運動をする．したがって，各点の運動の方向は，その点と中心Oとを結んだ線に対して直角の方向である．このことから，物体上の任意の二点の運動の方向がわかれば回転の中心を求めることができる．すなわち，各点の運動の方向に垂直な線を引き，その交点を求めればよい．なお，各点の速度は回転の中心からの距離に比例する．

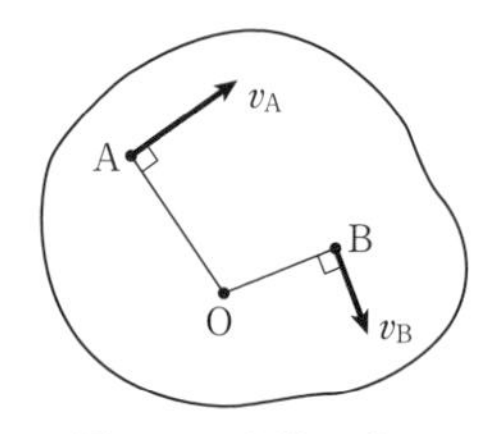

図1・11 回転の中心

次に，運動している物体の瞬間中心が次第にその位置を変える場合，たとえば，**図1･12**において物体ABがA′B′，A″B″，…… と運動をするとき，その瞬間中心がO，O′，O″，……のように移動したとすると，この瞬間中心の軌跡を**セントロード**（centrode）という．なお，いまはこのセントロードは空間に関して考えたが，もし移動する物体ABに関して考えた場合（ABに張り付けた紙に画く場合）はこれを**移動セントロード**（moving centrode，body centrode）といい，これに対して前の空間に関して考えたものを**固定セントロード**（fixed centrode，space centrode）という．

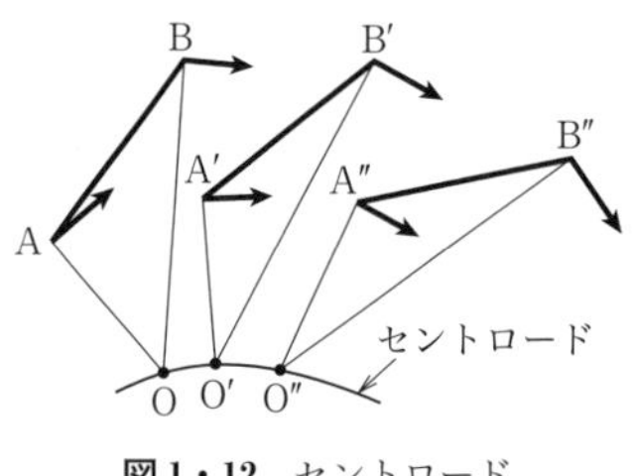

図1・12 セントロード

次に，2個の物体の間の瞬間中心がその2個の物体に関して定点である場合は，これを**永久中心**（permanent center）といい，その位置が機械の固定された部分に対して一定であるならば，これを**固定中心**（fixed center）という．**図1･13**において，リンクaとbとの間の相対運動の瞬間中心O_2，およびbとcとの間の相対運動の瞬間中心O_3は，aとbおよびbとcの2物体間では定まった点であるが，機械の基礎dに対しては位置を変えるので，これらは永久中心であるが，aとdとの間

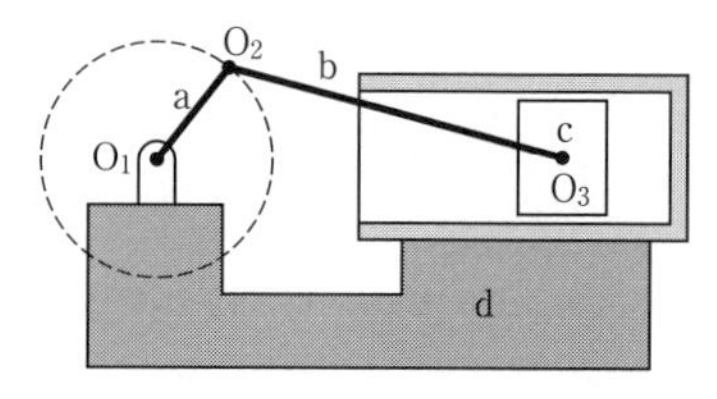

図1・13 永久中心O_2，O_3と固定中心O_1

の相対運動の瞬間中心 O_1 は，基礎 d に対する位置が定まっているので，これは固定中心である．

1・2・3　機構における瞬間中心の数

図 1・14 は 4 個のリンクからなる機構である．この場合，a と b との間の相対運動の瞬間中心は O_{ab} である．同様にして bc 間，cd 間，da 間および ac 間，bd 間にそれぞれ相対運動があり，そのおのおのに一つずつ瞬間中心がある．すなわち，4 個のリンクよりなる機構においては，その中の 2 個ずつとった組合せの数として 6 個の瞬間中心が存在する．

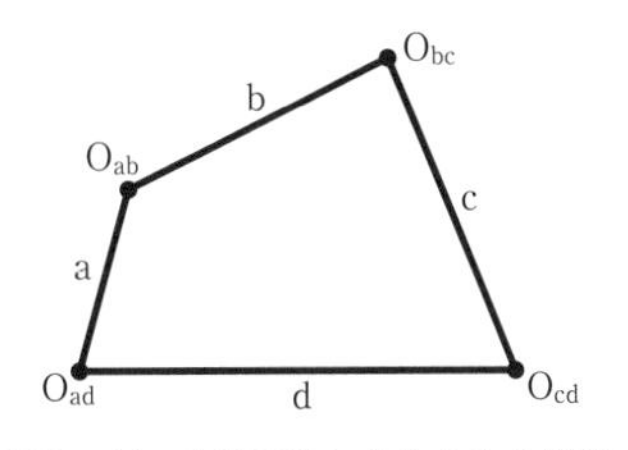

図 1・14　4 個のリンクからなる機構

一般に，n 個のリンクよりなる機構において瞬間中心の数 N は，n 個の中より 2 個ずつとる組合せの数，すなわち

$$N={}_nC_2=\frac{n(n-1)}{2!}=\frac{n(n-1)}{2}$$

となる．したがって

$n=4$ ならば $N=6$

$n=5$ ならば $N=10$

$n=6$ ならば $N=15$

だけの瞬間中心が存在する．

1・2・4　3 瞬間中心の定理

互いに相対運動をする 3 個の物体の間の瞬間中心は常に一直線上にある．これを **3 瞬間中心の定理**または**ケネディー (Kennedy) の定理**という．

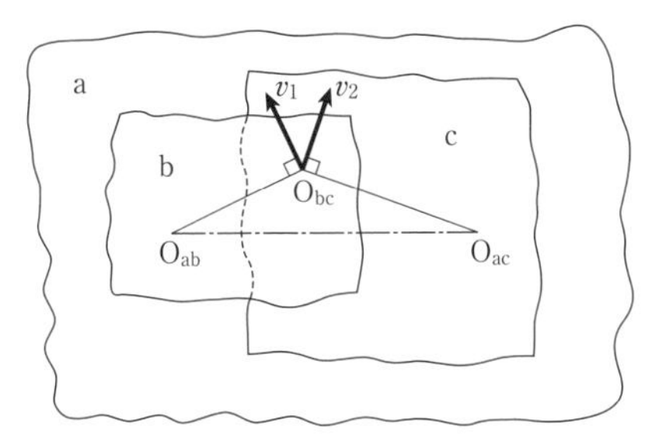

図 1・15　3 瞬間中心の定理の証明

n 個のリンクよりなるある機構の中で任意の 3 個のリンク a，b，c をとり，それらの間の相対運動の瞬間中心を求めると，その数は $n=3(3-1)/2=3$ であるから，それを O_{ab}，O_{bc}，O_{ac} とする（**図 1・15**）．

いま，a を固定して考えると，b は a に対し O_{ab} を瞬間中心として回転するのであるから，b 上のすべての点は O_{ab} を中心として回転をする．したがって，

O_{bc}をb上の点と考えれば，$O_{ab}O_{bc}$を結んだ線に対して垂直なv_1という速度をもつ．同様に，cはaに対してO_{ac}を瞬間中心とするのであるから，c上のすべての点はO_{ac}を中心として回転し，O_{bc}をc上の点と考えれば，O_{bc}点は$O_{ac}O_{bc}$を結んだ線に対して垂直な速度v_2をもつ．ところが，O_{bc}はbとcとの間の相対運動の瞬間中心であるから，bとcに関して相対運動のない点でなければならない．したがって，v_1とv_2とは一致しなければならない．v_1とv_2とが一致するものとすれば，O_{ab}，O_{bc}，O_{ac}は一直線をなさなければならない．すなわち，互いに相対運動をする3個の物体の間の瞬間中心は一直線上に存在する．

1・2・5　瞬間中心の求め方

図1・16に示すような4個のリンクよりなる機構の瞬間中心を求めるには，リンクの数が4であるから瞬間中心は6個であるが，その中の4個すなわちO_{ab}，O_{bc}，O_{cd}，O_{ad}はそれぞれの回り対偶の位置であるから，直ちに求められる．残りの2個すなわちbのdに対する瞬間中心O_{bd}とaのcに対する瞬間中心O_{ac}を求めるには，二つの方法がある．

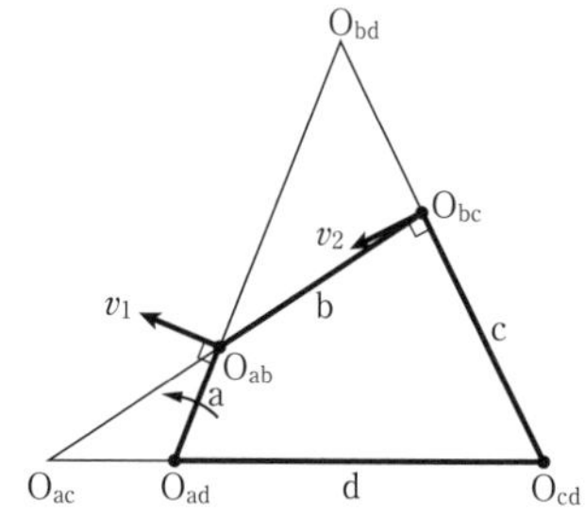

図1・16　瞬間中心の求め方

第一の方法は，二つのリンクの中の一方を固定して他のリンクの上の任意の二点の運動の方向を見出し，それらの方向に対して垂直な線を引いてその交点を求めればよい．いまO_{bd}を求めると，dを固定してそれに対してbの上の任意の二点，たとえばその両端の点O_{ab}，O_{bc}の運動の方向を求めると，O_{ab}はaのリンク上の点とも考えられるから，これはO_{ad}を中心として回転をするので，$O_{ad}O_{ab}$に垂直な方向をもつ．またO_{bc}はc上の点とも考えられるから，同様に$O_{bc}O_{cd}$に対して垂直な方向をもつ．図の矢印v_1，v_2がそれらを表す．そこでv_1，v_2に対して垂直な線，すなわちa，cのリンクを延長してその交点を求めれば，この点がbのdに対する瞬間中心O_{bd}となるのである．次に，aを固定して同様に考えてb，dを延長してその交点を求めれば，a，c間の瞬間中心O_{ac}を得ることができる．

第二の方法は，3瞬間中心の定理を応用する方法で，b，d間の瞬間中心を求めるにはb，dを含んだ任意の3個のリンクたとえばb，a，dの間の3個の瞬間中心は一直線上にあるから，O_{bd}はO_{ad}，O_{ab}を結んだ線上になければならない．

また，b，d を含んだ他の任意の3個のリンクたとえば b，c，d についても，O_{bd} は O_{bc}，O_{cd} を結んだ線上になければならない．したがって，この二つの直線の交点を求めれば，b と d との間の瞬間中心 O_{bd} を得る．同様にして a，c 間の瞬間中心を求めるには，a，b および b，c 間の瞬間中心 O_{ab}，O_{bc} を結んだ線と，a，d および c，d 間の瞬間中心 O_{ad}，O_{cd} を結んだ線との交点を求めれば O_{ac} を得る．

比較的簡単な場合は第一，第二のどちらの方法でもよいが，複雑な機構においては主として3瞬間中心の定理を応用する方法が用いられる．

図1・17 も4個のリンクよりなる場合であるから，瞬間中心の数は6個である．その中の4個 O_{ad}，O_{ab}，O_{bc}，O_{cd} は直ちに求められる．O_{cd} は c が d に沿って直線運動をするのであるから，その進行方向に垂直に引いた線上で無限遠方にある．O_{bd} を求めるには，3瞬間中心の定理を応用して O_{ad}，O_{ab} を結んだ線と O_{bc}，O_{cd} を結んだ線との交点を求めればよい．同様にして O_{ac} も，O_{ad}，O_{cd} を結んだ線と O_{bc}，O_{ab} を結んだ線との交点として求められる．

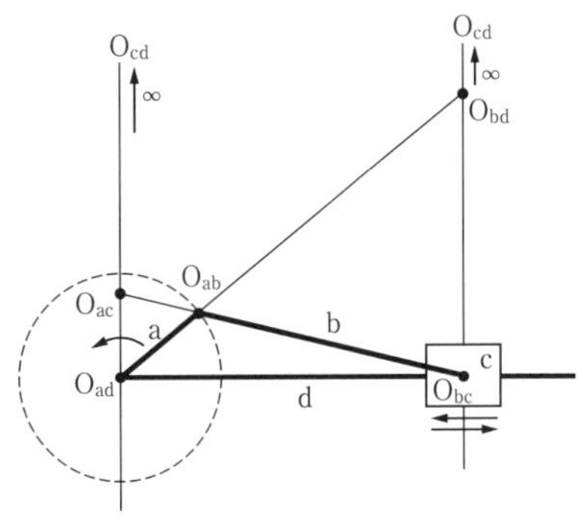

図1・17　3瞬間中心の定理の応用

機素の数が多い複雑な連鎖の瞬間中心を求める方法として，**中心多角形**（centro polygon）を紹介する．**図1・18** は6個のリンクよりなる連鎖で，1のリンク

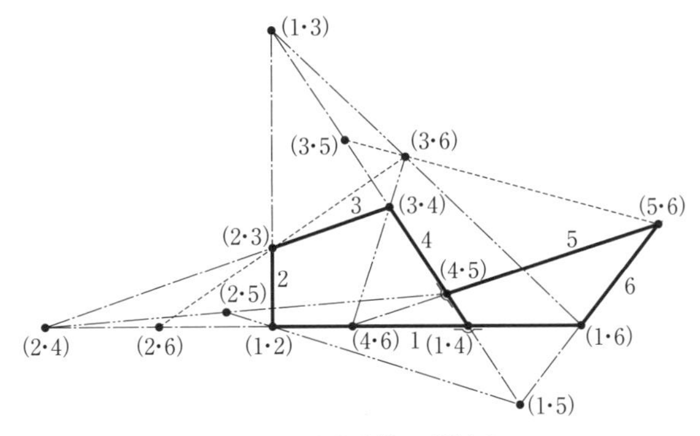

図1・18　六節連鎖の瞬間中心

を固定し2のリンクが回転をすれば，6のリンクが左右に揺動する．この場合の瞬間中心の数は

$$N={}_6C_2=\frac{6(6-1)}{2}=15$$

である．機素の数の頂点をもつ多角形を描き，その頂点に各機素の番号を割り当てる．図1･18の場合は，**図1･19**に示す六角形を描き，その頂点に1から6を割り当てる．六角形の頂点を結ぶ線分は15個存在し，頂点iとjを結んだ線分i-jが，機素iとjの瞬間中心（i･j）に該当する．(1･2)，(2･3)，(3･4)，(4･5)，(5･6)，(1･4)，(1･6）は永久中心として既知であるので，各頂点間を図1･19(a）に示すように線（実線）で結ぶ．

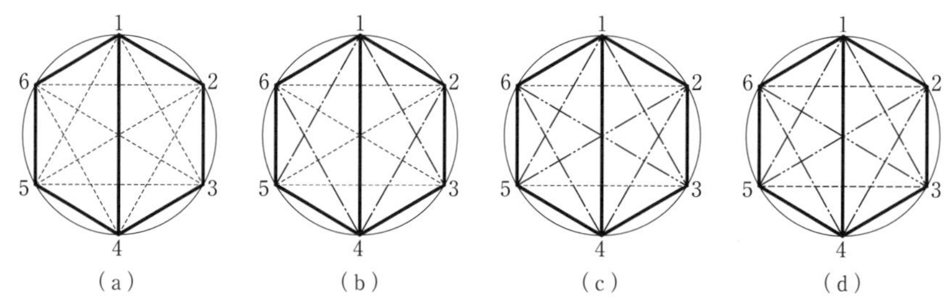

図1・19 中心多角形による瞬間中心の求め方

未知の瞬間中心の導出に関しては，六角形の頂点を結ぶ線分により構成される三角形に着目する．三角形1，2，3と三角形1，3，4は，未知の瞬間中心（1･3）に該当する線分1-3を一辺として共有し，各三角形の残りの二辺である線分1-2と2-3，および線分3-4と1-4に該当する瞬間中心が既知である．この二つの三角形の関係を利用して，3瞬間中心の定理を用いて

(1･2）と（2･3）および（3･4）と（1･4）より（1･3）

を求めることができる．同様に，既知の永久中心から

(1･2）と（1･4）および（2･3）と（3･4）より（2･4）

(1･4）と（4･5）および（1･6）と（5･6）より（1･5）

(1･4）と（1･6）および（4･5）と（5･6）より（4･6）

を求めることができる．求めた瞬間中心に該当する頂点間の線分を図1･19（b）に示すように線（一点鎖線）で結んでいる．以降は順番に

(1･2）と（1･5）および（2･4）と（4･5）より（2･5）

(1･3) と (1･6) および (3･4) と (4･6) より (3･6)

を求めることができる．求めた瞬間中心に該当する頂点間の線分を同図 (c) に示すように線（二点鎖線）で結んでいる．ここで，中心多角形を見ると

(1･2) と (1･6) および (2･4) と (4･6) より (2･6)

を求めることができると考えられるが，(1･2)，(1･6)，(2･4)，(4･6) はすべて同一直線上に存在するために，上記の関係からは (2･6) を求めることができない．そこで，これまで求めた瞬間中心を利用して，別の組合せで 3 瞬間中心の定理を用いる．すなわち

(1･2) と (1･6) および (2･3) と (3･6) より (2･6)

(3･4) と (4･5) および (3･6) と (5･6) より (3･5)

を求める．求めた瞬間中心に該当する頂点間の線分を同図 (d) に示すように線（破線）で結んでいる．以上により，図 1･18 の 15 個の瞬間中心をすべて求めることができた．

【例題 1・1】 **例図 1･1･1** は節 1 が回転すれば，節 5 が節 6 の案内に沿って往復運動をするような連鎖である．1 は 2 cm，2，3，4 はそれぞれ 6 cm の長さであるとし，1 が図に示したように 45° の位置にあるときの瞬間中心を求めよ．

解

節の数は 6 個であるから，瞬間中心の数 $N=6(6-1)/2=15$ である．そのうち固定中心

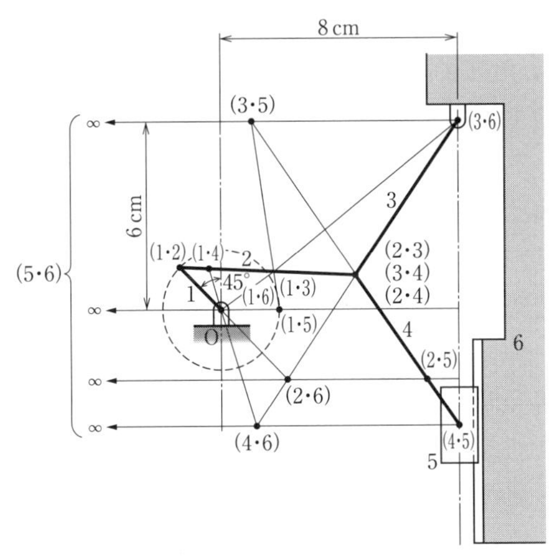

例図 1・1・1

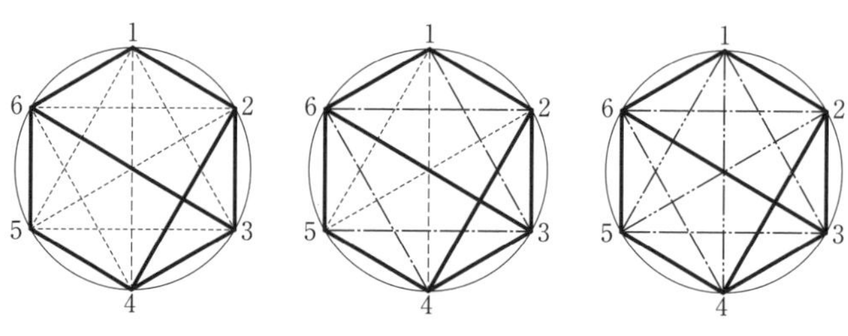

例図 1・1・2

(1･6) と (3･6) および永久中心 (1･2)，(2･3)，(3･4)，(2･4)，(4･5)，(5･6) は直ちに求められる．したがって，残りの7個の瞬間中心は

(1･3) は (1･2)，(2･3) と (1･6)，(3･6) とより

(2･6) は (1･2)，(1･6) と (2･3)，(3･6) とより

(3･5) は (3･4)，(4･5) と (3･6)，(5･6) とより

(4･6) は (3･4)，(3･6) と (4･5)，(5･6) とより

(1･4) は (1･2)，(2･4) と (1･6)，(4･6) とより

(2･5) は (2･4)，(4･5) と (2･6)，(5･6) とより

(1･5) は (1･6)，(5･6) と (1･3)，(3･5) とより

それぞれ求めることができる．

1・3 機構における速度，加速度

1・3・1 速度と角速度および加速度と角加速度

一般に，ある点Pが点Oを中心として等速回転運動をしているときは，P点の速度を v〔m/s〕，角速度を ω〔rad/s〕，回転数を n〔rpm〕，OPの長さを r〔m〕とし，ここでは r を一定値とする．これらの間には

$$v=r\omega=r\cdot 2\pi n/60$$

の関係があり，速度 v の方向はOPに対して直角である（**図 1･20**）.

したがって，いまある物体がOを瞬間中心として ω の角速度で回転運動をしているとした場合（**図 1･21**），物体上の任意の一点のAの速度を v_A，Oからの距離を r_A，また他の任意の一点Bの速度を v_B，Oからの距離を r_B とすると

$$v_A=r_A\omega,\quad v_B=r_B\omega$$

であるから

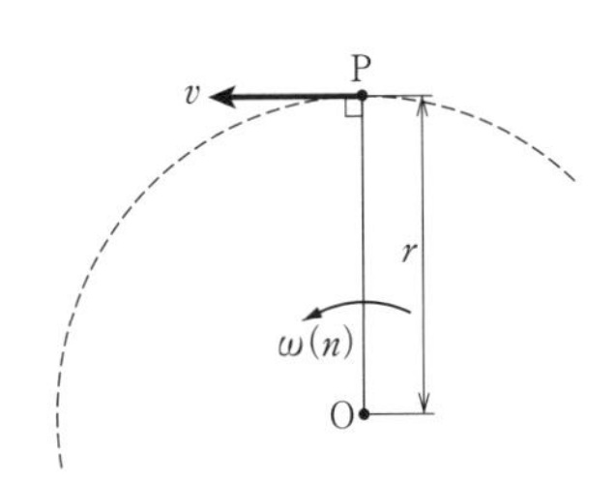

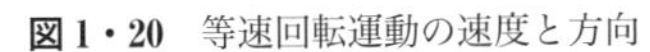

図 1・20　等速回転運動の速度と方向

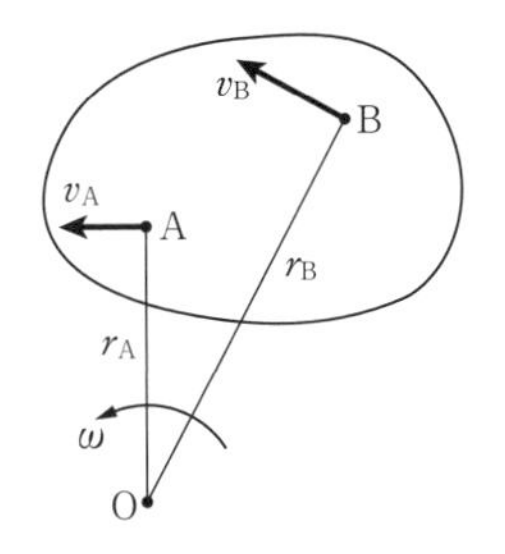

図 1・21　等速回転運動の速度

$$v_A/r_A=\omega=v_B/r_B$$

$$\therefore \quad v_A/v_B=r_A/r_B$$

となる．すなわち，任意の点の速度は瞬間中心からの距離に比例する．

次に，ある点 P が O 点を中心として不等速回転運動をしているときは，現在位置の速度を v，角速度を ω とし，微小時間 dt の間に $d\theta$ だけ回転して P′ の位置にきたときの速度を v'，角速度を ω' とする．速度の変化を dv とすると

$$dv=v'-v$$

で，これを接線方向と法線方向とに分けて考え，それぞれ dv_t および dv_n とする（**図 1・22**）．

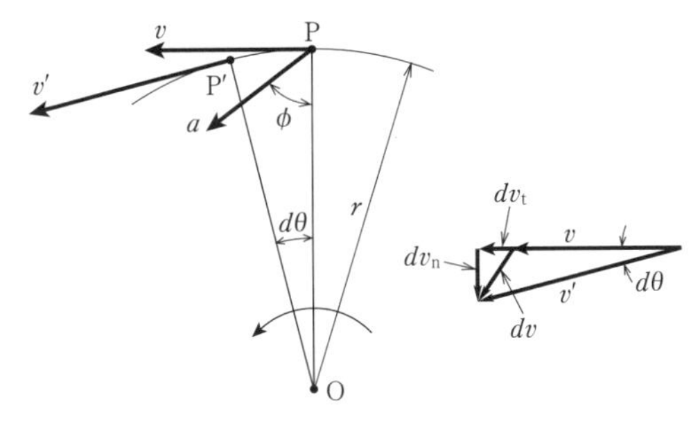

図 1・22　不等速回転運動の速度

加速度を a，角加速度を α で表すことにすると，接線加速度 a_t は

$$a_t=\frac{dv_t}{dt}=\frac{v'\cos d\theta-v}{dt}$$

で，$d\theta$ が微小ならば $\cos d\theta=1$ とみて

$$a_t=\frac{v'-v}{dt}=\frac{dv}{dt}=\frac{d}{dt}(r\cdot\omega)=r\cdot\frac{d\omega}{dt}=r\cdot\alpha$$

また，法線加速度a_nは

$$a_\mathrm{n}=\frac{dv_\mathrm{n}}{dt}=\frac{v'\sin d\theta}{dt}=\frac{(v+dv)\sin d\theta}{dt}=\frac{v\sin d\theta+dv\sin d\theta}{dt}$$

であるが，$d\theta$が微小ならば$\sin d\theta=d\theta$とし，また$dv\cdot d\theta$を省略するならば

$$a_\mathrm{n}=\frac{v\cdot d\theta+dv\cdot d\theta}{dt}=v\frac{d\theta}{dt}=v\cdot\omega$$

$v=r\omega$として，$a_\mathrm{n}=r\omega^2=v^2/r$

これよりP点の加速度a，およびその方向ϕは

$$a=\sqrt{a_t{}^2+a_\mathrm{n}{}^2}=r\sqrt{\alpha^2+\omega^4}$$

$$\phi=\tan^{-1}\frac{a_\mathrm{t}}{a_\mathrm{n}}=\tan^{-1}\frac{\alpha}{\omega^2}$$

もし角速度が一定ならば，$\alpha=d\omega/dt=0$であるから

$$a_t=0,\ \ a=a_\mathrm{n},\ \ \phi=0$$

となり，中心に向かう加速度だけとなる．

なお，速度の方向は運動の方向と常に一致するが，加速度の方向は直線運動をするとき以外は一致しない．

【例題1・2】 OPが静止より出発してOを中心として一定の角加速度5 rad/s^{2}で矢印方向に回転したとすると，0.6秒後のOP$_1$の角度と角速度およびP$_1$点の速度と加速度を求めよ．ただし，OP＝20 cmとする．

解

最初の位置をOP$_0$，0.6秒後の位置をOP$_1$とする．

0.6秒後の角速度$\omega=\alpha t=5\times0.6=3$ rad/s

その角度$\theta=\frac{1}{2}\alpha t^2=\frac{1}{2}\times5\times(0.6)^2=0.9$ rad$=51.6°$

$r=20$ cm $=0.2$ m とすれば

P点の速度$v=r\omega=0.2\times3=0.6$ m/s

P点の加速度aは

接線加速度$a_\mathrm{t}=r\alpha=0.2\times5=1$ m/s^2

法線加速度$a_\mathrm{n}=v\omega=0.6\times3=1.8$ m/s^2

であるから

$$a=\sqrt{a_\mathrm{t}{}^2+a_\mathrm{n}{}^2}=\sqrt{1^2+1.8^2}=2.06\ \mathrm{m/s^2}$$

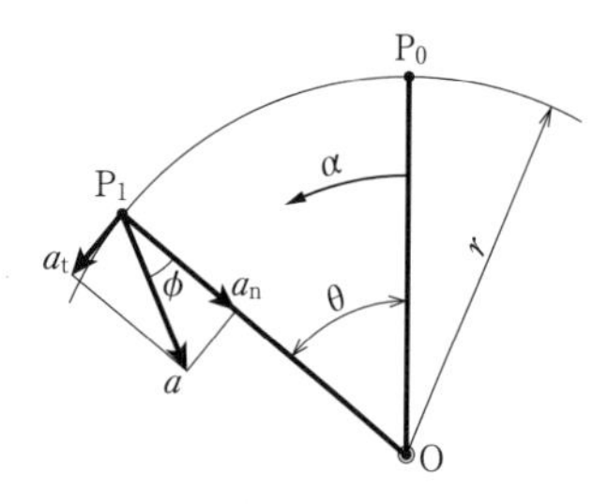

例図1・2

また，その方向ϕは

$$\phi = \tan^{-1}\frac{a_t}{a_n} = \tan^{-1}\frac{1}{1.8} = 29°3'$$

1・3・2　機構における速度および角速度の求め方

ある物体上の任意の点の速度は瞬間中心からの距離に比例し，その方向はその点と瞬間中心とを結んだ線に対し直角であることから，その物体上のある一点の速度と瞬間中心が与えられれば，その物体上のすべての点の速度が求められる．いま**図 1・23** において，b 上の任意の点 P の速度 v_P が与えられると，b 上のすべての点の速度を求めることができるから，O_{bc} 点の速度 v_s も求めることができる．ところが O_{bc} 点は b と c との間の瞬間中心であるから，bc 間の相対運動のない点であり，したがって，O_{bc} を c 上の点と考えたときの速度も同じく v_s である．このようにして c 上の一点の速度がわかれば，c 上のすべての点，たとえば Q 点の速度 v_Q も求めることができる．すなわち，図 1・23 のように作図すればよい．

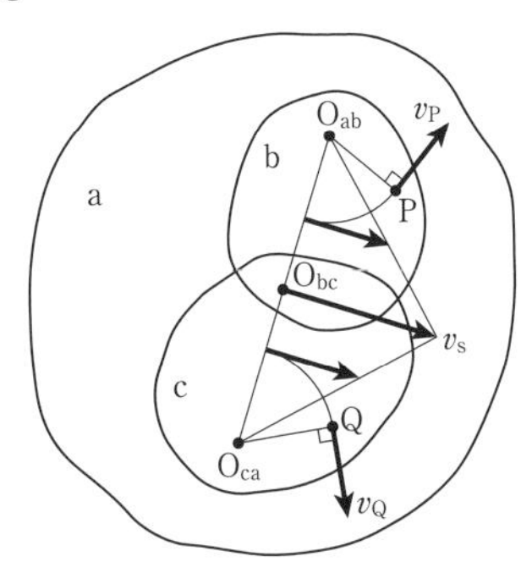

図 1・23　瞬間中心と速度の関係

次に，物体上の二点を P，Q とし，P，Q の速度を v_P，v_Q とすると

$$v_P = \overline{OP}\cdot\omega,\quad v_Q = \overline{OQ}\cdot\omega$$

で表される（**図 1・24**）．

v_P，v_Q を PQ の方向とそれに直角の方向とに分解してそれぞれ v_{Pt}，v_{Qt} および v_{Pn}，v_{Qn} とすると，機構学上で扱う物体は剛体であるとするから，二点間の距離

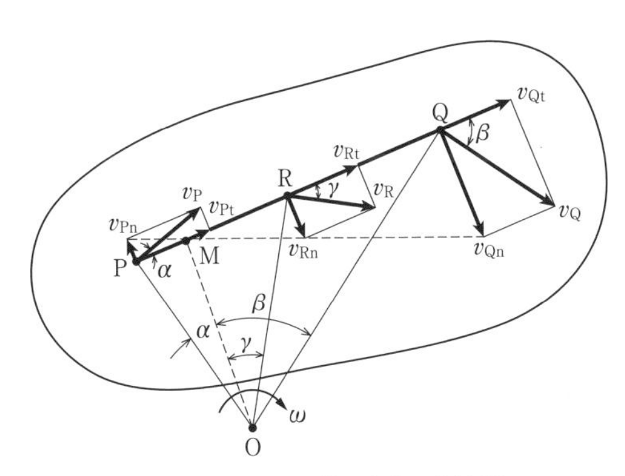

図 1・24　二点を結ぶ方向の分速度

には伸縮があってはならないので，$v_{Pt}=v_{Qt}$ とならなければならない．PQ に直角の方向の分速度については，瞬間中心 O より PQ に垂線を下してその足を M とし，OM と OP，OQ のなす角を α，β とすれば

$$v_{Pn}=v_P\sin\alpha,\quad v_{Qn}=v_Q\sin\beta$$

であるから

$$\begin{aligned}v_{Pn}:v_{Qn}&=v_P\sin\alpha:v_Q\sin\beta\\&=OP\cdot\omega\sin\alpha:OQ\cdot\omega\sin\beta=OP\sin\alpha:OQ\sin\beta\\&=PM:QM\end{aligned}$$

の関係になり，したがって，v_{Pn}，v_{Qn} の矢印の先端は M 点を通る一直線上にある．もし PQ 上に他の点 R をとり，その速度を v_R，平行および直角方向の分速度を v_{Rt}，v_{Rn} とすれば，前と同様に $v_{Rt}=v_{Pt}=v_{Qt}$ であり，また，v_{Rn} の先端は v_{Pn}，v_{Qn} の先端を結んだ線上にくる．

次に，物体上の二点 P，Q の速度が v_P，v_Q であるとし，Q 点に対して P 点がもつ相対速度を v_{PQ} で表すと，v_{PQ} は $\overline{PQ}$ に対して直角の方向をもたなければならない（**図1･25**）．なぜなら，もし直角でないとすれば，これを直角方向と平行方向に分けることができるが，PQ 二点間の距離に伸縮はないはずであるから，平行方向の速度があってはいけない．したがって，直角方向の分速度だけとなり，これがすなわち v_{PQ} そのものとなるわけである．そして，この v_{PQ} は Q 点を瞬間中心とするものである．したがって，同様に PQ 上に R 点をとり，Q 点に対する R 点の相対速度を v_{RQ} とすれば，これは Q 点を瞬間中心とし，かつ PQ に直角の方向をもちこれをベクトルで表した場合は，その矢印の先端は v_{PQ} の先端と Q 点を結んだ線上にくる．すなわち

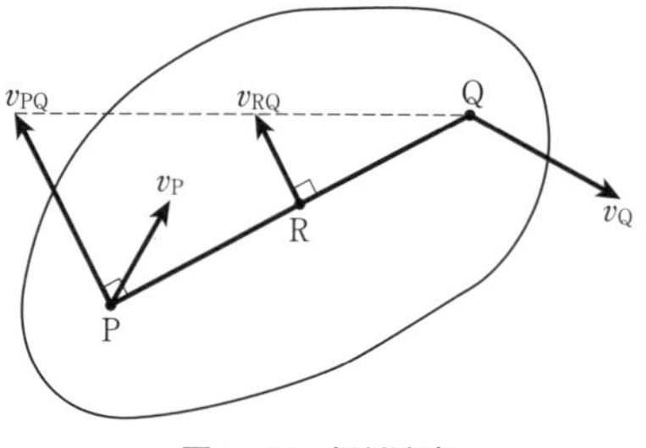

図1・25　相対速度

$$\frac{v_{RQ}}{v_{PQ}}=\frac{\overline{RQ}}{\overline{PQ}}$$

となるわけである．

角速度については，**図1･26** においてリンクを a，b，c，それらの瞬間中心を O_{ab}，O_{bc}，O_{ac}，b の角速度を ω_b，c の角速度を ω_c とすると，O_{bc} を b 上の一点

とみたときの速度は $\overline{O_{ab}O_{bc}}\cdot\omega_b$ であり，O_{bc} を c 上の一点とみたときの速度は $\overline{O_{ac}O_{bc}}\cdot\omega_c$ であり，この二つの速度は同じでなければならないから

$$\overline{O_{ab}O_{bc}}\cdot\omega_b=\overline{O_{ac}O_{bc}}\cdot\omega_c$$

$$\therefore\quad \frac{\omega_b}{\omega_c}=\frac{\overline{O_{ac}O_{bc}}}{\overline{O_{ab}O_{bc}}}$$

の関係にある．したがって，ω_b を与えられて ω_c を図式解法で求めるには，ω_b を適当の長さの矢印で表して O_{ac} より引き（方向は任意），その先端と O_{bc} を結んで延長し，O_{ab} より ω_b に平行に引いた線との交点を求めれば ω_c を得る．

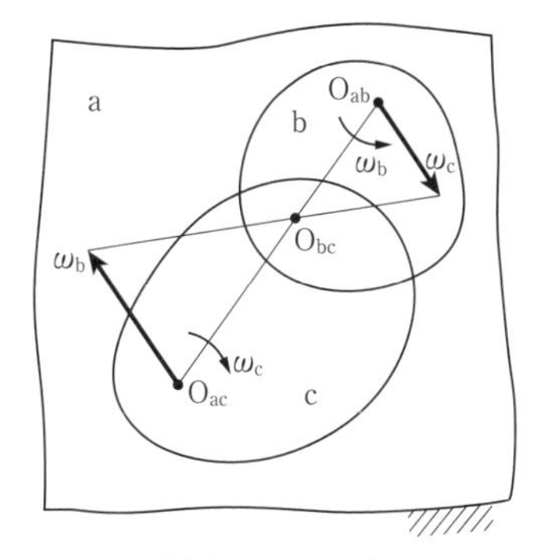

図 1・26　角速度

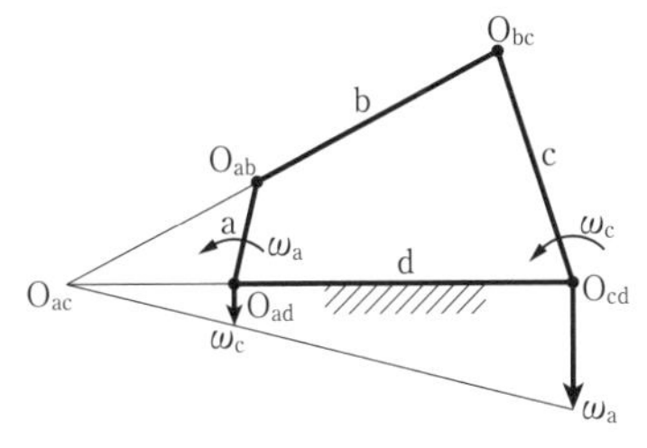

図 1・27　リンク機構の角速度

なお，O_{bc} が O_{ab} と O_{ac} との中間にあるときは b と c とは反対方向に回転し，外側にあるときは同方向に回転する．たとえば，**図 1・27** において，a の角速度 ω_a を与えられて c の角速度 ω_c を求めるには，O_{cd} より ω_a を表すベクトルを引き，その先端と O_{ac} を結んでこれを延長し，O_{ad} より ω_a に平行に引いた線との交点を求めれば，ω_c を表すベクトルを得る．そして，この場合は O_{ac} が O_{ad} と O_{cd} の外側にあるから，ω_a と ω_c は同方向をもつ．

以上のことを利用して，機構の中のある点の速度またはあるリンクの角速度が与えられた場合，他の任意の点の速度，任意のリンクの角速度を求めることができるが，その方法を次に述べる．

〔1〕　**移送法**（transfer method）

これは，連鎖の中のあるリンク上の任意の一点の速度が与えられた場合に，各リンクの任意の点の速度を，前述のある点の速度は瞬間中心からの距離に正比例することを利用して次々に求めていく方法である．

たとえば，**図 1・28** のような 4 節

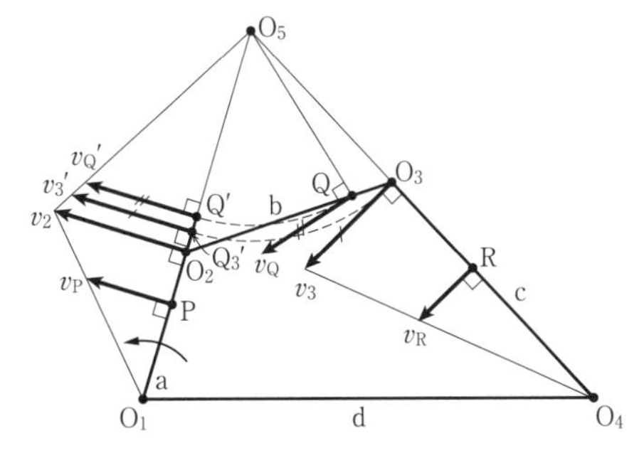

図 1・28　移送法による速度の求め方

連鎖において，d を固定リンクとし，a 上の P 点の速度 v_P を知って他の点の速度を求めるには，a は O_1 を瞬間中心とするのであるから，a 上の他の点，たとえば O_2 点の速度 v_2 は

$$v_2/v_P=\overline{O_1O_2}/\overline{O_1P} \qquad \therefore \quad v_2=v_P\cdot\overline{O_1O_2}/\overline{O_1P}$$

であり，O_2 点の速度 v_2 がわかれば，O_2 点は b 上の点とも考えられるから，b 上のすべての点の速度は，瞬間中心 O_5 からの距離に正比例するとして求められる．すなわち，b 上の他の点 Q および O_3 の速度 v_Q および v_3 は

$$v_Q=v_2\cdot\overline{O_5Q}/\overline{O_5O_2},\quad v_3=v_2\cdot\overline{O_5O_3}/\overline{O_5O_2}$$

O_3 点の速度 v_3 がわかれば，c 上の R 点の速度 v_R も同様にして

$$v_R=v_3\cdot\overline{O_4R}/\overline{O_4O_3}$$

である．

以上を図式解法で求めるには，P 点の速度 v_P を適当な長さの速度ベクトルで表して P より a に垂直に引き，その矢の先端と O_1 を結んで延長し，O_2 より a に垂直に引いた線との交点を求めれば，ベクトル v_2 を得る．次に瞬間中心 O_5 を求め，O_5 とベクトル v_2 の先端を結び，O_5Q の長さに等しく O_5Q' をとり，Q' より O_5Q' に垂直に引いた線との交点を求めれば，ベクトル v_Q を得るから，これを Q 点に移せばよい．v_3 も同様にして求めることができる．また，v_3 の先端と O_4 を結んで R より c に垂直に引いた線との交点を求めれば，v_R を得ることができる．

〔2〕 **連節法**（connecting link method）　この方法は，瞬間中心の位置を必ずしも求めなくてよいので，後述の速度線図を描く場合などには便利な方法である．**図1･29** において，a 上の一点 O_2 の速度 v_2 が与えられたとき，c 上の一点 O_3 の速度 v_3 を求めるには，速度ベクトル v_2 を 90° 回転して O_2O_2' とし，O_2' より b に平行線を引き c の延長線との交点 O_3' を求め，O_3O_3' を 90° 回転すれば，O_3 点の速度 v_3 を得る．なぜならば，a, c の延長線の交点を O_5 とすると，$\triangle O_5O_2O_3 \backsim \triangle O_5O_2'O_3'$ であるから

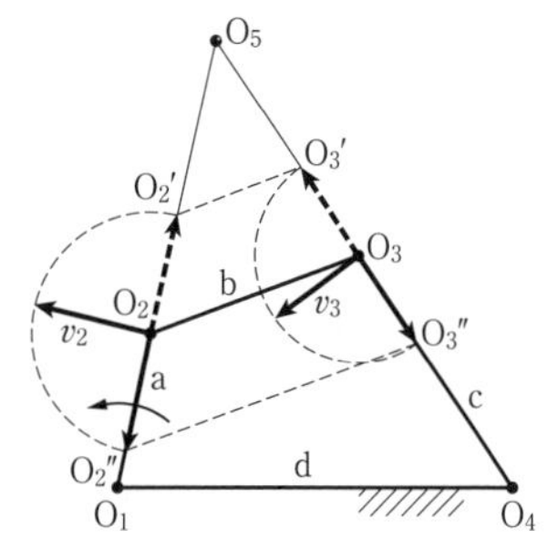

図1・29　連節法による速度の求め方

$$\overline{O_2O_2'}/\overline{O_3O_3'}=\overline{O_2O_5}/\overline{O_3O_5}$$

すなわち

$v_2/v_3=\overline{O_2O_5}/\overline{O_3O_5}$

しかるにO_5点は瞬間中心であるから，v_2とv_3は瞬間中心からの距離に比例することになる．したがって，v_2がO_2点の速度を表すならば，v_3はO_3点の速度を表す．v_2を反対方向に90°回転してO_2''点をとり，$O_2''O_3''/\!/O_2O_3$としてO_3''を求め，O_3O_3''を90°回転してv_3を求めても同じで，このほうがa，cを延長する必要もないからさらに簡単である．

〔3〕 **分解法**（component method）　**図1・30**において，O_2点の速度v_2をO_2O_3に平行な方向と直角な方向とに分解してv_2'およびv_2''とする．O_3点の速度v_3は未知であるが，その方向はO_3O_4に対して垂直であり，また，それのO_2O_3に平行な方向の分速度v_3'はv_2'に等しいことがわかっているから，ベクトルv_3'の先端よりO_2O_3に直角に引いた線と，O_3においてO_3O_4に直角に引いた線との交点を求めればv_3を得る．また，これよりO_2O_3に直角な方向の分速度v_3''も得られる．S点の速度v_Sを求めるには，S点においてO_2O_3に直角に引いた線とv_2''，v_3''の先端を結んだ線との交点を求めれば，v_Sの直角分速度v_S''が得られる．また，v_Sの平行分速度v_S'は前と同様にv_2'に等しいから，v_S'とv_S''との合成速度を求めればv_Sを得る．

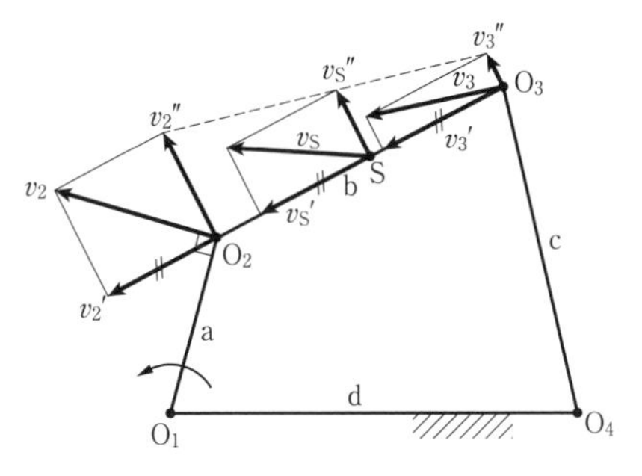

図1・30　分解法による速度の求め方

この方法は直接接触をする伝動機構の速度を求めるのに適しているのであって，この場合は接触点における法線分速度が等しいことを利用する．**図1・31**において，リンクaがω_aの角速度で回転するときリンクbの角速度ω_bを求めるには，接触点をPとし，Pがa上にあると考えたときの速度$v_a=\omega_a\cdot\overline{O_aP}$を求め，そのベクトルを$O_aP$に直角に引き，それを共通法線方向の分速度$v_a'$と共通

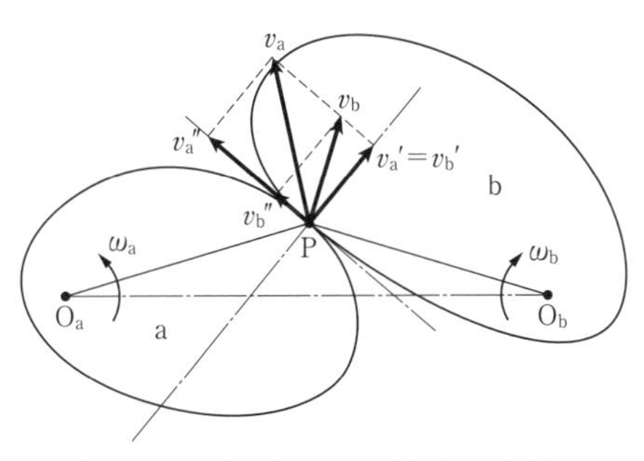

図1・31　分解法による角速度の求め方

接線方向の分速度 v_a'' とに分解する．次に，P点をb上の点と考えたときの速度を v_b とし，その共通法線方向および共通接線方向の分速度を v_b' および v_b'' とすると $v_b'=v_a'$ であり，$v_b \perp O_bP$ であるから，ベクトル v_b' の先端よりそれに垂直な線を引き，O_bP に垂直に引いた線との交点を求めれば v_b を得る．したがって，リンクbの角速度 ω_b は

$$\omega_b = v_b / \overline{O_bP}$$

として求められる．

〔4〕 **写像法** (image method)　**図1･32** (a) において，リンクb上の二点P，Qがそれぞれ v_P，v_Q の速度をもち，またQ点に対してP点のもつ相対速度を v_{PQ} とする．すなわち

$$v_P = v_Q + v_{PQ}$$

であって，この関係をベクトル線図に描くと同図(b)のようになり，$\overrightarrow{op}$，$\overrightarrow{oq}$，$\overrightarrow{qp}$ がそれぞれ v_P，v_Q，v_{PQ} を表す．同様に，R点の速度を v_R，Q点に対してR点のもつ相対速度を v_{RQ} とすると

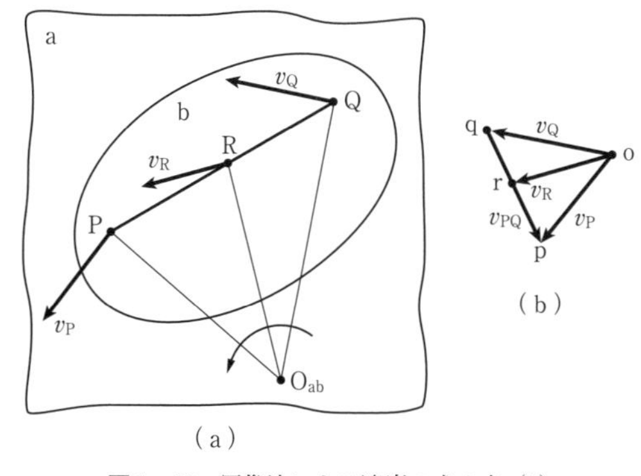

図1・32　写像法による速度の求め方 (1)

$$v_R = v_Q + v_{RQ} = v_Q + v_{PQ} \cdot \frac{\overline{QR}}{\overline{QP}}$$

であり

$$\overline{qr}/\overline{qp} = \overline{QR}/\overline{QP}$$

となるようにrをベクトル線図上にとれば

$$v_R = \overline{oq} + \overline{qp} \cdot \frac{\overline{qr}}{\overline{qp}} = \overline{oq} + \overline{qr} = \overline{or}$$

となって，R点の速度の大きさと方向が求められる．このようなp，q，rをP，Q，Rの**写像点**といい，これを利用して各点の速度を求めることができる．

図1･33 において，リンクa上のP点の速度 v_P が与えられたとき，Q，R点の速度を求めるには，まず O_2 点の速度 v_2 を求め，ベクトル線図 $\overrightarrow{o2}$ を引き，o3を O_3O_4 に直角に，2-3を O_2O_3 に直角に引いて3を求めれば，$\overrightarrow{23}$ は O_2 に対する

O_3の相対速度v_{32}を表し，$\overrightarrow{o3}$はO_3の速度v_3を表す．次に，このベクトル線図上に

$$\overline{O_2O_3}/\overline{O_2Q}=\overline{23}/\overline{2q},$$
$$\overline{O_4O_3}/\overline{O_4R}=\overline{o3}/\overline{or}$$

の関係となるようにq，r点を求めれば，$\overrightarrow{oq}$，$\overrightarrow{or}$がそれぞれQ，Rの速度v_Q，v_Rである．また，S点の速度を求めるには，O_2，O_3に対してS点のもつ相対速度v_{s2}，v_{s3}はそれぞれSO_2，SO_3に対して垂直であるから，ベクトル線図において2，3よりSO_2，SO_3に直角に2s，3sを引いて交点sを求めれば，これらはv_{s2}，v_{s3}を表し，また$\overrightarrow{os}$がS点の速度v_sを表す．

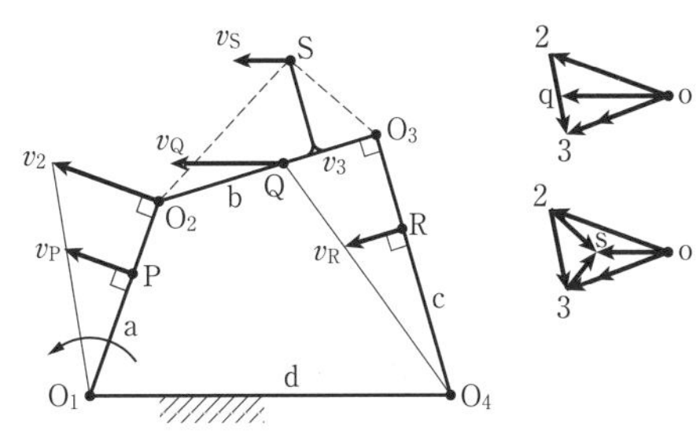

図1・33　写像法による速度の求め方（2）

【例題1・3】 **例図1・3**は，節1が回転すれば節5が節6の案内に沿って往復するような連鎖である（1・2・5項［例題1・1］と同じ）．

節1は一定角速度ωで回転するものとし，例図1・3に示したような45°の位置にあるときの節5の速度を求めよ．

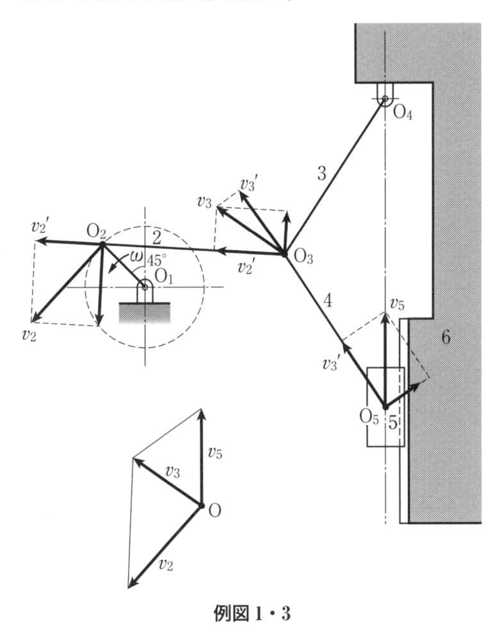

例図1・3

解

分解法によって求める．

1の角速度がωであるからO_2点の速度は$\overline{O_1O_2}\cdot\omega$として求められ，それを$O_1O_2$に直角の$v_2$のベクトルで表し，その$O_2O_3$の方向の分速度を$v_2'$とする．$v_2'$を$O_3$点に移し，$v_2'$の先端より$O_2O_3$に直角に引いた線と，$O_3$点の速度の方向，すなわち$O_3$より$O_3O_4$に直角に引いた線との交点を求めれば，$O_3$点の速度$v_3$を得る．

次に，v_3のO_3O_5方向の分速度をv_3'としv_3'をO_5点に移し，その先端よりO_3O_5に直角

に引いた線と，O_5 より O_5 の速度の方向すなわち節6の案内面に平行に引いた線との交点を求めれば，O_5 点の速度すなわち節5の速度 v_5 を得る．

もし写像法によって求めようとするならば，任意の点Oより v_2 のベクトルを引き，その先端より O_2O_3 に直角の線を引き，Oより O_3 の運動の方向すなわち O_3O_4 に直角に引いた線との交点を求めれば，v_3 を得る．次に，v_3 の先端より O_3O_5 に直角に引いた線とOより O_5 の運動の方向に平行に引いた線との交点を求めれば，v_5 を得る．

1・3・3　機構における加速度の求め方

リンクOPがOを中心とし等角速度 ω で回転しているときのP点の法線加速度は，$\overline{OP}\cdot\omega^2$ またはP点の接線方向の速度を $v(=\overline{OP}\cdot\omega)$ とすれば，$v^2/\overline{OP}$ であることは1･3･1項に述べたが，これを図で求めるには，**図1･34**においてOPを直径とする半円を描き，次に v を適当な長さのベクトルで表し，Pを中心とし v を半径としてこの半円を切り，その交点MよりOPに垂線を下してその足をNとすれば，PNの長さが法線加速度となる．なぜなら，△OMP∽△MNPであるから

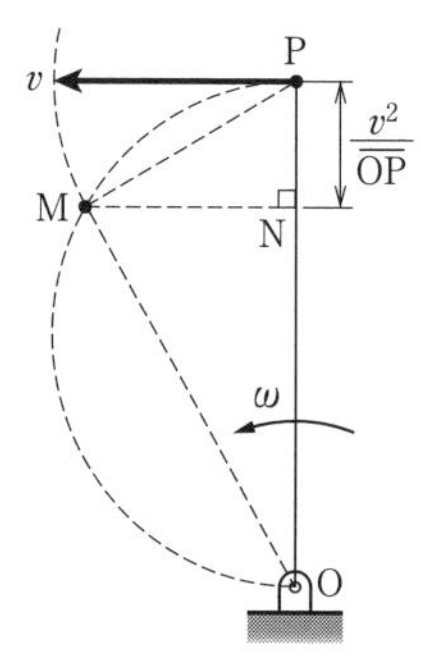

図1・34　等速回転の加速度の求め方

$$\overline{PN}/\overline{MP}=\overline{MP}/\overline{OP}$$

$$\therefore\quad \overline{PN}=(\overline{MP})^2/\overline{OP}=v^2/\overline{OP}=\overline{OP}\cdot\omega^2$$

となる．

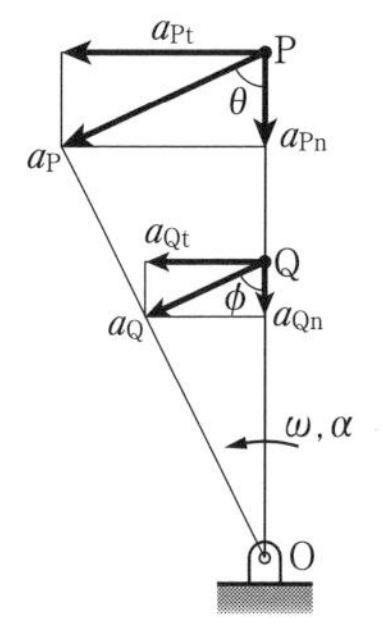

図1・35　不等速回転の加速度の求め方

次に，OPがOを中心として不等速回転をしている場合（**図1･35**），角速度を ω，角加速度 α とする．いまOP上に他の点Qをとり，P，Qの加速度を a_P，a_Q とし，その方向を θ，ϕ で表し，また a_P，a_Q の接線方向，法線方向の分加速度を a_{Pt}，a_{Pn} および a_{Qt}，a_{Qn} とすると

P点では

$$a_{Pt}=\overline{OP}\cdot\alpha,\quad a_{Pn}=\overline{OP}\cdot\omega^2$$

$$\tan\theta=a_{Pt}/a_{Pn}=\alpha/\omega^2$$

Q点では

$$a_{Qt}=\overline{OQ}\cdot\alpha,\quad a_{Qn}=\overline{OQ}\cdot\omega^2$$

$$\tan\phi=a_{Qt}/a_{Qn}=\alpha/\omega^2$$

となるから$\theta=\phi$となり，a_Pとa_Qとは平行である．

また，その大きさは

$$a_P=\sqrt{(a_{Pt})^2+(a_{Pn})^2}=\overline{OP}\sqrt{\alpha^2+\omega^4}$$
$$a_Q=\sqrt{(a_{Qt})^2+(a_{Qn})^2}=\overline{OQ}\sqrt{\alpha^2+\omega^4}$$

であるから

$$a_P/a_Q=\overline{OP}/\overline{OQ}$$

となり，a_Pが与えられればa_Qは簡単に求めることができる．

もしO点が固定点でなくある加速度を有して動いている場合，すなわち**図1･36**においてP，Qがそれぞれa_P，a_Qの加速度をもつ場合，R点の加速度a_Rを求めるには，Qに対してPがもつ相対加速度をa_{PQ}，Rがもつ相対加速度をa_{RQ}とすると

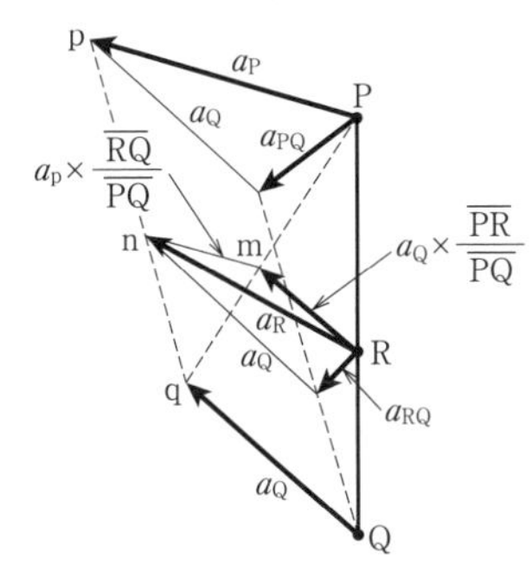

図1・36　相対加速度による加速度の求め方

$$a_P=a_Q+a_{PQ},\quad a_R=a_Q+a_{RQ}$$

であり，また前例より

$$a_{PQ}/a_{RQ}=\overline{PQ}/\overline{RQ}$$

であるから

$$a_R=a_Q+a_{RQ}=a_Q+a_{PQ}\cdot\overline{RQ}/\overline{PQ}=a_Q+(a_P-a_Q)\cdot\overline{RQ}/\overline{PQ}$$
$$=a_Q(1-\overline{RQ}/\overline{PQ})+a_P\cdot\overline{RQ}/\overline{PQ}=a_Q\cdot\overline{PR}/\overline{PQ}+a_P\cdot\overline{RQ}/\overline{PQ}$$

となり，図ではPとa_Qの先端qを結び，Rよりa_Qに平行に引いた線との交点をmとし，a_Pの先端pとqを結び，mよりa_Pに平行に引いた線との交点をnとすれば，a_Rは$\overrightarrow{Rn}$で表される．

図1･37の4節連鎖機構において，aが一定角速度ωで回転するとき，O_3点の加速度a_3を求めるには，まずaは一定回転であるから，O_2点の加速度は法線加速度a_{2n}だけである．したがって，O_3点の加速度a_3を求めるには，O_2点に対するO_3点の相対加速度a_{32}を見出して，これとO_2点の加速度$a_{2n}(=v_2{}^2/\overline{O_1O_2}=\overline{O_1O_2}\cdot\omega^2)$とを合成すればよい．$a_{32}$は未知であるがその法線方向，すなわちbに平行な方向の分加速度a_{32n}は，O_2点に対するO_3点の相対速度v_{32}を求めれば，$a_{32n}=v_{32}{}^2/\overline{O_2O_3}$として知ることができるし，接線方向の分加速度$a_{32t}$の方向はbに垂直であることはわかっている．また，一方においてO_3点の加速度a_3の法線加速度a_{3n}の方向はcに平行であり，その大きさは$a_{3n}=v_3{}^2/\overline{O_3O_4}$であり，

接線加速度 a_{3t} の方向は c に垂直である．

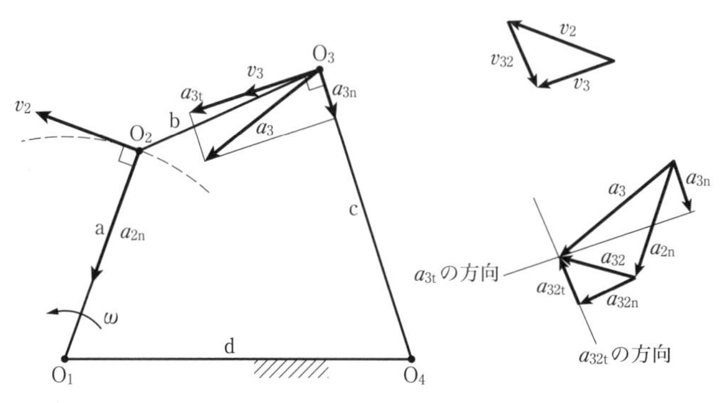

図 1・37 4節連鎖の加速度の求め方

そこで，これらの既知の a_{2n}，a_{32n}，a_{3n} のベクトルを引き，また a_{32t}，a_{3t} の方向に a_{32n}，a_{3n} の先端より線を引きその交点を求めれば，a_{32} および a_3 を求めることができる．このようにして，a_3 が求まれば b，c 上の任意の点の加速度も求めることができる．

1・3・4 コリオリの加速度

連鎖がすべり対偶をもつ場合，たとえば**図 1・38** のように節 A が O を中心として角速度 ω で回転し，すべり対偶に沿って節 B が OP 方向へ速度 v で移動する場合を考える．微小時間 dt 後には節 A は $d\theta(=\omega dt)$ 回転して A′ の位置まで移動し，その間に節 B 上の点 P はすべり対偶上を vdt 移動して P′ にきたとする．OP の距離を r，OP′ の距離を r' とする．

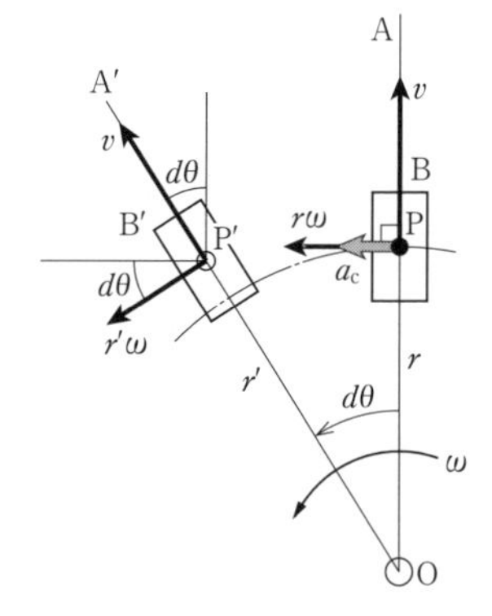

図 1・38 コリオリの加速度

節 A に直角方向の速度の変化 dv_t は

$$dv_t = r'\omega\cos d\theta + v\sin d\theta - r\omega$$
$$= (r+vdt)\omega\cos d\theta + v\sin d\theta - r\omega$$

となる．微小時間 dt 間の角度変化 $d\theta$ は微小であるので，$\sin d\theta = d\theta(=\omega dt)$，$\cos d\theta = 1$ とすると

$$dv_t = (r+vdt)\omega + v\omega dt - r\omega = 2\omega v dt$$

となるので，これによる v_t 方向の加速度を a_c とすると

$$a_c=\frac{dv_t}{dt}=2\omega v$$

となる．この a_c を**コリオリ**（Coriolis）**の加速度**と呼び，v を ω の方向に 90° 回転した方向に加わる．

次に，すべり対偶の方向が**図 1・39** に示すように半径方向とは異なる場合の運動を考える．図 1・39 のように節 A が O を中心として角速度 ω で回転し，その上をスライダ B が A に対して速度 v ですべり動く場合に，dt 時間後には A は $d\theta(=\omega\cdot dt)$ だけ回って A′ の位置まで移動し，その間に B は A 上を P′P″$(=v\cdot dt)$ だけ動いて B′ にきたとする．スライダは半径方向に対して角度 ϕ 傾けて取りつけられているとする．B 上の一点 P は，最初の位置ではスライダの速度 v と，角速度 ω のための接線速度 $\overline{\mathrm{OP}}\cdot\omega$ をもっているが，P″ にきたときには，移動速度 v と接線速度 $\overline{\mathrm{OP''}}\cdot\omega$ をもつ．

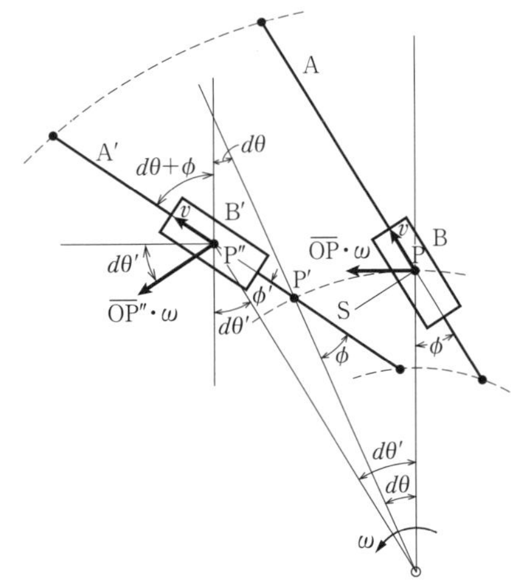

図 1・39　すべり対偶が半径方向と異なる場合の運動

したがって，dt の間の速度の変化を OP に直角の方向では dv_t，OP に平行な方向では dv_n とすると

$$\begin{aligned}dv_t&=v\sin(\phi+d\theta)+\overline{\mathrm{OP''}}\cdot\omega\cos d\theta'-v\sin\phi-\overline{\mathrm{OP}}\cdot\omega\\&=v(\sin\phi\cos d\theta+\cos\phi\sin d\theta)+(\overline{\mathrm{OP'}}+vdt\cos\phi')\omega\cos d\theta'\\&\quad -v\sin\phi-\overline{\mathrm{OP}}\cdot\omega\end{aligned}$$

dt が微小ならば $d\theta$，$d\theta'$ も微小であるから，$\sin d\theta=d\theta$，$\cos d\theta=1$，$\cos d\theta'=1$，また $\phi'=\phi$ として

$$\begin{aligned}dv_t&=v\sin\phi+v\cos\phi\cdot d\theta+\overline{\mathrm{OP}}\cdot\omega+vdt\cos\phi\cdot\omega-v\sin\phi-\overline{\mathrm{OP}}\cdot\omega\\&=\omega v\cos\phi\cdot dt+\omega v\cos\phi\cdot dt=2\omega v\cos\phi\cdot dt\end{aligned}$$

また

$$\begin{aligned}dv_n&=v\cos(\phi+d\theta)-\overline{\mathrm{OP''}}\cdot\omega\sin d\theta'-v\cos\phi\\&=v(\cos\phi\cos d\theta-\sin\phi\sin d\theta)\end{aligned}$$

$$-(\overline{\mathrm{OP}'}+vdt\cos\phi')\omega\sin d\theta'-v\cos\phi$$

dt が微小ならば前と同様にして

$$dv_\mathrm{n}=v\cos\phi-v\sin\phi\cdot d\theta-\overline{\mathrm{OP}}\cdot\omega\cdot d\theta'-vdt\cos\phi\cdot\omega\cdot d\theta'-v\cos\phi$$

ここに，$d\theta'$ は図 1･39 において $d\theta'=d\theta+\angle\mathrm{P'OP''}$ であるから，$\triangle\mathrm{OP'P''}$ より

$$\overline{\mathrm{P'P''}}/\sin\angle\mathrm{P'OP''}=\overline{\mathrm{OP}'}/\sin\phi'$$

$$\sin\angle\mathrm{P'OP''}=\overline{\mathrm{P'P''}}\sin\phi'/\overline{\mathrm{OP}'}=vdt\sin\phi'/\overline{\mathrm{OP}}$$

dt が微小ならば $\angle\mathrm{P'OP''}$ も微小であるから

$$\sin\angle\mathrm{P'OP''}=\angle\mathrm{P'OP''}$$

また，$\phi'=\phi$ として

$$\angle\mathrm{P'OP''}=v\sin\phi\cdot dt/\overline{\mathrm{OP}}\qquad\therefore\quad d\theta'=d\theta+v\sin\phi\cdot dt/\overline{\mathrm{OP}}$$

これを入れると

$$\begin{aligned}dv_\mathrm{n}&=-v\sin\phi\cdot d\theta-\overline{\mathrm{OP}}\cdot\omega(d\theta+v\sin\phi\cdot dt/\overline{\mathrm{OP}})\\&\quad-\omega v\cos\phi\cdot dt(d\theta+v\sin\phi\cdot dt/\overline{\mathrm{OP}})\\&=-v\sin\phi\cdot\omega dt-\overline{\mathrm{OP}}\cdot\omega^2dt-\omega v\sin\phi\cdot dt-\omega^2v\cos\phi\cdot dt^2\\&\quad-\omega v^2\sin\phi\cdot\cos\phi\,dt^2/\overline{\mathrm{OP}}\end{aligned}$$

dt^2 の項は省略して

$$dv_\mathrm{n}=-\overline{\mathrm{OP}}\cdot\omega^2dt-2\omega v\sin\phi\cdot dt$$

したがって，OP に直角の方向の加速度は

$$a_\mathrm{t}=\frac{dv_\mathrm{t}}{dt}=2\omega v\cos\phi$$

また，OP に平行な方向の加速度は

$$a_\mathrm{n}=\frac{dv_\mathrm{n}}{dt}=-\overline{\mathrm{OP}}\cdot\omega^2-2\omega v\sin\phi$$

であって，P 点は，ω の角速度で回転するために生じる求心加速度 $-\overline{\mathrm{OP}}\cdot\omega^2$ と，ω で回転しながら v で移動するための加速度すなわち $2\omega v\cos\phi$ と $-2\omega v\sin\phi$ とを合成した

$$a_\mathrm{C}=\sqrt{(2\omega v\cos\phi)^2+(-2\omega v\sin\phi)^2}=2\omega v$$

なる加速度を有するのであって，この $a_\mathrm{C}=2\omega v$ がコリオリの加速度となる．コリオリの加速度の方向は図 1･38 の場合と同様に v を ω の方向に 90° 回した PS の方向である．

なお，より一般に，**図 1･40** のように回転が角加速度 α を，またスライダのす

べり運動が加速度 a_R を有する場合も，これらの加速度が前記の加速度にベクトル的に加算されるにすぎず，結局の絶対加速度 a_0 は，図に見るように

$$a_0 = a_T + a_R + a_C = \overline{OP}\sqrt{\alpha^2+\omega^4} + a_R + 2\omega v$$

となる．

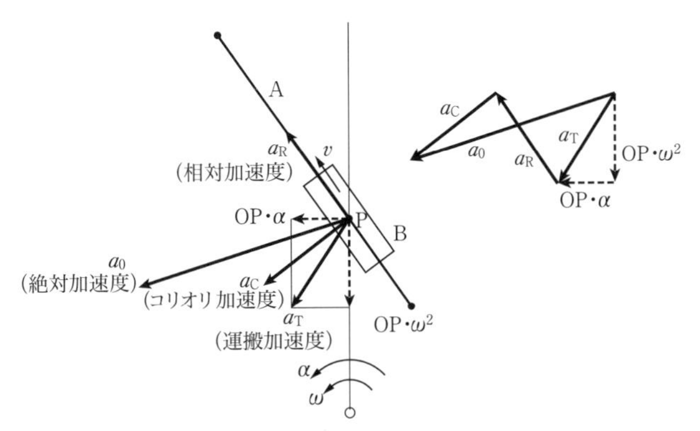

図 1・40　絶対加速度の求め方

【例題 1・4】　O_1O_2 が O_1 を中心として一定角速度 $\omega = 10$ rad/s で矢印の方向に回転する場合，図の位置における O_3 点および P 点の加速度を求めよ．ただし，$\overline{O_1O_2} = 20$ cm，$\overline{O_2O_3} = 50$ cm，$\overline{O_2P} = 30$ cm とする．

解

O_2 点の速度

$$v_2 = \overline{O_1O_2} \cdot \omega = 0.2 \times 10 = 2 \text{ m/s}$$

ω は一定であるから，O_2 点の加速度は法線加速度のみであり，それを a_2 とすると

$$a_2 = \overline{O_1O_2} \cdot \omega^2 = 0.2 \times 10^2 = 20 \text{ m/s}^2$$

これらを適当な長さのベクトルで O_2 点より引く．

O_2 点の速度 v_2 がわかっているから，**例図 1・4** のように連節法を用いて O_3 点の速度 v_3 を求めることができる．

任意の点 O より v_2，v_3 のベクトルを引けば，O_3 点の O_2 点に対する相対速度 v_{32} を得ることができる．そのベクトルの長さより $v_{32} = 1.48$ m/s.

次に，O_3 点の O_2 点に対する相対加速度 a_{32} の O_2O_3 に平行な分加速度を a_{32n} とすると

$$a_{32n} = \frac{(v_{32})^2}{\overline{O_2O_3}} = \frac{1.48^2}{0.5} = 4.38 \text{ m/s}^2$$

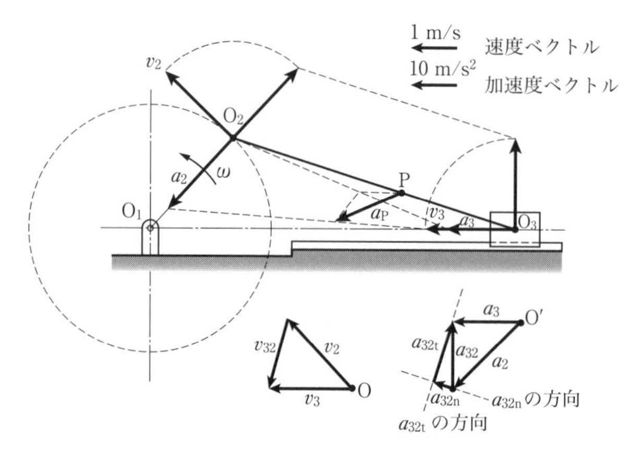

例図1・4

任意の点O′よりO_2点の加速度a_2のベクトルを引き，その先端よりO_3O_2に平行にa_{32n}を表すベクトルを引き，その先端においてa_{32t}の方向，すなわちO_3O_2に直角に線を引く．O_3点の加速度は，O_3点は直線運動をするのであり，その運動の方向に一致した加速度だけであるから，O′点よりその方向に引いた線との交点を求めれば，a_3のベクトルを得る．

その長さより$a_3=14.4\ \mathrm{m/s^2}$を得る．

O_2点の加速度a_2とO_3点の加速度a_3がわかっていれば，P点の加速度a_Pは図のように作図して，そのベクトルの長さより$a_P=15.2\ \mathrm{m/s^2}$を得る．

1・3・5 変位，速度および加速度線図

図1・41のような機構において，ある瞬間のスライダcの位置，速度および加速度は前述の方法で求めることができる．しかし，この機構の運動を完全に知るには，あらゆる瞬間においての位置，速度，加速度がどのような値をもち，かつそれがどのような変化をするかを知る必要がある．そのようなことを図に表したものを**変位線図**（displacement diagram），**速度線図**（velocity diagram），**加速度線図**（acceleration diagram）という．

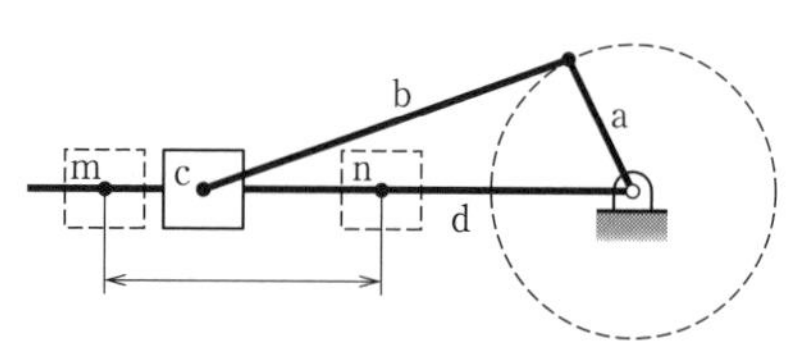

図1・41 スライダクランク機構

たとえば図1・41において，クランクaが一定の速さで回転する場合，スライダcはaの1回転ごとにmn間を1往復するのであるが，この1周期間の各位置

における c の速度を求めると，**図 1･42** (a) のようになる (1･3･2 項〔2〕参照)．すなわち，クランク a の長さを r〔cm〕とし，角速度を ω〔rad/s〕とすれば，O_2 点の速度は $v=r\omega$〔cm/s〕で，これを適当な長さのベクトルで表して O_1O_2 の延長上にとり，その先端 P より O_2O_3 に平行線を引き，O_3 より O_1O_3 に直角に引いた線との交点 Q を求めれば，O_3Q がスライダ c の速度 v_c となり，c は右方に向かって動く．これを mn 間の各点で行えばよいのであるが，ω が一定の場合は v も一定であるから，$O_1P=r+v$ を半径とした円を描き，この円を適当に分割してその各位置で同様の方法を行えばよいので，いまクランクが O_1O_2' の位置にきたときの c の速度を求めるには，$O_2'O_3'=O_2O_3$ として O_3' の位置を求め，P′ より $O_2'O_3'$ に平行線を引いて，O_3' より d に直角に引いた線との交点 Q′ を求めれば，O_3' 点における速度 $v_c'=O_3'Q'$ を得る．同様にして，クランクが O_1O_2'' の位置にあるとき，すなわちスライダが O_3'' の位置にあるときの速度 v_c'' は $O_3''Q''$ で，このときはスライダは左方に向かう．このようにして多数の位置における速度を求めてその先端をなめらかにつなぐと，スライダ c の各位置にお

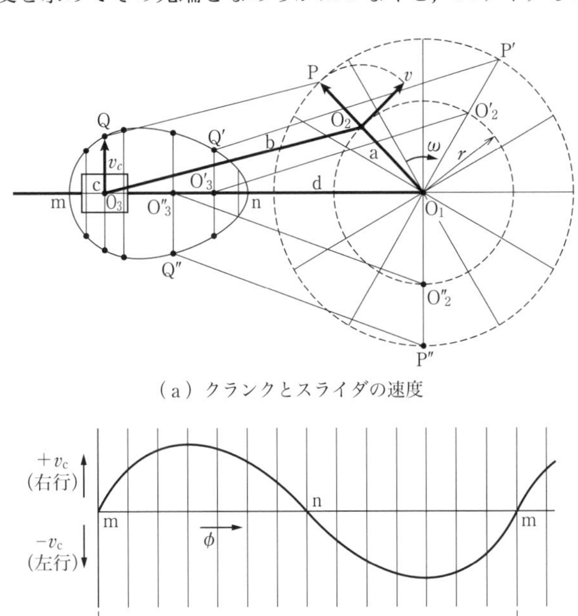

(a) クランクとスライダの速度

(b) スライダの速度変位線図

図 1・42　速度線図

ける速度を示す速度線図を描くことができる．

この図はスライダの位置とそこにおける速度を表したもので，**速度変位線図**（velocity displacement curve）であるが，これをクランクaの回転角ϕとの関係で表すと図1･42（b）のようになる．すなわち，横軸にクランクaの回転角ϕをとり，縦軸にスライダcの速度をとって，クランクの各位置におけるスライダの速度を右行を＋に，左行を－にして表したものである．この場合，クランクが等速回転をしているものとすれば，横軸は時間軸とみることもできるから，**速度時間線図**（velocity time curve）といってもよい．

以上の例では速度を直接求めることができたが，場合によると，速度は直接求めることができず，変位だけが求められることがある．そのような場合は，まず変位時間線図を描いて，それより速度時間線図，さらに加速度時間線図を描くことができる．

図1･43（a）は，前記の機構におけるスライダcの位置を，m点を零位置として縦軸にとった場合の変位時間線図であるが，各位置における速度は，その点における微小変位をds，それに要した時間をdtとすればds/dtであるから，その点で変位曲線に接線Tを引き，横軸となす角をθとすれば

$$v=\frac{ds}{dt}=\tan\theta$$

となる．したがって，任意のところで接線Tを引いてθを求めて，tと$\tan\theta$との関係を示す曲線を描けば，速度時間線図

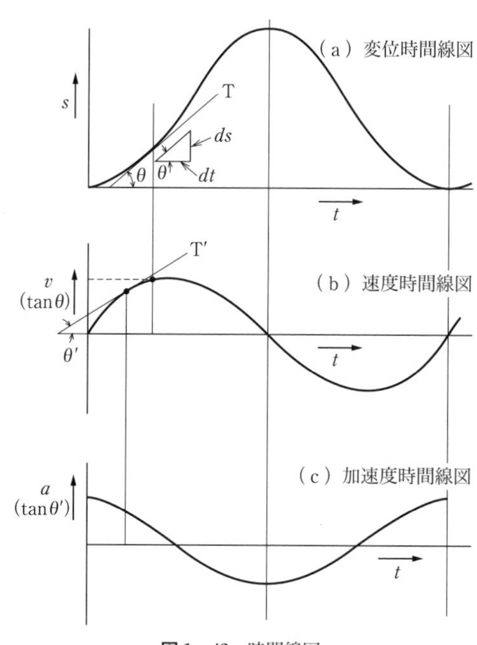

図1・43　時間線図

（b）を得る．同様にして，加速度はdv/dtであるから，任意の点で速度曲線に接線T′を引いて横軸となす角θ'を求めれば，$a=dv/dt=\tan\theta'$となり，tと$\tan\theta'$との関係を示す曲線を描けば，加速度時間線図（c）を得る．（a），（b），

(c) の3図は同じ座標軸を使って重ねて描いてもよい．

いま，**図1･44**において，変位線図 (a) は横軸（時間）では方眼紙の1目盛が a 秒を，縦軸（変位）では1目盛が b〔cm〕を表すようにして描いたとする．

P点の速度を求めるには，Pで接線Tを引き，図 (b) のO′点より左方の任意のところにM′点をとり，M′よりTに平行にM′N′を引き，N′より横軸に平行に引いてPより下してきた線との交点P′を求めれば，P′がP点における速度を示し，その値は $\overline{\mathrm{O'M'}}$ が x 目盛，$\overline{\mathrm{O'N'}}$ が y 目盛であったとすると

$$v_P = \tan\theta = \frac{\overline{\mathrm{O'N'}}}{\overline{\mathrm{O'M'}}} = \frac{by}{ax} = y\cdot\frac{b}{ax} \quad \text{〔cm/s〕}$$

すなわち，縦軸の1目盛は b/ax〔cm/s〕の速度を示す．もし $a=1$ 秒，$b=10$ cm，$x=2$ 目盛であったとすれば，$b/ax=10/(1\times2)=5$ cm/s であるから，y が

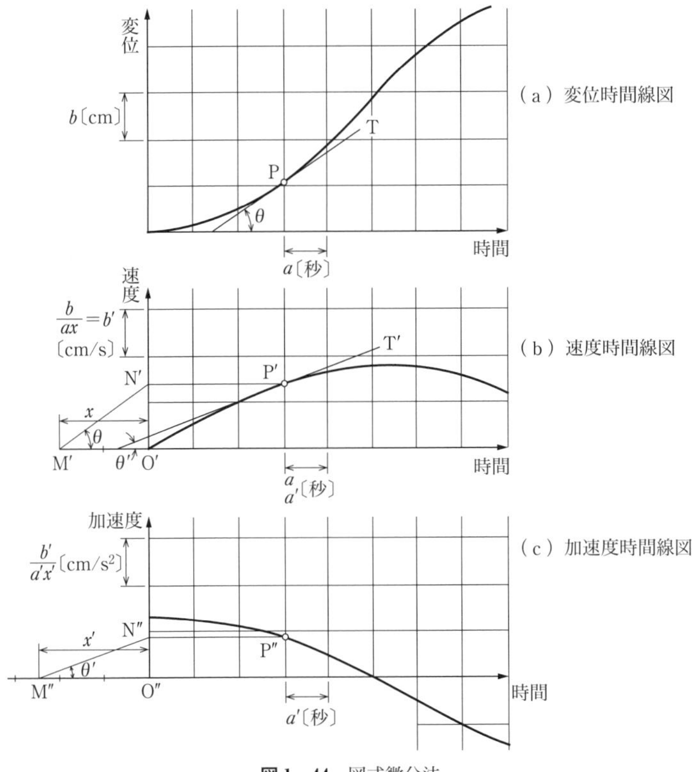

図1・44　図式微分法

1.3 目盛であったなら，P 点における速度 $v_P=1.3\times5=6.5$ cm/s となる．

同様にして加速度を求めるには，P′ 点で接線 T′ を引き，O″ より左方任意のところに M″ をとり，T′ に平行に M″N″ を引き，N″ より横軸に平行に引いて P″ を求めればよい．このときの加速度の大きさは O″N″ で示されるが，前と同様に，速度線図において横軸 1 目盛が a' 秒を，縦軸 1 目盛が b'〔cm/s〕を表し，O″M″ が x' 目盛，O″N″ が y' 目盛であったとするなら，P′ 点の加速度は

$$a_P'=\tan\theta'=\frac{\overline{\mathrm{O''N''}}}{\overline{\mathrm{O''M''}}}=\frac{b'y'}{a'x'}=y'\cdot\frac{b'}{a'x'}\ \text{〔cm/s}^2\text{〕}$$

で，縦軸の 1 目盛は $b'/a'x'$〔cm/s^2〕を表す．

もし $a'=1$ 秒，$b'=5$ cm/s，$x'=2.5$ 目盛であったとすれば，$b'/a'x'=5/(1\times2.5)=2$ cm/s^2 となり，y' が 0.9 目盛であったなら，P′ 点における加速度 $a_P'=0.9\times2=1.8$ cm/s^2 となる．

以上のような方法を**図式微分法**という．

【例題 1・5】 時間と変位が下表のように与えられたとき，図式微分法によって変位，速度，加速度線図を描け．

時間 t〔秒〕	変位 s〔cm〕
0	0
1	4.5
2	13.5
3	20.0
4	22.5
5	22.0
6	…

解

変位線図は横軸の 1 目盛を 1 秒として時間 t をとり，縦軸は 1 目盛を 10 cm として変位 s をとり，同表に与えられた点を入れれば，**例図 1・5** (a) のような 0，1，2，3，……の曲線となる．

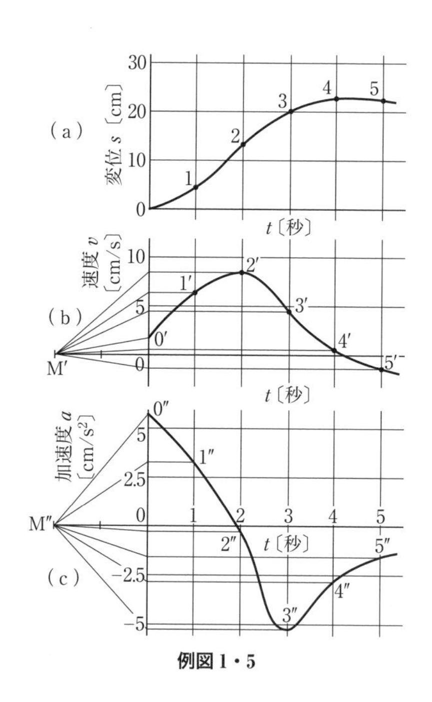

例図 1・5

速度線図は，横軸に時間 t を同様にとり，変位線図の 0，1，2，……の各点で曲線に接

線を引き，それに平行に M′ 点より線を引いて縦軸との交点を求め，その点より横に引いた線と，変位曲線の各点より下した線との交点をそれぞれ0′，1′，2′，…… とし，これらをなめらかに結べば，速度線図（b）を得る．

この場合，変位線図では，横軸は 1 目盛＝a 秒＝1 秒，縦軸は 1 目盛＝b〔cm〕＝10 cm であり，OM′＝x＝2 目盛としたから，縦軸の 1 目盛は b/ax＝10/(1×2)＝5 cm/s となる．

加速度線図も，同様にして速度線図の 0′，1′，2′，…… の各点における接線に平行に M″ 点より引いて，縦軸との交点より横に引いて 0″，1″，2″，…… を得るから，これをなめらかにつなげばよい．

この場合の縦軸の 1 目盛は a'＝1 秒，b'＝5 cm/s，OM″＝x'＝2 目盛であるから，$b'/a'x'$＝5/(1×2)＝2.5 cm/s^2 となる．

1・4　機構の自由度

1・4・1　平面対偶の自由度

対偶を介在して連結された二つの剛体機素 a，b の平面運動について考える．剛体機素 a，b は対偶に相接して相互に相対運動を行う．簡単にするために，剛体機素 a を固定して，固定された剛体機素 a からみた剛体機素 b の相対的な平面運動について考える．

まず，**図 1･45**（a）のように，剛体機素 b が対偶を介さずに自由に平面内を運動ができる場合，剛体機素 b の平面内における位置と角度（姿勢）を表現するためには，三つの座標変数（x，y，γ）が必要となる．すなわち，剛体機素 b は三つの**自由度**（degree of freedom）を有することになる．剛体機素 b が，同図（b）に示すようにすべり対偶で剛体機素 a と相接する場合は，剛体機素 b の y 方向の変位と角度はすべり対偶から拘束を受け，拘束を受けない x 方向の変位の

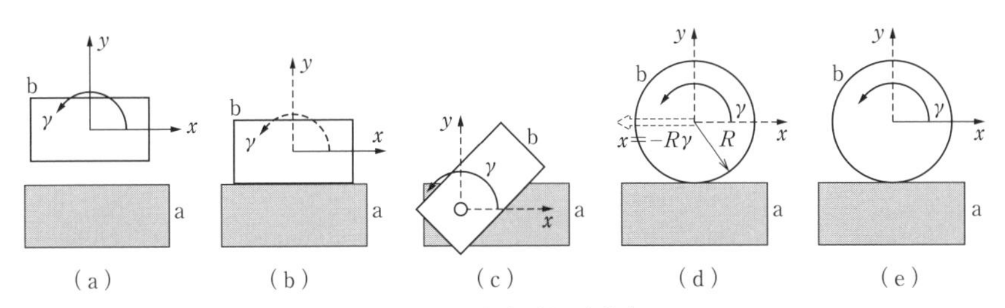

図 1・45　平面対偶の自由度

みが可能となる．図1･45では，拘束を受ける方向を破線の矢印，拘束を受けない方向を実線の矢印で表現している．すべり対偶で拘束された剛体機素bの運動に関する**拘束条件**（constraint condition）は

$$\begin{aligned} h_1(x,\ y,\ \gamma,\ t)&=y=0 \\ h_2(x,\ y,\ \gamma,\ t)&=\gamma=0 \end{aligned} \qquad (1\cdot 1)$$

と与えられる．式（1･1）のように座標変数と時間tの関数として与えられる拘束条件を**ホロノーム拘束条件**（holonomic condition）と呼ぶ．この拘束条件の数の自由度が，自由に運動できる剛体機素の自由度を失わせることになる．拘束条件の数に該当する**拘束力**（constrained force）が剛体機素bに作用して剛体の運動を拘束しているとも考えられる．すべり対偶の場合は，対偶が拘束する自由度は2であるので，剛体機素bの自由度fは

$$f=3-2=1 \qquad (1\cdot 2)$$

となる．対偶に相接した機素の自由度fを対偶の自由度と定義し，すべり対偶の対偶の自由度は1となる．このとき，剛体機素bの運動は一つの座標変数xのみで表現することができる.「力学系の位置と姿勢を一義的に表すことができる独立な座標変数」を**一般化座標**（generalized coordinate）と称する．

なお，拘束条件，拘束力，一般化座標などの考え方は，**解析力学**（analytical mechanics）で詳細を学習することになる．

同図（c）に示す回り対偶の拘束条件式は，回り対偶の位置を剛体の代表点の位置座標（x，y）と考えると

$$\begin{aligned} h_1(x,\ y,\ \gamma,\ t)&=x=0 \\ h_2(x,\ y,\ \gamma,\ t)&=y=0 \end{aligned} \qquad (1\cdot 3)$$

の二つであるので，対偶により失われる自由度は2，対偶の自由度は1となる．

同図（d）に示す転がり対偶の拘束条件式は

$$\begin{aligned} h_1(x,\ y,\ \gamma,\ t)&=y=0 \\ h_2(x,\ y,\ \gamma,\ t)&=x+R\gamma=0 \end{aligned} \qquad (1\cdot 4)$$

の二つであるので，対偶により失われる自由度は2，対偶の自由度は1となる．

同図（e）に示すすべり回り対偶の拘束条件式は

$$h_1(x,\ y,\ \gamma,\ t)=y=0 \qquad (1\cdot 5)$$

の一つであるので，対偶により失われる自由度は1，対偶の自由度は2となる．

表 1・1 平面運動の対偶の自由度

対偶の名称	対偶の自由度	対偶が拘束する自由度
すべり対偶	1	2
回り対偶	1	2
転がり対偶	1	2
すべり回り対偶	2	1

以上をまとめると，平面運動機構の対偶の自由度は**表 1・1** のようになる．

1・4・2 平面連鎖の自由度

ここでは，図 1・5 に示したような平面連鎖の自由度の計算方法を示す．N 個の剛体節で結合された平面連鎖において，その中の一つの節を固定する．残りの $(N-1)$ 個が対偶により拘束を受けることなく自由に平面内を運動できる場合は，$3(N-1)$ の自由度を有することになる．平面連鎖が対偶により拘束を受ける場合は，各対偶が拘束する自由度の数の総和，すなわち，拘束条件の数の自由度が失われることになる．表 1・1 に整理したように，自由度 1 の対偶は平面連鎖から二つの自由度を失わせ，自由度 2 の対偶は平面連鎖から自由度 1 の自由度を失わせる．平面連鎖に含まれる自由度 1 の対偶の数を p_1，自由度 2 の対偶の数を p_2 とおくと，これらの対偶により平面連鎖は（$2\cdot p_1+1\cdot p_2$）の自由度を失わせることになる．以上を整理すると，対偶により拘束される N 個の剛体節により構成される平面連鎖の自由度 f は

$$f=3(N-1)-(2\cdot p_1+1\cdot p_2) \tag{1・6}$$

で与えられる．この式は平面連鎖の**グリュブラーの式**（Grübler's equation）または**クッツバッハの式**（Kutzbach's equation）と呼ばれている．

図 1・6（a）に示した平面 3 節連鎖の自由度 f は，3 個の剛体節が 3 個の自由度 1 の回り対偶に拘束されていることから

$$f=3(3-1)-(2\times3+1\times0)=0 \tag{1・7}$$

となる．平面 3 節連鎖は固定連鎖であり，式（1・7）は固定連鎖の自由度が 0 であることを示している．

次に，同図（b）に示した平面 4 節連鎖の自由度は

$$f=3(4-1)-(2\times4+1\times0)=1 \tag{1・8}$$

となる．平面 4 節連鎖は限定機構であり，式（1・8）は限定連鎖の自由度が 1 であることを示している．

同図（c）の平面5節連鎖の自由度は

$$f=3(5-1)-(2\times5+1\times0)=2 \tag{1・9}$$

となる．平面5節連鎖は不限定連鎖であり，式（1･9）は不限定連鎖の自由度が1より大きいことを示している．

さて，**図1･46**（a），（b）に示す6個の回り対偶で拘束された5節平面連鎖の自由度は

$$f=3(5-1)-(2\times6+1\times0)=0 \tag{1・10}$$

となるので，一般的には固定連鎖となる．しかし，同図（b）に示すように，節abcdが平行四辺形となるように節の長さを与え，節eをaおよびcと平行となるように付加すれば，平面連鎖は破線に示すように1自由度を有するので，固定連鎖ではない．このように，グリュブラーの式から自由度を計算すると0または負となるが，機構に特別な幾何学的な関係が存在する場合に運動可能となる連鎖機構を**過拘束機構**（over-constrained mechanism）と称し，過拘束機構を実現する特別な幾何学的な関係を**適合条件**（condition of compatibility）という．

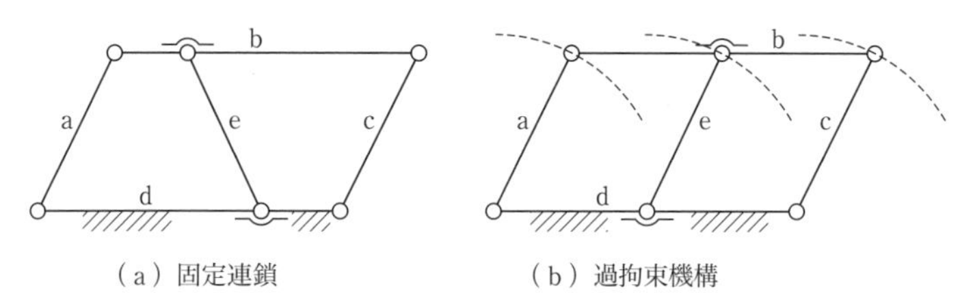

（a）固定連鎖　（b）過拘束機構

図1・46　平面5節連鎖

1・4・3　空間対偶の自由度

平面対偶と同様に対偶を介在して連結された二つの剛体機素の空間運動について考える．まず，**図1･47**（a）のように，剛体機素が対偶を介さずに自由に空間内を運動ができる場合，剛体機素の空間内における位置と角度（姿勢）を表現するためには，六つの座標変数（x，y，z，α，β，γ）が必要となる．空間運動では剛体機素bは6自由度を有することになる．

剛体機素が同図（b）に示すようにすべり対偶で剛体機素aと相接する場合は，剛体機素のx，z方向の変位とα，β，γ方向の角度は面すべり対偶から拘束を受け，拘束を受けないy方向の運動のみが可能となる．すべり対偶で拘束された剛体機素の空間運動に関するホロノーム拘束条件は

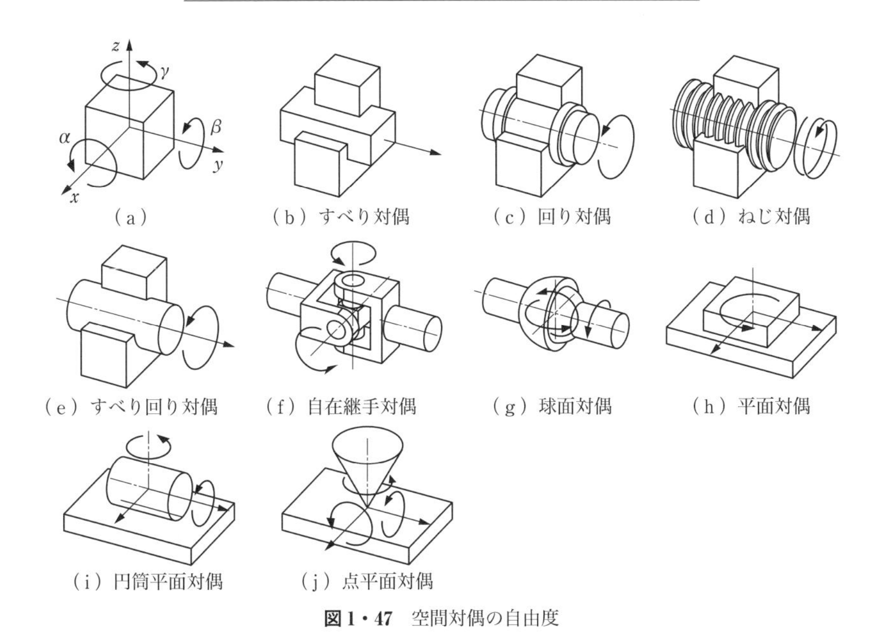

図1・47　空間対偶の自由度

$$
\begin{aligned}
h_1(x,\ y,\ z,\ \alpha,\ \beta,\ \gamma,\ t)&=x=0\\
h_2(x,\ y,\ z,\ \alpha,\ \beta,\ \gamma,\ t)&=z=0\\
h_3(x,\ y,\ z,\ \alpha,\ \beta,\ \gamma,\ t)&=\alpha=0\\
h_4(x,\ y,\ z,\ \alpha,\ \beta,\ \gamma,\ t)&=\beta=0\\
h_5(x,\ y,\ z,\ \alpha,\ \beta,\ \gamma,\ t)&=\gamma=0
\end{aligned}
\qquad (1\cdot 11)
$$

と与えられる．拘束条件の数は5であるので，すべり対偶が拘束する自由度は5となり，剛体機素の自由度fは

$$f=6-5=1 \qquad (1\cdot 12)$$

となる．自由度fは対偶の自由度を表すので，すべり対偶の対偶の自由度は1となる．

図1･47に示す代表的な空間対偶の自由度は**表1･2**のようになる．

同表に示すように，低次対偶である面対偶の自由度は1～3，高次対偶である線点対偶の自由度は4～5である．

1・4・4　空間連鎖の自由度

N個の剛体節で結合された空間連鎖において，自由度iを有するp_i個の空間対偶により拘束されるN個の剛体節により構成される空間連鎖の自由度fは

表1・2 空間運動の対偶の自由度

対偶の名称	分類	記号	対偶の自由度	対偶が拘束する自由度
すべり対偶 （直進対偶：prismatic pair）	面対偶	P	1	5
回り対偶 （回転対偶：revolute pair）		R	1	5
ねじ対偶 helical pair		H	1	5
すべり回り対偶 （円筒対偶：cylindrical pair）		C	2	4
自在継手対偶 universal joint pair		U	2	4
球面対偶 spherical pair		S	3	3
平面対偶 planar pair		E	3	3
円筒–平面対偶	線対偶		4	2
点–平面対偶	点対偶		5	1

$$
\begin{aligned}
f &= 6(N-1)-(5p_1+4p_2+3p_3+2p_4+1p_5) \\
&= 6(N-1)+\sum_{i=1}^{5}(6-i)p_i
\end{aligned}
\qquad (1\cdot13)
$$

で与えられる．この式は空間連鎖の**グリュブラーの式**または**クッツバッハの式**と呼ばれている．

図1･48に示す機構は，空間を移動する出力節（プラットフォーム）を6組のリンク機構により駆動するロボット機構である．機構の発明者の名前から**スチュワートプラットフォーム**（Stewart platform）と呼ばれている．ロボット機構では，対偶の一部に回転モータや直動モータなどのアクチュエータを配置する．アクチュエータを配置した対偶を**能動対偶**（active pair），アクチュエータを配置しない対偶を**受動対偶**（passive pair）と呼ぶ．スチュワートプラットフォームの各リンク機構は，受動自在継手対偶（U：対偶の記号は表

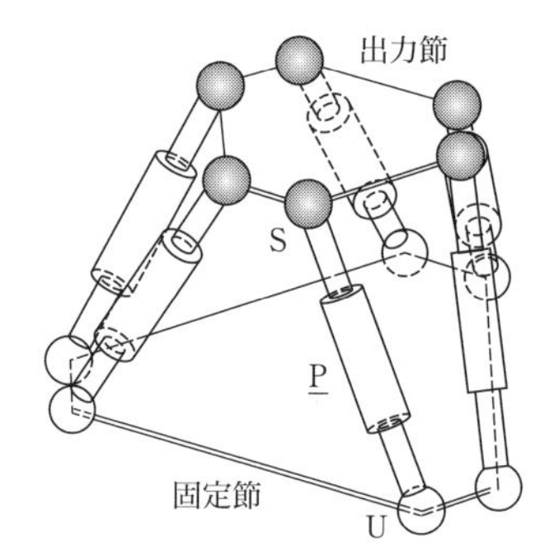

図1・48 スチュワートプラットフォーム

1･2 参照)，能動直新対偶（$\underline{\mathrm{P}}$：下線は能動対偶であることを意味する)，受動球面対偶（S）により構成される．スチュワートプラットフォームはU$\underline{\mathrm{P}}$S 対偶を有する 6 組のリンク機構で構成されるので，6U$\underline{\mathrm{P}}$S 機構と分類される．スチュワートプラットフォームは，上下のプレート（2 個)，2 個の剛体節から構成される 6 組のリンク（2×6=12 個）の計 14 個の剛体節を有する．各リンクはそれぞれ 1 個ずつの自在対偶，直進対偶および球面対偶で構成される．以上を式（1･13）に代入すると

$$f=6(14-1)-\{(6-1)\times6+(6-2)\times5+(6-3)\times6\}=6 \qquad (1\cdot14)$$

となる．すなわち，出力節である上部のプレートは 6 自由度を有し，スチュワートプラットフォームは並進 3 自由度（x，y，z）および回転 3 自由度（α，β，γ）を実現するロボット機構であることが示された．

空間連鎖においても平面連鎖と同様に過拘束機構が存在する．一般に，4 個の回り対偶で拘束された 4 節空間連鎖の自由度は

$$f=6(4-1)-\{(6-1)\times4\}=-2 \qquad (1\cdot15)$$

となるので，一般的には固定連鎖となる．しかし，**図 1･49**（a）に示すように適合条件としてすべての回り対偶の回転軸の方向を等しくすると，平面連鎖は破線に示すように 1 自由度を有し，過拘束機構となる．

4 節空間連鎖では，同図（b）に示すように，すべての回転軸が一点で交差する球面 4 節空間連鎖のほかに，同図（c）に示す**ベネット機構**（Bennett's Mechanism）が知られている．

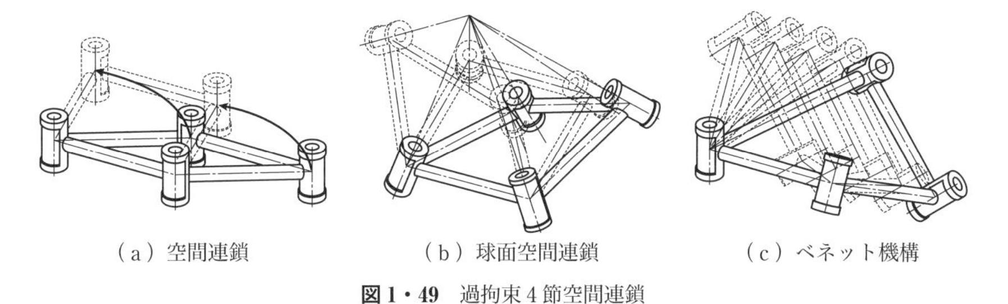

（a）空間連鎖　（b）球面空間連鎖　（c）ベネット機構

図 1・49　過拘束 4 節空間連鎖

1・5 運 動 解 析

1・5・1 運動解析の方法

ここでは，**閉ループ方程式**（loop closure equation）を用いた平面連鎖の位

置・速度・加速度解析を紹介する．機構学の教科書の多くでは，平面連鎖の運動解析は閉ループ方程式と複素関数を用いて行われることが多い．そこでは，平面連鎖が運動する xy 平面を複素平面に置き換え，機構の回転運動をオイラーの公式を用いて表現している．しかし，複素関数は平面連鎖に限定した解析であるので，立体連鎖には適用できない．閉ループ方程式をベクトルのまま扱うことにより，平面連鎖だけでなく立体連鎖の位置・速度・加速度解析を行うことができる．さらには，機構の幾何学的な関係によって機構が動作しなくなる特異姿勢解析を簡単に行うことができる．

1・5・2　4節回転連鎖の運動解析

図1･50 に示す4節回転連鎖を具体例とする．節a，dの回り対偶位置 O_{ad} を原点とし固定節dを x 軸方向とする座標系を設定する．節a，b，c，dの単位方向ベクトルをそれぞれ $\boldsymbol{u}$，$\boldsymbol{w}$，$\boldsymbol{v}$，$\boldsymbol{t}$ とし，各節の長さを a，b，c，d とする．節aと節cの x 軸に対する角度を図に示すようにそれぞれ θ，ϕ とする．

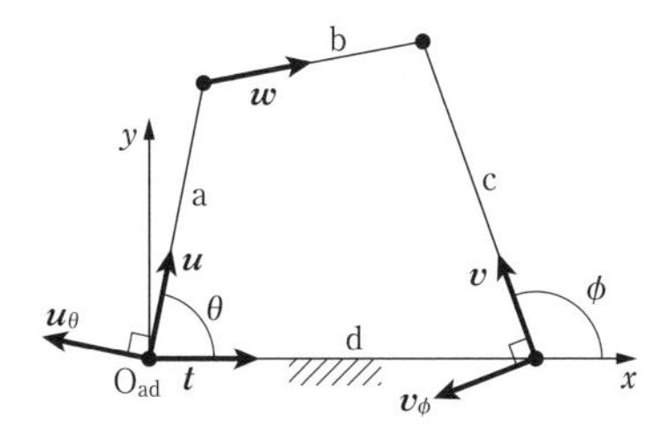

図1・50　4節回転連鎖

原点 O_{ad} より連鎖を1周して元に戻るルートをたどるベクトルは

$$a\boldsymbol{u}+b\boldsymbol{w}-c\boldsymbol{v}-d\boldsymbol{t}=\boldsymbol{0} \tag{1・16}$$

と与えられる．式（1･16）は閉ループ方程式であり，連鎖が閉じていることを表現している．

まず，節aの角度 θ と節cの角度 ϕ の位置関係を導出する．式（1･16）を変形し

$$a\boldsymbol{u}+c\boldsymbol{v}-d\boldsymbol{t}=b\boldsymbol{w} \tag{1・17}$$

両辺を2乗し，$\boldsymbol{u}$，$\boldsymbol{w}$，$\boldsymbol{v}$，$\boldsymbol{d}$ が単位ベクトルであることを考慮すると

$$a^2+c^2+d^2+2ac(\boldsymbol{u}\cdot\boldsymbol{v})-2ad(\boldsymbol{u}\cdot\boldsymbol{t})-2cd(\boldsymbol{v}\cdot\boldsymbol{t})=b^2 \tag{1・18}$$

を得る．ここで，図1･50より単位方向ベクトルは

$$\boldsymbol{u}=\begin{bmatrix}\cos\theta\\ \sin\theta\end{bmatrix},\quad \boldsymbol{v}=\begin{bmatrix}\cos\phi\\ \sin\phi\end{bmatrix},\quad \boldsymbol{t}=\begin{bmatrix}1\\ 0\end{bmatrix} \tag{1・19}$$

と与えられる．式（1･19）を式（1･18）に代入したものを ϕ に関して整理すると

$$(2ac\sin\theta)\sin\phi+(2ac\cos\theta-2cd)\cos\phi$$

$$=b^2-(a^2+c^2+d^2)+2ad\cos\theta \qquad (1\cdot 20)$$

また，これらをθに関して整理すると

$$(2ac\sin\phi)\sin\theta+(2ac\cos\theta-2ad)\cos\theta$$
$$=b^2-(a^2+c^2+d^2)+2cd\cos\phi \qquad (1\cdot 21)$$

を得る．式（1･20）は節 a を原動節として角度θを与えたときの従動節 c の角度ϕを，式（1･21）は節 c を原動節として角度ϕを与えたときの従動節 a の角度θを導く方程式であり，角度θおよびϕは三角関数の合成公式である

$$\begin{aligned} &A\sin\alpha+B\cos\alpha=C \\ &\sin(\alpha+\beta)=\frac{C}{\sqrt{A^2+B^2}} \\ &\beta=\tan^{-1}\frac{B}{A} \\ &\alpha=\sin^{-1}\frac{C}{\sqrt{A^2+B^2}}-\beta \end{aligned} \qquad (1\cdot 22)$$

を用いて導出することができる．ここで，式（1･22）の解αには二つの解が存在することに注意する．

角度θ, ϕが確定すると，閉ループ方程式より単位方向ベクトル$\boldsymbol{w}$が導出できる．

$$\boldsymbol{w}=\frac{c\boldsymbol{v}+d\boldsymbol{t}-a\boldsymbol{u}}{b} \qquad (1\cdot 23)$$

次に，節 a の角速度$\dot{\theta}$と節 c の角速度$\dot{\phi}$の関係を閉ループ方程式より導出する．閉ループ方程式（1･16）を変形し

$$a\boldsymbol{u}+b\boldsymbol{w}=c\boldsymbol{v}+d\boldsymbol{t} \qquad (1\cdot 24)$$

節の長さa, b, c, dおよび固定節の単位方向ベクトル$\boldsymbol{t}$が一定であることを考慮して，式（1･24）の両辺を時間で微分し，さらに両辺に左から$\boldsymbol{w}^T$を掛けると

$$a\boldsymbol{w}^T\dot{\boldsymbol{u}}+b\boldsymbol{w}^T\dot{\boldsymbol{w}}=c\boldsymbol{w}^T\dot{\boldsymbol{v}} \qquad (1\cdot 25)$$

を得る．ここで

$$\dot{\boldsymbol{u}}=\begin{bmatrix}-\sin\theta \\ \cos\theta\end{bmatrix}\dot{\theta}=\boldsymbol{u}_\theta\dot{\theta},\quad \dot{\boldsymbol{v}}=\begin{bmatrix}-\sin\phi \\ \cos\phi\end{bmatrix}\dot{\phi}=\boldsymbol{v}_\phi\dot{\phi} \qquad (1\cdot 26)$$

であり，$\boldsymbol{u}_\theta$, $\boldsymbol{v}_\phi$はそれぞれ$\boldsymbol{u}$, $\boldsymbol{v}$に直交する単位方向ベクトルとなる．$\boldsymbol{w}$は単位方向ベクトルであり，$\boldsymbol{w}^T\boldsymbol{w}=1$の関係式の両辺を時間微分すると

$$\boldsymbol{w}^T\dot{\boldsymbol{w}}=0 \qquad (1\cdot 27)$$

となる．式（1･26）および式（1･27）を式（1･25）に代入し

$$a\boldsymbol{w}^T\boldsymbol{u}_\theta\dot{\theta}=c\boldsymbol{w}^T\boldsymbol{v}_\phi\dot{\phi} \tag{1・28}$$

を得る．位置関係の計算式（1･20）から式（1･22）により確定した角度 θ, ϕ を用いて式（1･19）および式（1･23）により $\boldsymbol{u}$, $\boldsymbol{v}$, $\boldsymbol{w}$ を計算し，それらを式（1･28）に代入することで速度解析を行うことができる．

節 a を原動節，節 c を従動節と考える．式（1･28）において，左辺の原動節の角速度 $\dot{\theta}$ に掛かる $\boldsymbol{w}^T\boldsymbol{u}_\theta$ が 0 となる場合，すなわち，**図 1･51**（a）に示すように，節 a と節 b が同一直線上である場合を**第 1 種特異姿勢**（the first kind of singularity）あるいは**逆運動学特異姿勢**（inverse kinematics singularities）と呼ぶ．このとき，原動節に速度を与えても，従動節に速度が伝達されないために，連鎖は自由度を失う．式（1･28）において，右辺の従動節の角速度 $\dot{\phi}$ に掛かる $\boldsymbol{w}^T\boldsymbol{v}_\phi$ が 0 となる場合，すなわち，同図（b）に示すように，節 b と節 c が同一直線上である場合を**第 2 種特異姿勢**（the second kind of singularity）あるいは**順運動学特異姿勢**（direct kinematics singularities）と呼ぶ．このとき，原動節の角速度（角度）を固定しても従動節は特定の方向に対して自由に運動することができ，機構は付加的な自由度を有することとなる．連鎖を構成する節が特別な幾何学的条件を満たす場合，たとえば，同図（c）に示すように，節 a と節 b の長さが等しく，かつ，節 c と節 d の長さが等しい場合は，$\boldsymbol{w}^T\boldsymbol{u}_\theta=0$ と $\boldsymbol{w}^T\boldsymbol{v}_\phi=0$ を同時に満たす．この場合を**第 3 種特異姿勢**（the third kind of singularity）あるいは**複合特異姿勢**（combined singularities）と呼ぶ．

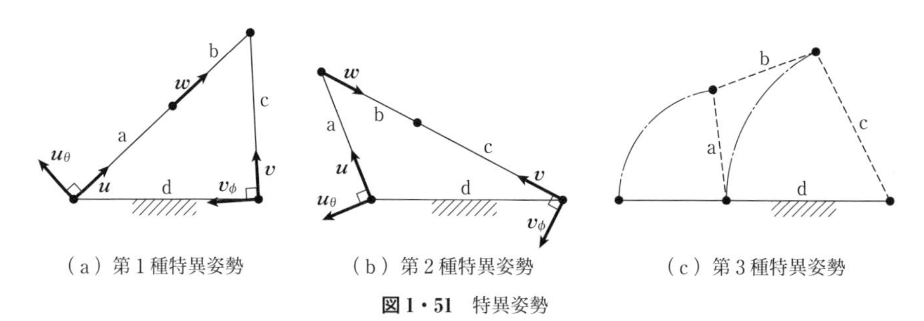

（a）第 1 種特異姿勢　（b）第 2 種特異姿勢　（c）第 3 種特異姿勢

図 1・51　特異姿勢

さらに，節 a の角加速度 $\ddot{\theta}$ と節 c の角加速度 $\ddot{\phi}$ の関係を閉ループ方程式（1･16）より導出する．式（1･28）の両辺を時間で微分する．

$$a\dot{\boldsymbol{w}}^T\boldsymbol{u}_\theta\dot{\theta}+a\boldsymbol{w}^T\boldsymbol{u}_{\theta\theta}\dot{\theta}^2+a\boldsymbol{w}^T\boldsymbol{u}_\theta\ddot{\theta}=c\dot{\boldsymbol{w}}^T\boldsymbol{v}_\phi\dot{\phi}+c\boldsymbol{w}^T\boldsymbol{v}_{\phi\phi}\dot{\phi}^2+c\boldsymbol{w}^T\boldsymbol{v}_\phi\ddot{\phi} \tag{1・29}$$

ここで

$$\boldsymbol{u}_{\theta\theta}=\begin{bmatrix}-\cos\theta\\-\sin\theta\end{bmatrix}=-\boldsymbol{u},\quad \boldsymbol{v}_{\phi\phi}=\begin{bmatrix}-\cos\phi\\-\sin\phi\end{bmatrix}=-\boldsymbol{v} \qquad (1\cdot30)$$

である．式（1・30）および，式（1・23）を時間で微分した

$$\dot{\boldsymbol{w}}=\frac{c\boldsymbol{v}_\phi\dot{\phi}-a\boldsymbol{u}_\theta\dot{\theta}}{b} \qquad (1\cdot31)$$

を式（1・29）に代入した式が角加速度 $\ddot{\theta}$ と節 c の角加速度 $\ddot{\phi}$ の関係を与える．

1・5・3　スライダクランク連鎖の運動解析

次に，**図 1・52** に示すスライダクランク連鎖の運動を解析する．節 a, d の回り対偶位置 O_{ad} を原点とし固定節 d を x 軸方向とする座標系を設定する．節 a，b，d の単位方向ベクトルをそれぞれ $\boldsymbol{u}$, $\boldsymbol{w}$, $\boldsymbol{t}$ とし，各節の長さを a, b, d とする．節 a の x 軸に対する角度を同図に示すように θ とし，θ を変化させると，原点 O_{ad} から節 b，c の回り対偶 O_{bc} との距離 d が変化する．

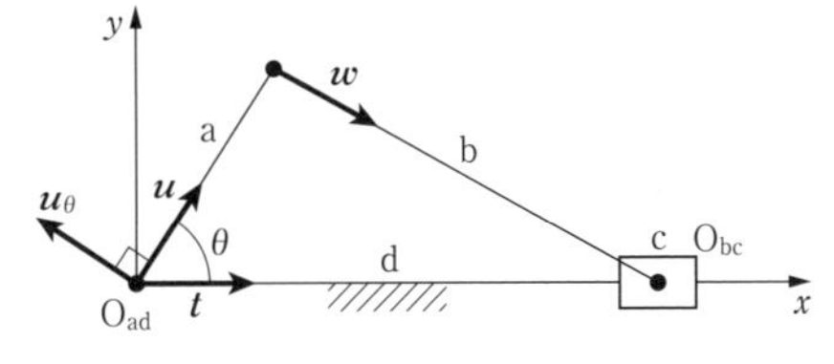

図 1・52　スライダクランク連鎖

原点 O_{ad} より連鎖を１周して元に戻るルートをたどる閉ループ方程式は

$$a\boldsymbol{u}+b\boldsymbol{w}-d\boldsymbol{t}=\boldsymbol{0} \qquad (1\cdot32)$$

と与えられる．式（1・32）を変形し

$$a\boldsymbol{u}-d\boldsymbol{t}=b\boldsymbol{w} \qquad (1\cdot33)$$

両辺を２乗し，$\boldsymbol{u}$，$\boldsymbol{w}$，$\boldsymbol{t}$ が単位ベクトルであることを考慮すると

$$a^2+d^2-2ad(\boldsymbol{u}\cdot\boldsymbol{t})=b^2 \qquad (1\cdot34)$$

を得る．ここで，単位方向ベクトル

$$\boldsymbol{u}=\begin{bmatrix}\cos\theta\\\sin\theta\end{bmatrix},\quad \boldsymbol{t}=\begin{bmatrix}1\\0\end{bmatrix} \qquad (1\cdot35)$$

を式（1・34）に代入して d に関して整理する．

$$a^2+d^2-2ad\cos\theta=b^2$$

$$d^2-(2a\cos\theta)d+(a^2-b^2)=0 \qquad (1\cdot36)$$

節 a を原動節として角度 θ を与えたときの従動節 d の位置は，d に関する２次方程式である式（1・36）の解で与えられる．ここで，式（1・36）の d には二つの解が存在し，それぞれの状態を**図 1・53**（a）に示す．

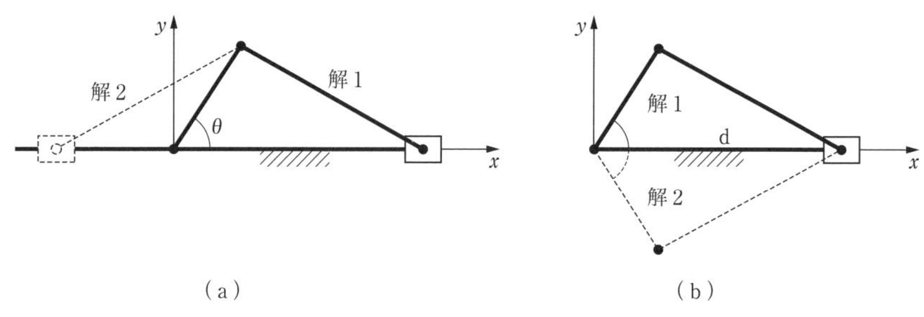

図 1・53　スライダクランク機構における二つの解

式（1･36）を θ に関して解くと

$$\theta=\cos^{-1}\left(\frac{a^2+d^2-b^2}{2ad}\right) \tag{1・37}$$

式（1･37）には同図（b）に示す二つの解が存在する．

角度 θ と変位 d が確定すると，閉ループ方程式より単位方向ベクトル $\boldsymbol{w}$ が導出できる．

$$\boldsymbol{w}=\frac{d\boldsymbol{t}-a\boldsymbol{u}}{b} \tag{1・38}$$

次に，節 a の角速度 $\dot{\theta}$ と節 c の速度 $\dot{d}$ の関係を閉ループ方程式より導出する．式（1･33）を変形し

$$a\boldsymbol{u}+b\boldsymbol{w}=d\boldsymbol{t} \tag{1・39}$$

節の長さ a，b および固定節の単位方向ベクトル $\boldsymbol{t}$ が一定であることを考慮して，式（1･39）の両辺を時間で微分し，さらに両辺に左から $\boldsymbol{w}^T$ を掛けると

$$a\boldsymbol{w}^T\dot{\boldsymbol{u}}+b\boldsymbol{w}^T\dot{\boldsymbol{w}}=\boldsymbol{w}^T\boldsymbol{t}\dot{d} \tag{1・40}$$

を得る．ここで

$$\dot{\boldsymbol{u}}=\begin{bmatrix}-\sin\theta\\ \cos\theta\end{bmatrix}\dot{\theta}=\boldsymbol{u}_\theta\dot{\theta} \tag{1・41}$$

であり，$\boldsymbol{u}_\theta$ は $\boldsymbol{u}$ に直交する単位方向ベクトルとなる．式（1･41）および式（1･27）を式（1･40）に代入すると

$$a\boldsymbol{w}^T\boldsymbol{u}_\theta\dot{\theta}=\boldsymbol{w}^T\boldsymbol{t}\dot{d} \tag{1・42}$$

を得る．クランク a を原動節，シリンダ c を従動節と考える．式（1･42）において，左辺の原動節の角速度 $\dot{\theta}$ に掛かる $\boldsymbol{w}^T\boldsymbol{u}_\theta$ が 0 となる場合，すなわち，**図 1･54**（a），（b）に示すように，節 a と節 b が同一直線上にある場合が第 1 種特異姿勢

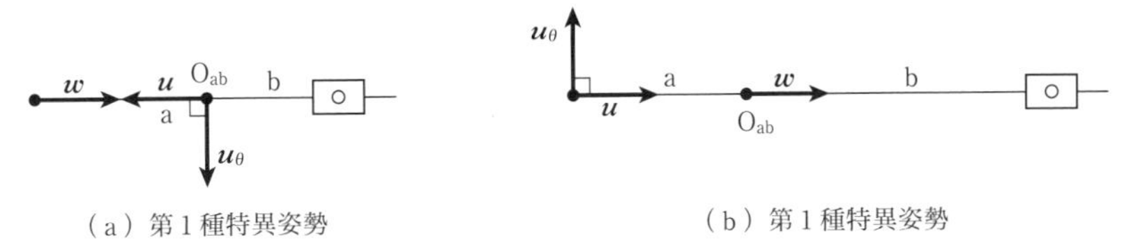

（a）第1種特異姿勢　（b）第1種特異姿勢

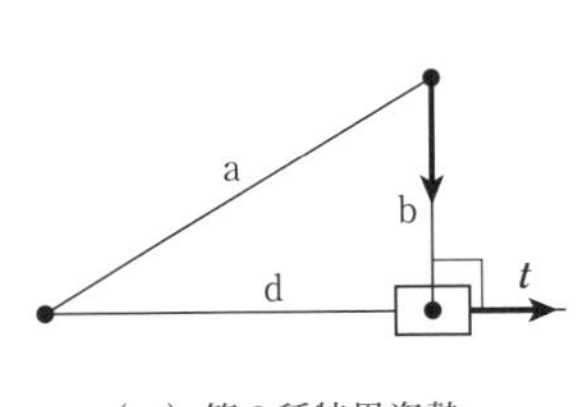

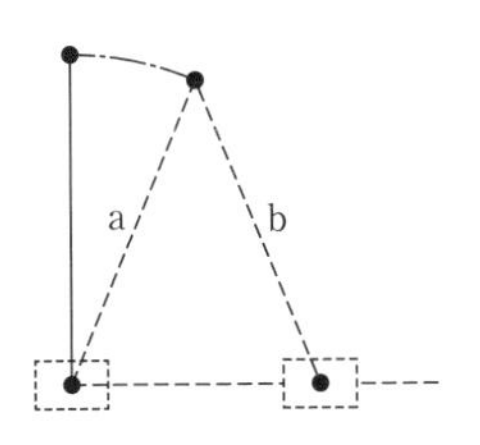

（c）第2種特異姿勢　（d）第3種特異姿勢

図1・54　スライダクランク機構の特異姿勢

であり，連鎖は自由度を失う．式（1･42）において，右辺の従動節の角速度 $\dot{d}$ に掛かる $\boldsymbol{w}^T\boldsymbol{t}$ が0となる場合，すなわち，同図（c）に示すように，節bと節dが垂直となる場合が第2種特異姿勢であり，機構は付加的な自由度を有することとなる．同図（d）に示すように，節aと節bの長さが等しい場合，$\boldsymbol{w}^T\boldsymbol{u}_\theta=0$ と $\boldsymbol{w}^T\boldsymbol{t}=0$ を同時に満たす第3種特異姿勢を有することとなる．

さらに，節aの角加速度 $\ddot{\theta}$ と節cの加速度 $\ddot{d}$ の関係を閉ループ方程式より導出する．

式（1･42）の両辺を時間で微分する．

$$a\dot{\boldsymbol{w}}^T\boldsymbol{u}_\theta\dot{\theta}+a\boldsymbol{w}^T\boldsymbol{u}_{\theta\theta}\dot{\theta}^2+a\boldsymbol{w}^T\boldsymbol{u}_\theta\ddot{\theta}=\dot{\boldsymbol{w}}^T\boldsymbol{t}\dot{d}+\boldsymbol{w}^T\boldsymbol{t}\ddot{d} \tag{1・43}$$

ここで

$$\boldsymbol{u}_{\theta\theta}=\begin{bmatrix}-\cos\theta\\-\sin\theta\end{bmatrix}=-\boldsymbol{u} \tag{1・44}$$

である．式（1･44）および式（1･38）を時間で微分した

$$\dot{\boldsymbol{w}}=\frac{\boldsymbol{t}\dot{d}-a\boldsymbol{u}_\theta\dot{\theta}}{b} \tag{1・45}$$

を式（1･43）に代入すると

$$a\left(\frac{\boldsymbol{t}\dot{d}-a\boldsymbol{u}_\theta\dot{\theta}}{b}\right)^T\boldsymbol{u}_\theta\dot{\theta}+a\boldsymbol{w}^T\boldsymbol{u}_{\theta\theta}\dot{\theta}^2+a\boldsymbol{w}^T\boldsymbol{u}_\theta\ddot{\theta}=\left(\frac{\boldsymbol{t}\dot{d}-a\boldsymbol{u}_\theta\dot{\theta}}{b}\right)^T\boldsymbol{t}\dot{d}+\boldsymbol{w}^T\boldsymbol{t}\ddot{d} \tag{1・46}$$

節aの角加速度$\ddot{\theta}$と節cの加速度$\ddot{d}$の関係が得られる．式（1･46）の関係は一見複雑であるが，式（1･42）および式（1･46）に式（1･35）や式（1･41）などの具体的なベクトルを代入して整理すると，節aと節dの速度および加速度の関係式として

$$a\sin\theta d\dot{\theta}=(a\cos\theta-d)\dot{d} \tag{1・47}$$

$$a\cos\theta d\dot{\theta}^2+a\sin\theta(\dot{d}\dot{\theta}+d\ddot{\theta})=-\dot{d}^2-a\sin\theta\dot{d}\dot{\theta}+(a\cos\theta-d)\ddot{d} \tag{1・48}$$

を得る．

節a（クランク）を原動節，節c（スライダ）を従動節とすると，スライダの速度と加速度は，式（1･47）および式（1･48）をそれぞれ$\dot{d}$および$\ddot{d}$に関して解くことにより

$$\dot{d}=\frac{a\sin\theta d}{a\cos\theta-d}\dot{\theta} \tag{1・49}$$

$$\ddot{d}=\frac{\dot{d}^2+a\sin\theta\dot{d}\dot{\theta}-a\cos\theta d\dot{\theta}^2-a\sin\theta(\dot{d}\dot{\theta}+d\ddot{\theta})}{a\cos\theta-d} \tag{1・50}$$

を得る．式（1･36）のdに関する解である

$$d=a\cos\theta+\sqrt{b^2-(a\sin\theta)^2} \tag{1・51}$$

と式（1･49）と式（1･50）を用いて，スライダクランク機構の変位線図，速度線図，加速度線図を求めることができる．

例題1･4のスライダクランク機構に関する，変位線図，速度線図，加速度線図を**図1･55**に示す．

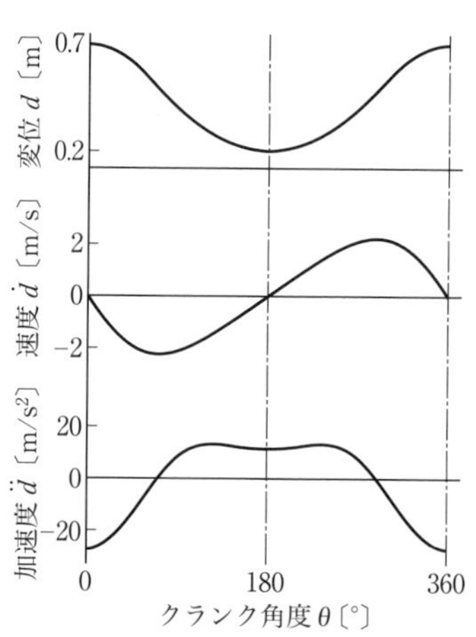

図1・55 スライダクランク機構の変位・速度・加速度線図

1・6 瞬間中心解析

1・6・1 同次座標の点と直線

図1･17に示したように直進対偶の瞬間中心は無限遠方に存在する．2次元**カ**

ーテシアン座標系（Cartesian coordinate system）*において，x 軸方向の無限遠方は $x=[\infty,\ 0]^T$（T：転置），y 軸方向の無限遠方は $y=[0,\ \infty]^T$ と記述できる．では，$[1,\ 1]^T$ 方向の無限遠方は $[\infty,\ \infty]^T$ となるのであろうか．この考え方を踏襲すると，$[1,\ 2]^T$ 方向の無限遠方も $[\infty,\ \infty]^T$ となり，$[1,\ 1]^T$ 方向の無限遠方と区別ができない．すなわち，カーテシアン座標系では無限遠方は定義できない．

そこで，無限遠方を「無限遠点」として定義する**同次座標系**（homogeneous coordinate systems）を用いて，瞬間中心が無限遠点にある場合も含めて，3 瞬間中心の定理を用いた機構の瞬間中心を導出する方法を説明する．

同次座標では，2 次元カーテシアン座標系における点の座標 $\boldsymbol{r}$ である

$$\boldsymbol{r}=\begin{bmatrix} p \\ q \end{bmatrix} \tag{1・52}$$

を 3 次元空間の点として下記のように表現する．

$$\boldsymbol{x}=\begin{bmatrix} x \\ y \\ w \end{bmatrix} \tag{1・53}$$

カーテシアン座標と同次座標の関係は

$$p=\frac{x}{w},\quad q=\frac{y}{w} \tag{1・54}$$

と与えられる．w は**スケール因子**（scale factor）と呼ばれる．式（1・53）を任意のスカラー値 λ 倍したものは

$$\frac{\lambda x}{\lambda w}=\frac{x}{w}=p,\quad \frac{\lambda y}{\lambda w}=\frac{y}{w}=q$$

となり，同次座標系における点 $\boldsymbol{x}$ と $\lambda\boldsymbol{x}$ はカーテシアン座標系において同じ点を示すことになる．便宜上，スケール因子 $w=1$ とすると，同次座標系上の点

$$\boldsymbol{x}=\begin{bmatrix} p \\ q \\ 1 \end{bmatrix} \tag{1・55}$$

はカーテシアン座標系上の点 $[p,\ q]^T$ と一対一対応する．式（1・54）で w を 0 に近づけると，カーテシアン座標系における p，q 方向の無限遠方を指し示す．式（1・53）に示す同次座標系においては，$w=0$ とおいて

* 直交座標系ともいう．

$$\boldsymbol{x}=\begin{bmatrix} x \\ y \\ 0 \end{bmatrix} \tag{1・56}$$

が無限遠方を指し示す．同次座標系においては，無限遠方は式（1･56）に示すように3次元空間の点，すなわち**無限遠点**（point at infinity）として定義される．

図1･56に示すように，カーテシアン座標系上の点$[p,\ q]^T$は，同次座標系においては原点を通過する直線$[\lambda p,\ \lambda q,\ \lambda]^T$となる．無限遠点は，同次座標系においては$w=0$の平面上に存在することとなる．

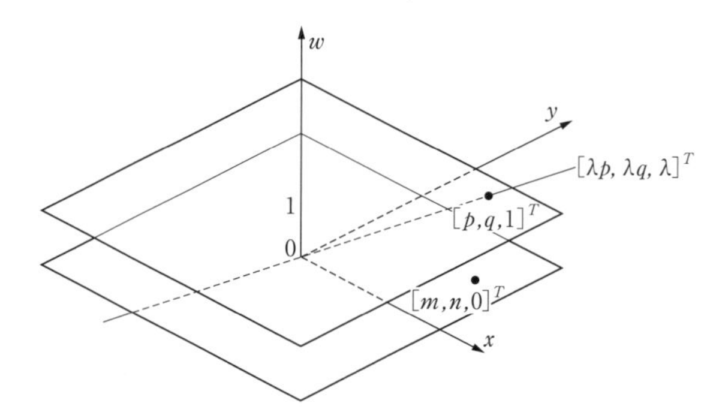

図1・56　カーテシアン座標系と同次座標系

$[1,\ 0]^T$方向の無限遠点$\boldsymbol{x}_{10}$，$[0,\ 1]^T$方向の無限遠点$\boldsymbol{x}_{01}$は

$$\boldsymbol{x}_{10}=\begin{bmatrix} 1 \\ 0 \\ 0 \end{bmatrix},\quad \boldsymbol{x}_{01}=\begin{bmatrix} 0 \\ 1 \\ 0 \end{bmatrix} \tag{1・57}$$

となり，さらには，カーテシアン座標系では区別できなかった$[1,\ 2]^T$方向の無限遠点$\boldsymbol{x}_{12}$と$[1,\ 1]$方向の無限遠点$\boldsymbol{x}_{11}$は

$$\boldsymbol{x}_{12}=\begin{bmatrix} 1 \\ 2 \\ 0 \end{bmatrix},\quad \boldsymbol{x}_{11}=\begin{bmatrix} 1 \\ 1 \\ 0 \end{bmatrix} \tag{1・58}$$

のように，同次座標系では別の無限遠点として区別できる．さて，ベクトルには，速度ベクトルや方向ベクトルなどの始点が原点に固定されず方向のみが意味をもつ**自由ベクトル**（free vector）と，位置ベクトルなどのベクトルの始点が原点に固定された**束縛ベクトル**（fixed vector）に分類される．カーテシアン座標系表現である$[p,\ q]^T$では，この二つのベクトルの区別はできないが，同次座標

系では，$w=0$ のベクトルが自由ベクトル，$w\neq0$ のベクトルが束縛ベクトルとなる．式（1･57）において $\boldsymbol{x}_{10}$，$\boldsymbol{x}_{01}$ はそれぞれ x 軸方向，y 軸方向の単位方向ベクトルを与える．$[m,\ n]^T$ 方向の単位方向ベクトル $(m^2+n^2=1)\boldsymbol{x}_{mn}$ は

$$\boldsymbol{x}_{mn}=\begin{bmatrix} m \\ n \\ 0 \end{bmatrix} \tag{1・59}$$

のように，同次座標系における $[m,\ n]^T$ 方向の無限遠点と等しい．無限遠点は自由ベクトルであるので，ベクトルの始点は固定されず，その方向のみが意味をもつ．

同次座標系における位置 $\boldsymbol{x}=[p,\ q,\ 1]^T$ は，以下に示す座標変換行列において並進変換，回転変換を行うことができる．

$$並進変換：\quad \mathbf{Trans}(a,\ b)=\begin{bmatrix} 1 & 0 & a \\ 0 & 1 & b \\ 0 & 0 & 1 \end{bmatrix} \tag{1・60}$$

$$回転変換：\quad \mathbf{Rot}(\theta)=\begin{bmatrix} \cos\theta & -\sin\theta & 0 \\ \sin\theta & \cos\theta & 0 \\ 0 & 0 & 1 \end{bmatrix} \tag{1・61}$$

並進変換後と回転変換後の位置は

$$\mathbf{Trans}(a,\ b)\cdot\boldsymbol{x}=\begin{bmatrix} p+a \\ q+b \\ 1 \end{bmatrix} \tag{1・62}$$

$$\mathbf{Rot}(\theta)\cdot\boldsymbol{x}=\begin{bmatrix} p\cos\theta-q\sin\theta \\ p\sin\theta+q\cos\theta \\ 1 \end{bmatrix} \tag{1・63}$$

となる．

さて，カーテシアン座標系における直線は

$$ap+bq+c=0 \tag{1・64}$$

と与えられるので，これに式（1･54）を代入した式

$$ax+by+cw=0 \tag{1・65}$$

は同次座標系における直線を表す．

いま，同次座標系において無限遠点を含む二点 $\boldsymbol{x}_i=[x_i,\ y_i,\ w_i]^T$，$(i=1,\ 2)$ が与えられたとき，この二点を通る直線のパラメータ $\boldsymbol{l}=[a,\ b,\ c]^T$ は

$$\boldsymbol{l}=\boldsymbol{x}_1\times\boldsymbol{x}_2 \tag{1・66}$$

で与えられる．

式（1·66）より，直線 $\boldsymbol{l}$ 上の点 $\boldsymbol{x}_i$ は

$$\boldsymbol{l}\cdot\boldsymbol{x}_i=ax_i+by_i+cw_i=0 \tag{1・67}$$

を満たすので，式（1·66）から導かれる直線 $\boldsymbol{l}$ のパラメータと点 $\boldsymbol{x}_i$ との内積は，スカラー三重積の関係により

$$(\boldsymbol{x}_1\times\boldsymbol{x}_2)\cdot\boldsymbol{x}_i=0 \tag{1・68}$$

となり，式（1·66）により与えられるベクトルは式（1·67）を満たすことがわかる．

さらに，2直線 $\boldsymbol{l}_1$，$\boldsymbol{l}_2$ の交点 $\boldsymbol{x}_{\mathrm{c}}$ は

$$\boldsymbol{x}_{\mathrm{c}}=\boldsymbol{l}_1\times\boldsymbol{l}_2 \tag{1・69}$$

で与えられる．

式（1·69）で求めた $\boldsymbol{x}_{\mathrm{c}}$ は

$$\boldsymbol{l}_i\cdot\boldsymbol{x}_{\mathrm{c}}=\boldsymbol{l}_i\cdot(\boldsymbol{l}_1\times\boldsymbol{l}_2)=0 \tag{1・70}$$

により，直線 $\boldsymbol{l}_i\,(i=1,\ 2)$ 上の点である条件を満たしている．

1・6・2 スライダクランク機構の瞬間中心解析

図1·57 に示すスライダクランク機構の瞬間中心を同次座標系の直線とその交点の計算により導出する．同次座標系を用いて，各回り対偶の瞬間中心 O_{ij} の位置 $\boldsymbol{x}_{ij}$ を表現する．

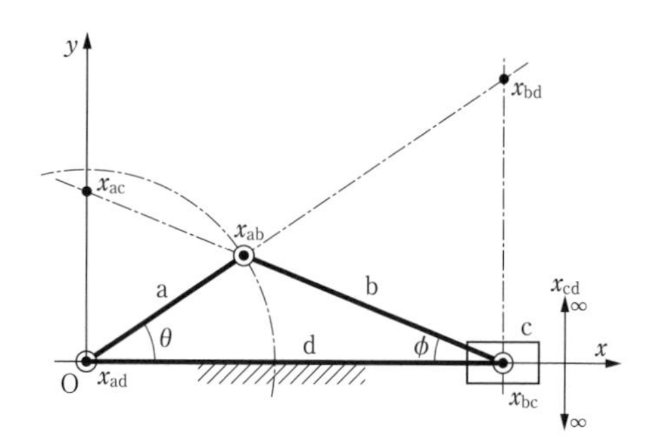

図1・57 スライダクランク機構の瞬間中心

$$\boldsymbol{x}_{\mathrm{ab}}=\begin{bmatrix}a\cos\theta\\ a\sin\theta\\ 1\end{bmatrix}=\begin{bmatrix}d-b\cos\phi\\ b\sin\phi\\ 1\end{bmatrix},\quad \boldsymbol{x}_{\mathrm{ad}}=\begin{bmatrix}0\\0\\1\end{bmatrix},\quad \boldsymbol{x}_{\mathrm{bc}}=\begin{bmatrix}d\\0\\1\end{bmatrix} \tag{1・71}$$

瞬間中心 O_{cd} の位置 $\boldsymbol{x}_{cd}$ は y 軸方向の無限遠点である.

$$\boldsymbol{x}_{cd}=\begin{bmatrix}0\\1\\0\end{bmatrix} \tag{1・72}$$

3 瞬間中心の定理より，瞬間中心 O_{bd} の位置 $\boldsymbol{x}_{bd}$ は，瞬間中心 O_{bc} と O_{cd} を通過する直線 $\boldsymbol{l}_{bcd}$ と，O_{ab} と O_{ad} を通過する直線 $\boldsymbol{l}_{abd}$ との交点となり，式（1･66）および式（1･69）を用いて以下のように計算できる.

$$\begin{aligned}\boldsymbol{l}_{bcd}&=\boldsymbol{x}_{bc}\times\boldsymbol{x}_{cd}=[-1,\ 0,\ d]^T\\ \boldsymbol{l}_{abd}&=\boldsymbol{x}_{ab}\times\boldsymbol{x}_{ad}=[a\sin\theta,\ a\cos\theta,\ 0]^T\end{aligned} \tag{1・73}$$

$$\boldsymbol{x}_{bd}=\boldsymbol{l}_{bcd}\times\boldsymbol{l}_{abd}=[ad\cos\theta,\ ad\sin\theta,\ a\cos\theta]^T\propto[d,\ d\tan\theta,\ 1]^T \tag{1・74}$$

式（1･74）においては，外積計算後にスケール因子 $w=1$ となるように同次座標位置を変換している．瞬間中心が無限遠点にある場合においても，上記のように直線や交点が同次座標系を用いて計算できる.

同様に，瞬間中心 O_{ac} の位置 $\boldsymbol{x}_{ac}$ は，瞬間中心 O_{ad} と O_{cd} を通過する直線 $\boldsymbol{l}_{acd}$ と，O_{ab} と O_{bc} を通過する直線 $\boldsymbol{l}_{abc}$ との交点となる.

$$\boldsymbol{x}_{ac}=\boldsymbol{l}_{acd}\times\boldsymbol{l}_{abc}=(\boldsymbol{x}_{ad}\times\boldsymbol{x}_{cd})\times(\boldsymbol{x}_{ab}\times\boldsymbol{x}_{bc})\propto[0,\ d\tan\phi,\ 1]^T \tag{1・75}$$

演 習 問 題

（1） 問図 1 に示す平面機構の機素の数 N，1 自由度対偶の数 P_1，2 自由度対偶の数 P_2 と機構の自由度 f を求めよ.

（2） 問図 2（a）～（d）に示す平面機構の瞬間中心を求めよ．なお，図（d）の円板 a～c はそれぞれ転がり接触しているものとする.

（3） 問図 3 は節 a が回転するとき，節 c が揺動運動をするような連鎖であって，a が垂直位置にあるとき，c も垂直位置にあるものとする．$\theta=30°$ のときの瞬間中心を求めよ.

（4） 問図 4 は a が回転するとき，b が c 上をすべり動き，そのため c が左右に揺動して，d を介して e が左右に往復運動する機構である．θ が 30° のときの瞬間中心を求めよ．ただし d の長さは 5 cm とする.

（5） 問図 5 において節 a が回転するとき，これに接する節 b が揺動運動あるいは上下運動をするものとする．瞬間中心を求めよ.

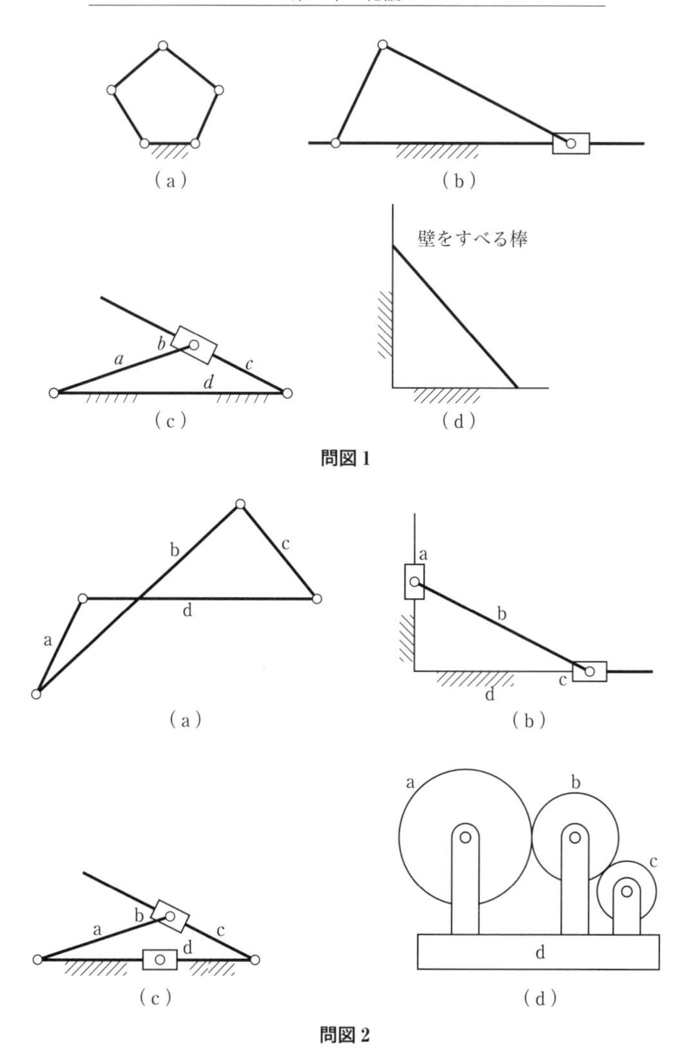

問図1

問図2

(**6**) 問図6においてOPがOを中心として回転しているが，角加速度 $-5\,\mathrm{rad/s^2}$ で次第にその回転速度が減少しつつあるものとする．現在の角速度 ω が $5\,\mathrm{rad/s}$ とすれば，何秒後に停止するか．また，それまでに回転する角度 θ，現在の回転数 n および P 点の加速度の大きさ a とその方向 ϕ を求めよ．ただし $\overline{\mathrm{OP}}=30\,\mathrm{cm}$ とする．

(**7**) 図1·28において $\mathrm{a}=5\,\mathrm{cm}$，$\mathrm{b}=8\,\mathrm{cm}$，$\mathrm{c}=10\,\mathrm{cm}$，$\mathrm{d}=14\,\mathrm{cm}$，$\overline{\mathrm{O_1P}}=4\,\mathrm{cm}$，$\overline{\mathrm{O_4R}}=6\,\mathrm{cm}$，$\angle \mathrm{O_2O_1O_4}=60°$ とした場合に，P 点の速度 v_P が $2\,\mathrm{m/s}$ であったら，R 点の速度 v_R は

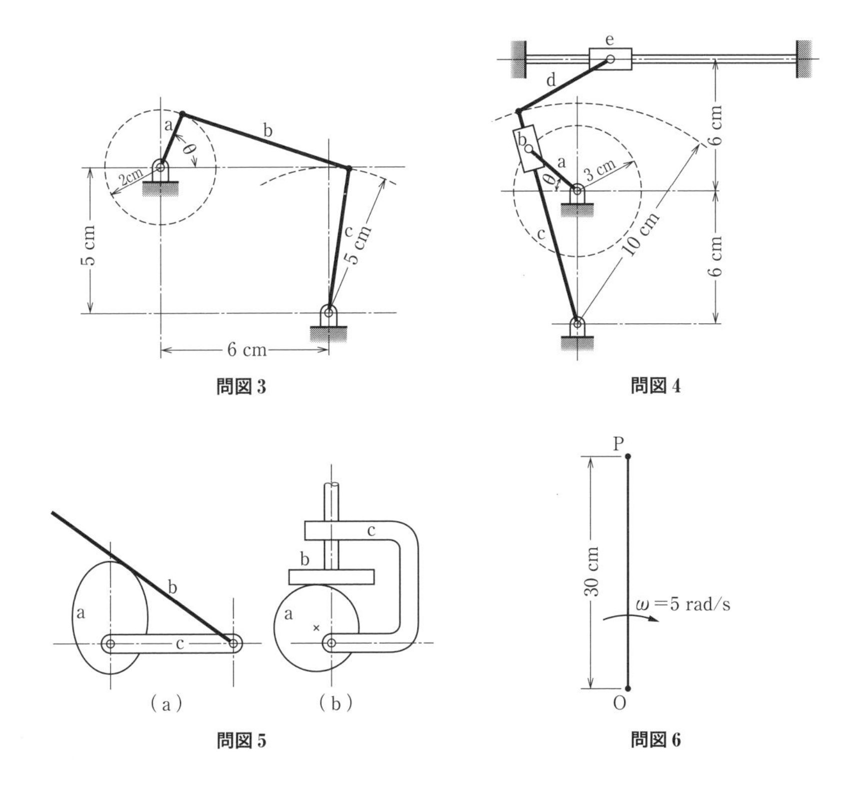

問図3

問図4

(a) (b)

問図5

問図6

いくらか．

(**8**) 図1･28においてv_2=3 m/sのとき，移送法，連節法，分解法および写像法を用いてv_3を求めてみよ．ただしa=3 cm，b=5 cm，c=6 cm，d=9 cm，$\angle O_2O_1O_4=90°$とする．

(**9**) 図1･37のような4節連鎖機構において，各リンクの長さはa=3 cm，b=6 cm，c=8 cm，d=10 cm，またaの角速度ωは一定で10 rad/sであるとする．$\angle O_2O_1O_4=90°$の位置におけるO_3点の速度v_3および加速度a_3を求めよ．

(**10**) 時間と変位が下表のように与えられたとき，図式微分法によって変位，速度，加速度線図を描け．

時間 t〔s〕	0	1	2	3	4	5	6	7	8	9	10	11	12	13	14	15	……
変位 s〔cm〕	0	2.6	5.0	7.1	8.7	9.7	10.0	9.7	8.7	7.1	5.0	2.6	0	−2.6	−5.0	−7.1	……

第2章　リンク装置

2・1　4節回転連鎖

細長い剛体の棒を回り対偶またはすべり対偶によって組み合わせた機構を**リンク装置**（link work）といい，それぞれの棒を**リンク**（link）という．四つのリンクがすべて回り対偶によって連鎖をなしたものを**4節回転連鎖**（quadric crank chain）という．いま各リンクの長さは異なるものとし，最短リンクが，これと回り対偶をなす隣のリンクのまわりに完全に回転することができるとすると，各リンクを固定することにより，連鎖の置換えとして，てこクランク機構，両クランク機構，両てこ機構の三つの機構が成り立つ．

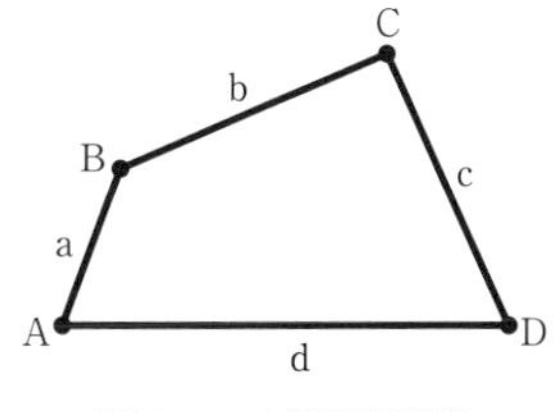

図2・1　4節回転連鎖

2・1・1　てこクランク機構

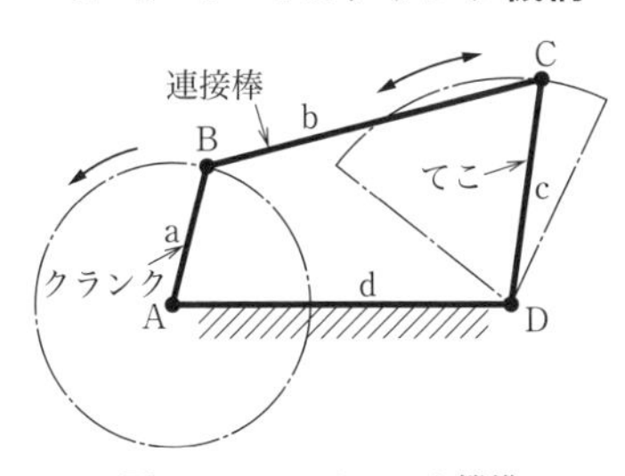

図2・2　てこクランク機構

最短リンクと対偶をなすリンクを固定したものを**てこクランク機構**（lever crank mechanism）という．**図2･2**において，リンクdを固定リンクとしたとき，リンクaはAを中心として完全に回転する**クランク**（crank）であり，cはDを中心として往復角運動をする**てこ**（lever）である．このとき，bはaの運動をcに伝える役目をするもので，**連接棒**（connecting rod）という．

グラスホフの定理　三角形と四角形の辺の長さの条件は「一辺の長さ≦他の辺の長さの和」であることを利用して，てこクランク機構において，クランクが1回転できる条件を考える．4節回転連鎖の4本のリンクは四角形を構成しているので，四角形の辺の長さの条件である「一辺の長さ≦他の辺の長さの和」を満たしているものとする．**図2･3**は最短リンクaが1回転しているときに，機構が三

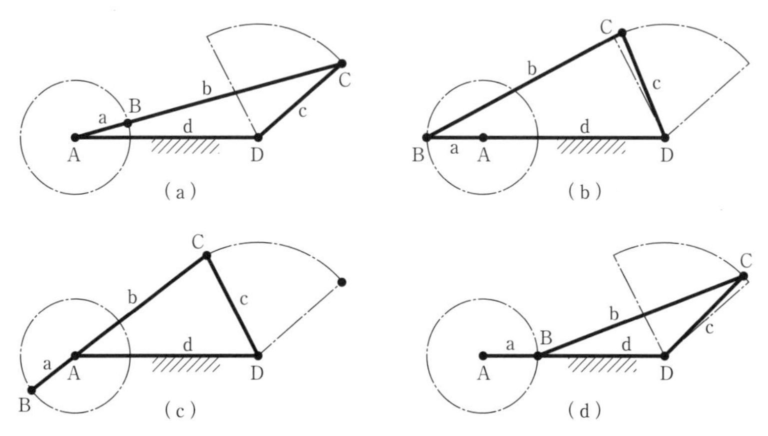

図2・3　てこクランク機構の運動

角形となる場合を示している．図 (a) のように機構が△ADC を構成できる条件は，各リンクの長さをそれぞれ a, b, c, d と表すと

$$\begin{cases}(a+b)\leqq c+d \\ c\leqq(a+b)+d \\ d\leqq(a+b)+c\end{cases} \tag{2・1}$$

となる．式 (2･1) の第2，3式は四角形の条件としてすでに満たされているので，第1式のみが意味を有する条件式となる．同様に，図 (b)～(d) に対して機構が三角形を構成できる条件は，それぞれ次のように与えられる．

$$\begin{cases}(a+d)\leqq b+c \\ b\leqq(a+d)+c \\ c\leqq(a+d)+b\end{cases} \tag{2・2}$$

$$\begin{cases}(b-a)\leqq c+d \\ c\leqq(b-a)+d \\ d\leqq(b-a)+c\end{cases} \tag{2・3}$$

$$\begin{cases}(d-a)\leqq b+c \\ b\leqq(d-a)+c \\ c\leqq(d-a)+b\end{cases} \tag{2・4}$$

式 (2･1)～(2･4) に関して，四角形の条件を除外して三角形の条件を抽出すると

$$\begin{cases} a+b \leqq c+d \\ a+c \leqq b+d \\ a+d \leqq b+c \end{cases} \tag{2・5}$$

となる．式（2･5）は，てこクランク機構においてクランクが1回転する条件は，「最短リンクと他の一つのリンクの長さの和が，残りのリンクの長さの和よりも小さい」こととなり，これを**グラスホフの定理**（Grashof's theorem）と呼ぶ．

【例題2・1】 てこクランク機構において，クランク $a=30$ mm，連接棒 $b=70$ mm，てこ $c=60$ mm のとき，グラスホフの定理を用いて固定リンクの長さ d の条件を求めよ．

解

グラスホフの定理より

$$\begin{cases} 30+70 \leqq 60+d \\ 30+60 \leqq 70+d \\ 30+d \leqq 70+60 \end{cases}$$

を満たす固定リンクの長さ d〔mm〕は

$$40 \leqq d \leqq 100$$

となる．

【例題2・2】 てこクランク機構において，$a=12$ cm，$b=25$ cm，$c=20$ cm，$d=30$ cm のとき，リンクcが揺動する角度 ϕ を求めよ．

解

リンクcは図2･3（a）と図2･3（c）に示す間を揺動する．図2･3（a）の ∠ADC を θ_1，図2･3（c）の ∠ADC を θ_2 とする．図2･3（a）の △ACD において

$$(a+b)^2=c^2+d^2-2cd\cos\theta_1$$

$$\therefore\quad \cos\theta_1=\frac{20^2+30^2-(12+25)^2}{2\times20\times30}=-0.0575$$

$$\theta_1=93°18'$$

図2･3（c）の △ADC において

$$(b-a)^2=c^2+d^2-2cd\cos\theta_2$$

$$\therefore\quad \cos\theta_2=\frac{20^2+30^2-(25-12)^2}{2\times20\times30}=0.9425$$

$$\theta_2=19°31'$$

$$\therefore\quad \phi=\theta_1-\theta_2=93°18'-19°31'=73°47'$$

2・1・2 両クランク機構

図 2･4 に示すように，最短リンク a を固定するときは b と d がクランクとなり，それぞれ B，A を中心として回転する機構ができる．これを**両クランク機構**（double crank mechanism）という．この場合，相対的にはリンク a がこれと回り対偶をなす b および d のまわりを完全に 1 回転することになるので，リンクの長さの間の関係は式（2･5）と同じである．

図 2･5 はこの機構を送風機に応用したもので，円柱形の孔のあいたケースの中心から a の分だけ偏心した位置に中心 A をもつ板が回転し，そのまわりの D にケースの円柱の孔の幅と同じ幅の板 c がピン止めされている．この板の他端はリンク b にピン止めされ，b はケースの中心 B にまたピン止めされている．いま A 軸を回転させると板 c も回転するが，次の板との間の容積が位置によって異なる．そのため，吸い込まれた空気が圧縮されて吐出口から押し出されるのである．

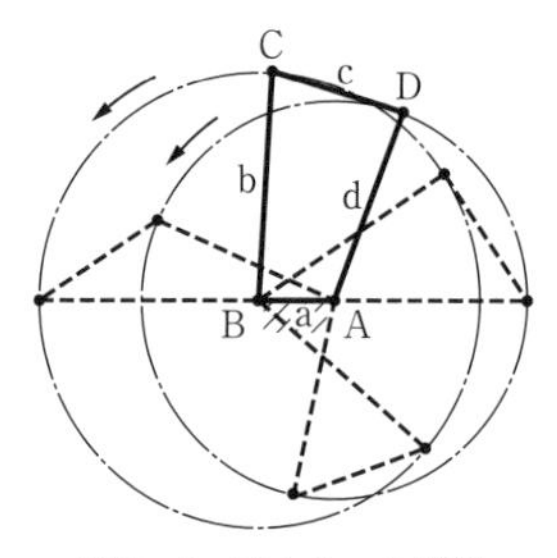

図 2・4 両クランク機構

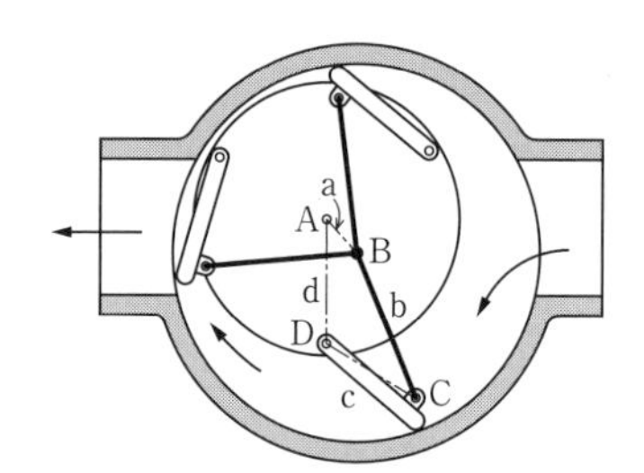

図 2・5 送風機の両クランク機構

2・1・3 両てこ機構

4 節回転連鎖において，最短リンクに向い合うリンク c を固定すると**両てこ機構**（double lever mechanism）ができる．これはリンク b および d がてことして往復角運動をする機構である．

図 2･7 において，各リンクが DABC の位置にあるとき，リンク d を DA_1 の位置に動かしたとする．このときリンク b は CB_1 の位置にくることもできるし，CB_2 の位置にくることもできる．図 2･7 は図 1･51（b）に示す第 2 種特異姿勢に分類されるが，特にこのように二とおりの運動を生じうる位置（この場合 DABC の位置）を**思案点**（change point）という．

また，図 2･3 のてこクランク機構で，てこ c を原動節としたときに，図 2･3（a）

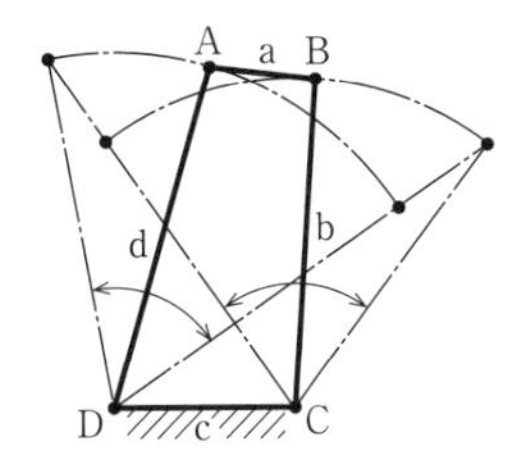

図2・6　両てこ機構

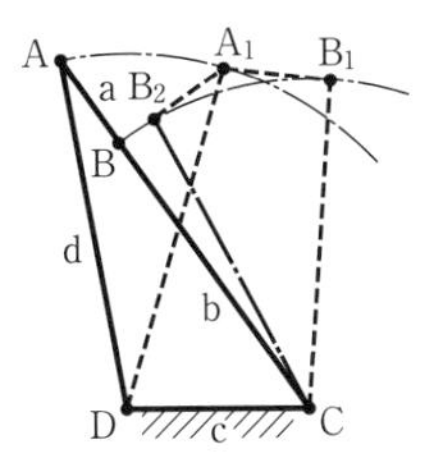

図2・7　思案点の位置

に示すようにてこcが右端の位置から左へ動こうとしたとき，クランクaが回転しないことがある．図2･3（a）は図1･51（a）に示す第1種特異姿勢に分類されるが，特にこのような位置を**死点**（dead point）という．この場合，クランクが回るとすればどちらの向きにも回りうるから，この位置は同時に思案点でもある．

一般に，4節回転連鎖において一つのリンクを固定したとき，たとえば**図2･8**においてリンクdを固定したとき，リンクa，cの角速度をそれぞれω_a，ω_cとすれば，1･3節で述べたように

$$\frac{\omega_c}{\omega_a}=\frac{\overline{EA}}{\overline{ED}}$$

であり，リンクaとbが一直線となったとき$\overline{EA}=0$となるから，$\omega_c=0$である．このとき，aにある力のモーメントを与えればcのモーメントは非常に大きくなる．これを利用して，小さな力を与えて大きな力を得る**倍力装置**（toggle joint）ができる．

図2･9に示す手動せん断器はその一例で，a，bが一直線になろうとするとき，cに生ずる力のモーメントは非常に大きくなるので，Wのところに金属板をはさんで切断するのに用いる．このとき，リンクaもcも往復角運動をするからてことしての運動はするが，各リンクの長さは両てこ機構の長さの割合，すなわち最

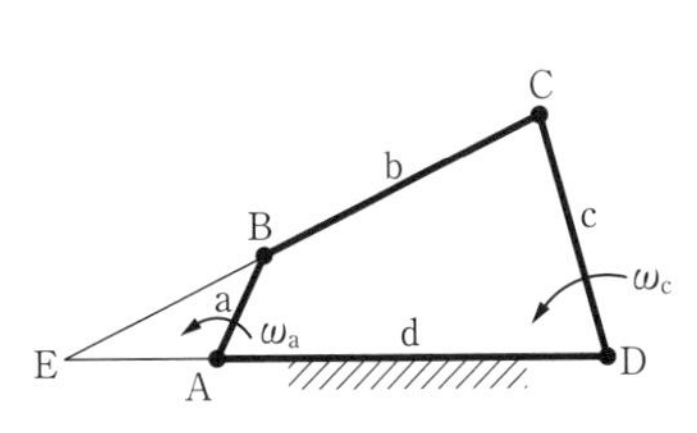

図2・8　4節回転連鎖の両速度

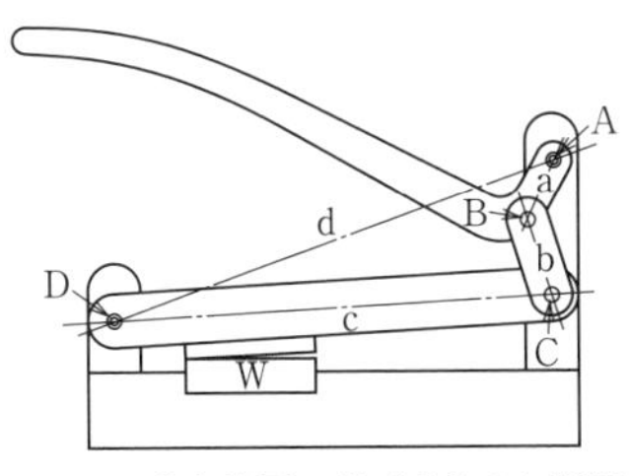

図2・9　倍力装置の例（手動せん断器）

短リンクの向い側のリンクを固定したものではない.

2・2　スライダクランク連鎖

四つの対偶のうち三つが回り対偶，一つがすべり対偶からなる連鎖を**スライダクランク連鎖**（slider crank chain）という．**図2・10**において，dとa，aとb，bとcは回り対偶をなし，cとdはすべり対偶をなす．このときcを**スライダ**（slider）または**すべり子**という．cとdはすべり対偶をなすのであるから，**図2・10**のようにcがdを包んだ形をとっても，**図2・11**のようにdがcを包んだ形をとっても，機構学上では同じものである．この連鎖では，各リンクを固定することにより，往復スライダクランク機構，揺動スライダクランク機構，回りスライダクランク機構，固定スライダクランク機構の四つの機構が成り立つ．

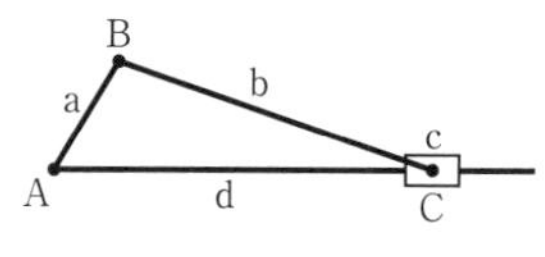

図2・10　スライダクランク連鎖

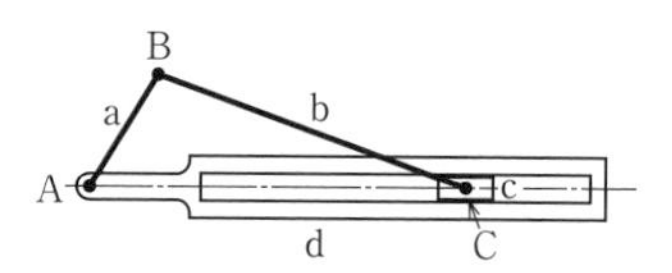

図2・11　スライダクランク連鎖の例

2・2・1　往復スライダクランク機構

リンクdを固定すると，リンクaはクランクとしてAを中心に回転し，スライダcはdに沿って往復運動をする．この機構を**往復スライダクランク機構**（reciprocating block slider crank mechanism）という．この機構は，クランクaを原動節とすればポンプ，空気圧縮機などに応用され，スライダcを原動節とすれば蒸気機関，内燃機関などに用いられる．

いま，クランクaがdとθなる角をなしたとき，スライダcの右端の位置からの変位をsとしてθとsの関係を解析的に求めてみよう．連接棒bがdとなす角をϕとすれば，**図2・12**より

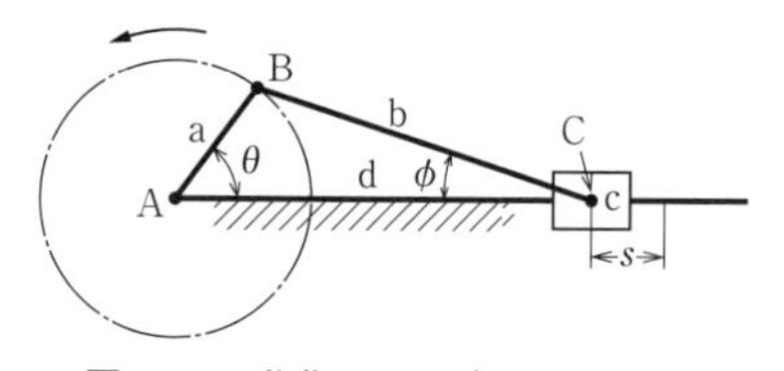

図2・12　往復スライダクランク機構

$$s=(a+b)-(a\cos\theta+b\cos\phi)$$

また

$$a\sin\theta=b\sin\phi$$

の関係から

$$\cos\phi=\sqrt{1-\sin^2\phi}=\sqrt{1-\left(\frac{a}{b}\right)^2\sin^2\theta}$$

いま $a/b=\lambda$ とおけば

$$s=a+\frac{a}{\lambda}-a\cos\theta-\frac{a}{\lambda}\sqrt{1-\lambda^2\sin^2\theta}$$

$$=a\left\{1-\cos\theta+\frac{1}{\lambda}(1-\sqrt{1-\lambda^2\sin^2\theta})\right\} \quad (2・6)$$

スライダの速度を v とすれば

$$v=\frac{ds}{dt}=a\left(\sin\theta+\frac{\lambda\sin 2\theta}{2\sqrt{1-\lambda^2\sin^2\theta}}\right)\frac{d\theta}{dt} \quad (2・7)$$

式（2･7）は，機構解析における式（1･51）を式（1･49）に代入し，速度の符号を反転したものと一致する．クランクが一定の角速度 ω で回転しているとすれば，$d\theta/dt=\omega$ であるから

$$v=a\,\omega\left(\sin\theta+\frac{\lambda\sin 2\theta}{2\sqrt{1-\lambda^2\sin^2\theta}}\right) \quad (2・8)$$

計算を簡単にするために，式（2･6）の最後の項を二項定理を用いて展開すれば

$$\sqrt{1-\lambda^2\sin^2\theta}=1-\frac{1}{2}\lambda^2\sin^2\theta-\frac{1}{8}\lambda^4\sin^4\theta-\cdots\cdots$$

$$\therefore\quad s=a\left(1-\cos\theta+\frac{1}{2}\lambda\sin^2\theta+\frac{1}{8}\lambda^3\sin^4\theta+\cdots\cdots\right)$$

λ は普通1/3より小さい値をとるから，λ^3 以上の項は省略しても大きな誤差は生じない．したがって

$$s=a\left(1-\cos\theta+\frac{1}{2}\lambda\sin^2\theta\right) \quad (2・9)$$

同様に，式（2･8）を展開して λ^3 以上の項を省略すれば

$$v=a\,\omega\left(\sin\theta+\frac{\lambda}{2}\sin 2\theta\right) \quad (2・10)$$

なお，図形による方法は前章の図1･42で述べたとおりである．

また，**図2･13**のように，スライダcの直線運動の方向がクランクの回転中心A

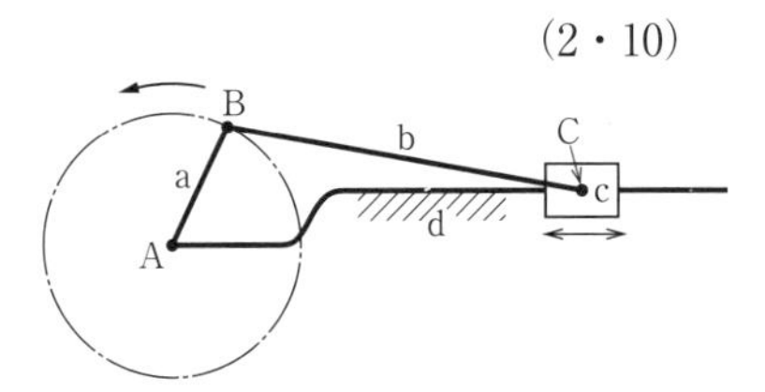

図2・13　オフセットクランク機構

を通らない場合は，この機構を**オフセットクランク機構**（offset crank mechanism）という．これは，内燃機関でピストンがシリンダを押す側圧を小さくするために用いられる機構である．

【例題 2・3】 図2·12に示す往復スライダクランク機構において，$a=20$ cm，$b=100$ cmで，aが60 rpmで回転するとし，$\theta=60°$のときのスライダcの速度を求めよ．また，速度が最大になるのはθが何°のときか．

解

式（2·10）において

$$\omega=\frac{2\pi\times60}{60}=2\pi\ \mathrm{rad/s},\quad \lambda=\frac{20}{100}=\frac{1}{5}$$

$$\therefore\quad v=20\times2\pi\left(\sin60°+\frac{1}{10}\sin120°\right)=120\ \mathrm{cm/s}=1.20\ \mathrm{m/s}$$

また，$dv/d\theta=0$とおけば

$$\cos\theta+\lambda\cos2\theta=0,\quad \cos\theta+\lambda(2\cos^2\theta-1)=0$$

$$2\lambda\cos^2\theta+\cos\theta-\lambda=0,\quad \cos\theta=\frac{-1+\sqrt{1+8\lambda^2}}{4\lambda}=0.18614$$

$$\therefore\quad \theta=79°16'$$

そのとき式（2·10）から計算して

$$v_{\max}=128\ \mathrm{cm/s}=1.28\ \mathrm{m/s}$$

2・2・2 揺動スライダクランク機構

図2·14に示すように，リンクbを固定し，クランクaをBを中心として回転させると，スライダcは往復角運動をする．この機構を**揺動スライダクランク機構**（oscillating block slider crank mechanism）という．これを応用したのが**図2·15**の筒振り機関（oscillating engine）であって，これはシリンダcに圧力蒸気が入り，ピストンに上下運動を与えてクランクaを回転させるものである．

図2·16に示すものも同じ揺動スライダクランク機構である．dとa，aとb，bとcとは回り対偶をなし，cとdはすべり対偶をなすから，図2·14と同じ機構であることがわかるであろう．クランクaが一定の角速度で反時計方向に回転しているとしたとき，リンクcが，右端のCA_1の位置から左端のCA_2の位置に行く時間と，CA_2からCA_1に移る時間との比は，$\angle A_1BA_2=\alpha$とすれば

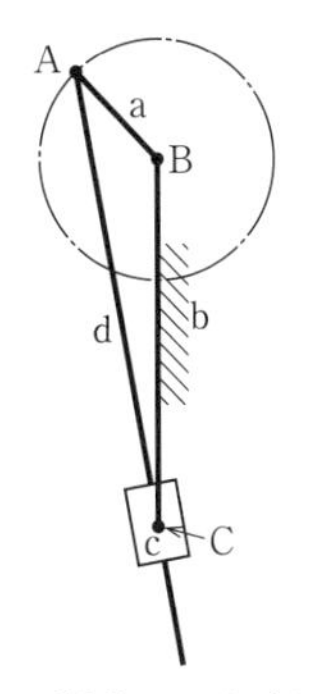

図 2・14 揺動スライダクランク機構（1）

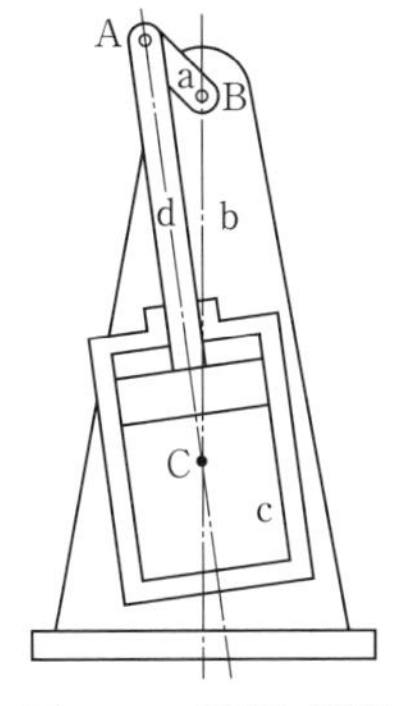

図 2・15 筒振り機関

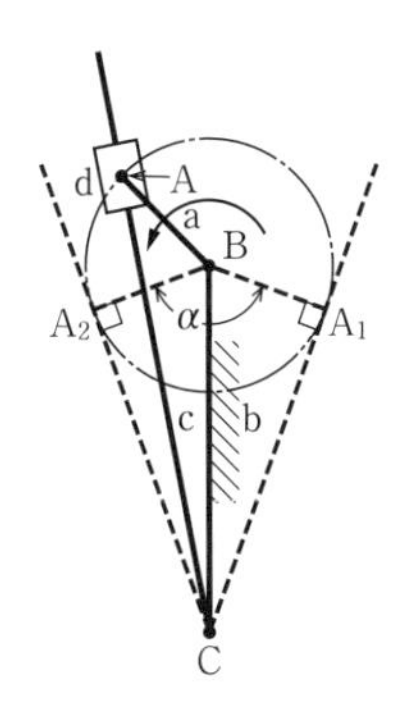

図 2・16 揺動スライダクランク機構（2）

$$\frac{\text{c の左行きの時間}}{\text{c の右行きの時間}}=\frac{360°-\alpha}{\alpha}=\frac{180°-\cos^{-1}\dfrac{a}{b}}{\cos^{-1}\dfrac{a}{b}}$$

となる．このように往復の行程の時間の異なる運動を**早もどり運動**（quick return motion）という．

【例題 2・4】 例図 2・1 において，リンク c の先に回り対偶によってリンク e をつなぎ，さらに e の先をスライダ f に回り対偶でつなぐ．クランク a が一定の角速度で回転するとき，スライダ f の速度を求めよ．

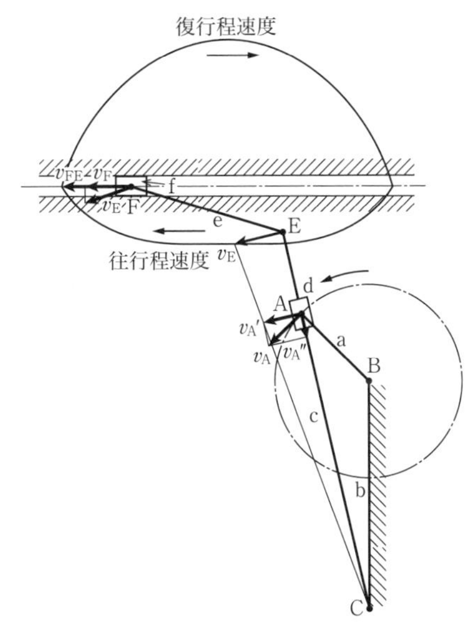

例図 2・1

解

A の速度を v_A とする．これをリンク c に直角方向の速度 v_A' とリンク c に沿う速度 v_A'' に分ける．前者はリンク c が C を中心として回転するときのこの位置における線速度であり，後者はスライダ d が c に沿ってすべる速度である．v_A' から比例によって E の速度 v_E を図のように求める．fの速度 v_F は v_E に，Eに対するFの相対速度 v_{FE} を加えたもので，v_{FE} は $\overline{EF}$ に垂直であるから，Fにおいて v_E を引き，その先端から $\overline{EF}$ に垂直に引いた線とスライダfの動く方向の線との交点を求めれば，v_F の大きさがわかる．fの行程線上に，往行程と復行程についてこのようにして求めた v_F の大きさをとって示すと，図のようになる．この機構は形削り盤などに用いられている．

2・2・3　回りスライダクランク機構

リンクaを固定すればb，dはそれぞれB，Aを中心として回転し，スライダcはdに沿ってすべりながら回転運動をする．この機構を**回りスライダクランク機構**（revolving block slider crank mechanism）という．これを内燃機関に利用したものを**図2･18**に示す．ここではスライダcがピストン，dがシリンダとなっていて，これらが数多く放射状に配置されている．リンクaは共通である．シリンダ内で順次に爆発が起こると，aが固定されているため，シリンダが回転することになる．これは飛行機の機関として用いられたものである．

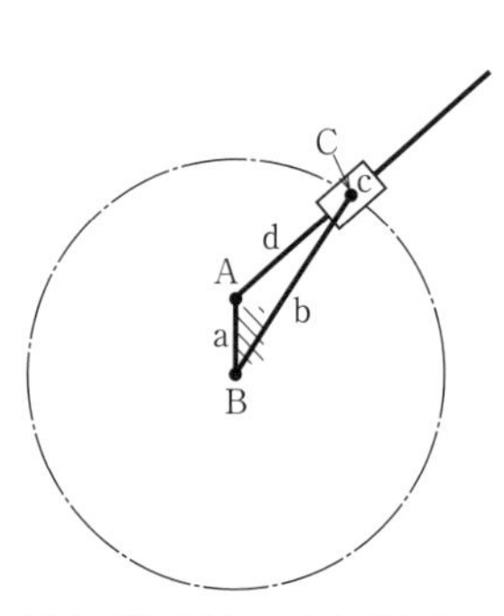

図2・17　回りスライダクランク機構

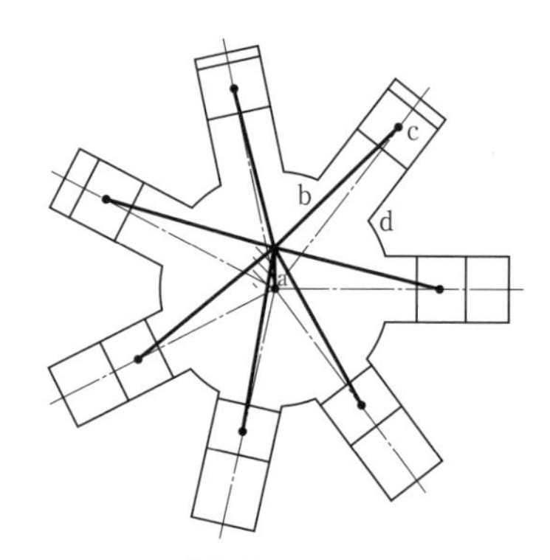

図2・18　内燃機関の回りスライダクランク機構

また，**図2･19**のように，リンクdを延長しE点に連接棒eを回り対偶で結び，eの他端にスライダfを回り対偶で結ぶ．bに回転運動を与えればfは往復運動をする．bが反時計方向に回転し，その角速度が一定ならば

$$\frac{\text{右行程に要する時間}}{\text{左行程に要する時間}}=\frac{\alpha}{\beta}$$

であって，これも早もどり運動である．これを**ウィットウォースの早もどり運動**（Whitworth's quick return motion）という．

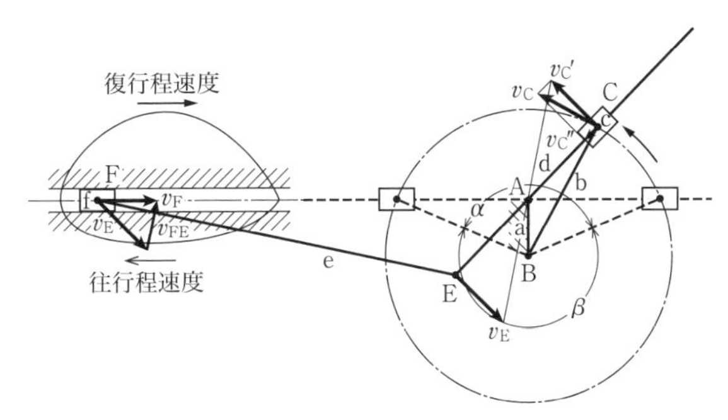

図 2・19　ウィットウォースの早もどり運動

【例題 2・5】　ウィットウォースの早もどり運動において，スライダ f の速度を求めよ．

解

図 2･19 において，b の端 C の速度を v_C として，これを d に直角方向の速度 v_C' と d に沿う速度 v_C'' に分ける．v_C' のベクトルの先端と A を結ぶ線を延長し，E を通りリンク d に直角に引いた線と交わらせれば，E が A を中心として回転するときの速度 v_E が得られる．F の速度 v_F は，F の E に対する相対速度を v_{FE} とすれば $\overrightarrow{v_F}=\overrightarrow{v_E}+\overrightarrow{v_{FE}}$ の関係があり，v_{FE} はリンク e に直角であるから，次のようにして求められる．すなわち，F において v_E のベクトルを引き，その先端からリンク e に直角に引いた線とスライダ f の運動方向の線との交点を求めれば，v_F の大きさがわかる．図には，f の運動方向に直角に v_F の大きさをとって往行程と復行程の速度を示してある．

2・2・4　固定スライダクランク機構

スライダ c を固定したものを**固定スライダクランク機構**（fixed block slider crank mechanism）という（**図 2･20**）．この場合，d は往復直線運動をし，b は C を中心とする往復角運動をし，a は位置を変化しつつある B のまわりに回転運動をする．ただし，この機構は振子ポンプに用いられている程度で，ほとんど実用されていない．

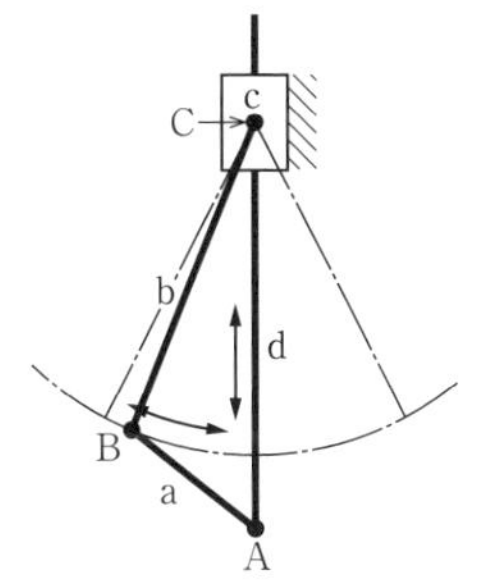

図 2・20　固定スライダクランク機構

2・3　両スライダクランク連鎖

図 2･21 において，T が回り対偶，S がすべり対偶を表すものとする．一つの

リンクaが2個の回り対偶を，一つのリンクcが2個のすべり対偶を，他の二つのリンクb，dがそれぞれ1個の回り対偶と1個のすべり対偶をもっている．このように一つのリンクが2個のすべり対偶をもつ連鎖を**両スライダクランク連鎖**（double-slider crank chain）という．bを固定した場合とdを固定した場合とは同じ機構となるから，この連鎖の置換えによって三つの異なった機構を生じる．

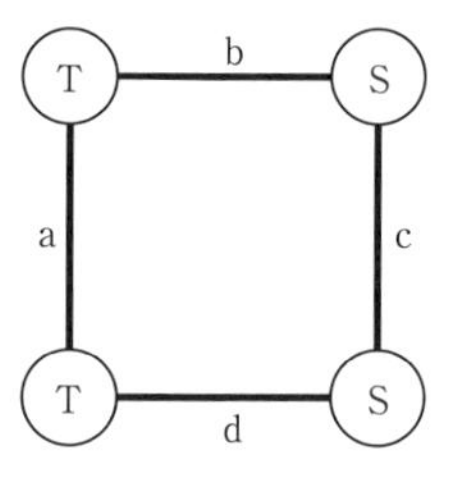

図2・21 両スライダクランク連鎖

2・3・1 往復両スライダクランク機構

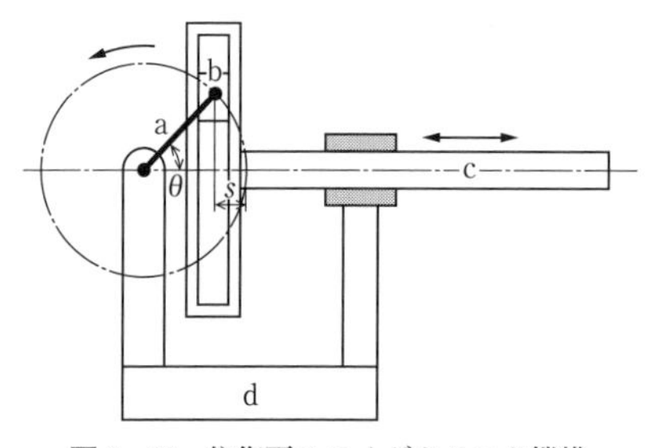

図2・22 往復両スライダクランク機構

リンクbまたはdを固定すると**図2・22**のような機構になり，aをクランクとして回転させるとcは往復運動をする．この機構を**往復両スライダクランク機構**（reciprocating block double-slider crank mechanism）という．また，これを**スコッチヨーク**（Scotch yoke）ともいう．クランクaの回転角をθとすれば，スライダcの変位sは

$$s=a(1-\cos\theta) \tag{2・11}$$

クランクの角速度をωとすれば，スライダの速度vは

$$v=a\omega\sin\theta \tag{2・12}$$

となる．これは，往復スライダクランク機構において，連接棒bを無限大にしたとき，すなわち式（2・9），式（2・10）において$\lambda=0$とおいた場合に相当する．

この機構を応用したものに直動蒸気ポンプがある．**図2・23**において，Sは蒸気シリンダで蒸気の圧力でピストンを左右に動かす．このピストン棒の延長上に

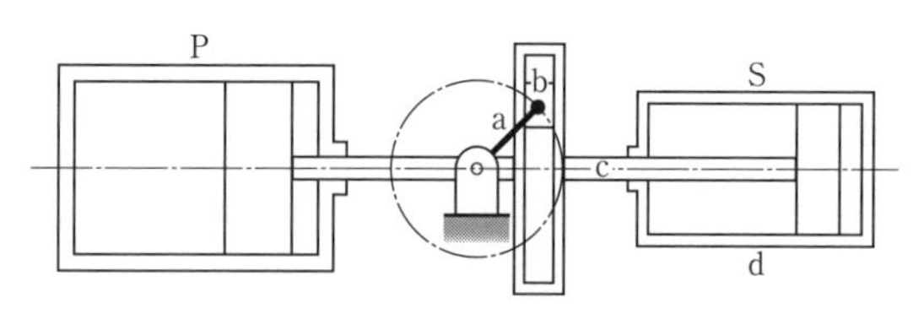

図2・23 直動蒸気ポンプ

ポンプPのピストン棒があり，その左右の運動によってポンプの作用をする．クランクaの軸にははずみ車が付けてあって，死点にきたときも運動が円滑にいくようになっている．

2・3・2 固定両スライダ機構

リンクcを固定し，これに直角をなす二つの溝をつけ，その中をそれぞれスライダb, dがすべるようにすると，**図2•24**の機構ができる．これを**固定両スライダ機構**（fixed block double-slider crank mechanism）という．いまリンクaの延長上の点Pの軌跡を考えてみよう．

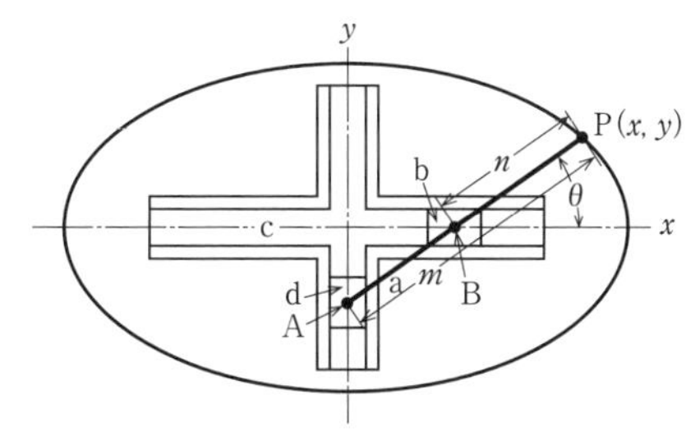

図2・24 固定両スライダ機構

図のように二つの溝の方向に座標軸をとり，リンクaがx軸となす角をθ，$\overline{\mathrm{AP}}$，$\overline{\mathrm{BP}}$の長さをそれぞれm，nとすれば，P点の座標は

$$x = m\cos\theta,\quad y = n\sin\theta$$

すなわち

$$\cos\theta = \frac{x}{m},\quad \sin\theta = \frac{y}{n}$$

ここで

$$\cos^2\theta + \sin^2\theta = 1$$

の関係から

$$\frac{x^2}{m^2} + \frac{y^2}{n^2} = 1 \qquad (2\cdot 13)$$

これは$2m$，$2n$をそれぞれ長軸，短軸の長さとするだ円を表す．この機構を利用してだ円コンパスがつくられている．

2・3・3 回り両スライダ機構

リンクaを固定したものを**回り両スライダ機構**（turning block double-slider crank mechanism）という．bに回転を与えると，cはbに対しすべりながら等しい角速度で回転し，dもcに対しすべりながら，またこれと等しい角速度で回転する．

これを利用したのが**図2•25**に示す**オルダム継手**（Oldham's coupling）で，これは，中心が少しずれて平行位置にある2軸間に回転を伝えるためのものである．cは円板状をなし，その両面に互いに直角をなす突起が設けられ，それぞれb，dの溝にはめられるようになっている．

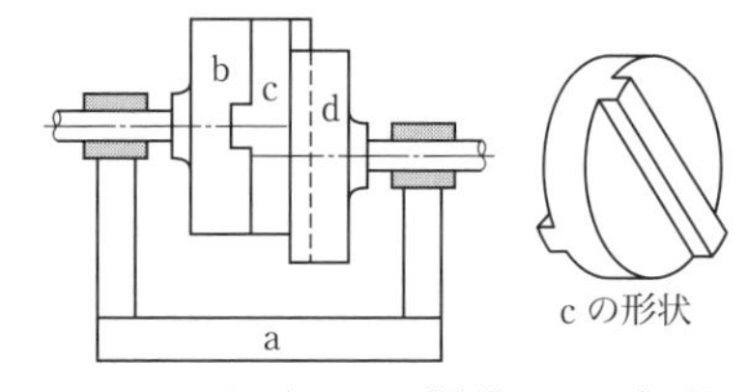

図2・25 回り両スライダ機構のオルダム継手

2・4 スライダてこ連鎖

図2・26のように，どのリンクもそれぞれ一つずつ回り対偶とすべり対偶によって隣のリンクに結合されている連鎖を**スライダてこ連鎖**（crossed slider chain）という．この場合，どのリンクも同じ条件であるから，どのリンクを固定しても同一機構を生じる．

これを利用したのが**図2・27**に示す**ラプソンのかじ取装置**である．これは，dの溝を船の向きに直角方向に固定し，その中をすべるスライダcをPなる力で引っ張ると，これによってかじはAを中心として回転するようになっている．このときcの速度vとかじの角速度ωとの関係を考えてみると，図より

$$x=h\tan\theta,\quad v=\frac{dx}{dt}=h\sec^2\theta\frac{d\theta}{dt}$$

$$\therefore\quad \omega=\frac{d\theta}{dt}=\frac{\cos^2\theta}{h}v \qquad (2\cdot14)$$

このとき，かじの回転モーメントMは

$$M=Fr=P\sec\theta\cdot h\sec\theta=Ph\sec^2\theta \qquad (2\cdot15)$$

Mはθとともに増加するから，θが大きくなったときかじの抵抗は大きくなるが，回転モーメントはこれに対抗することができる．

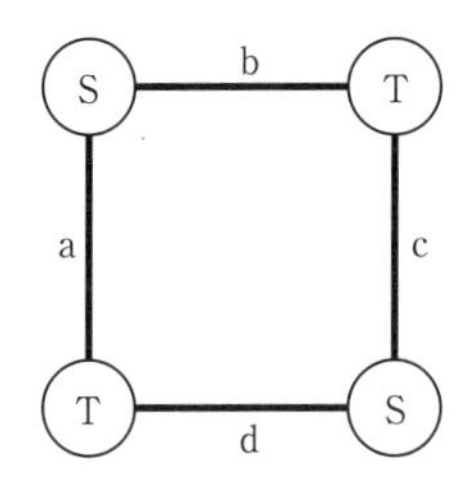

図2・26 スライダてこ連鎖

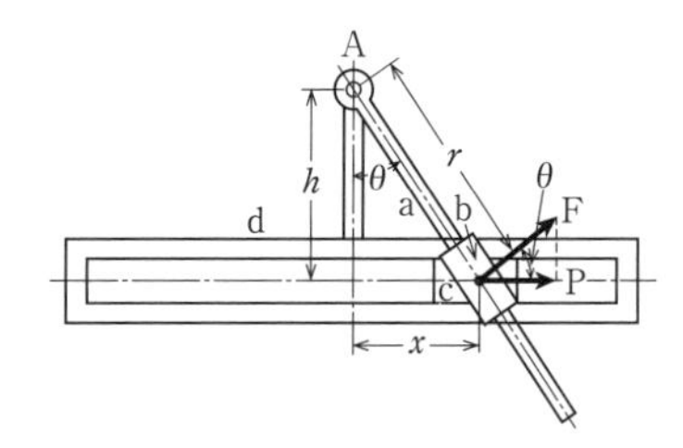

図2・27 ラプソンのかじ取装置

2・5　平行運動機構

機構中の２個以上の点が常に平行した線を描くようにした機構を**平行運動機構**（parallel motion mechanism）という（**図 2・28**）．リンク装置における平行運動機構としては，**平行クランク機構**（parallel crank mechanism）がおもなものである．これは，両クランク機構の相対する二組のリンクの長さがそれぞれ等しいもの，すなわち $a=c$，$b=d$ となったものである．

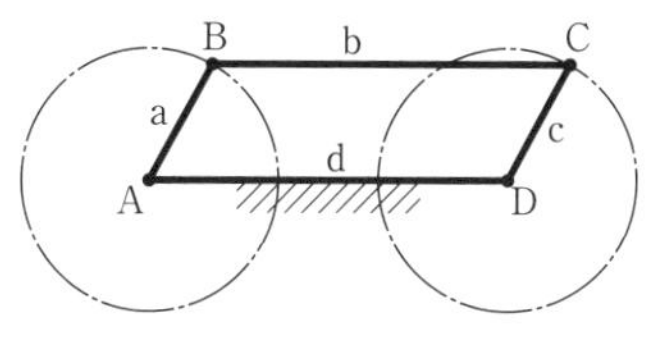

図 2・28　平行クランク機構

図 2・29 は平行定規で ABCD は平行クランク機構である．D と A を製図板のすみに固定すれば，CB は DA に平行に動く．また EF は CB に垂直で，EFGH も平行クランク機構をなし，HG は EF に平行に動く．したがって，HG は常に DA に直角な位置にあるから，製図板上どの位置でも定規 k，l は平行に動くことになる．ねじ S をゆるめ，k，l を破線のように傾斜した位置において締め付ければ，斜めの平行線を引くことができる．

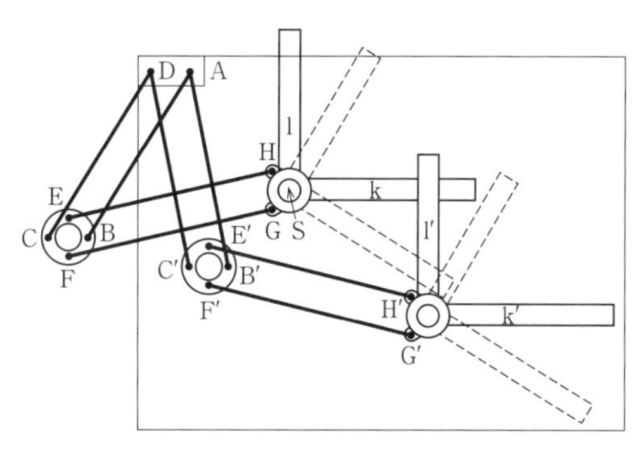

図 2・29　平行クランク機構の平行定規

図 2・30 は図形をこれと相似に拡大または縮小するのに用いる**パンタグラフ**（pantograph）である．ABCD は平行四辺形であり，R の位置を固定し，AB および DC の延長上にそれぞれ S，P をとり，かつ R，P，S が同一直線上にあるようにする．S が S′ にきたとき，各リンクは破線の位置にあるものとすれば，△RA′S′ と △RD′P′ において

$$\angle RA'S' = \angle RD'P',\quad \frac{\overline{A'S'}}{\overline{D'P'}} = \frac{\overline{AS}}{\overline{DP}} = \frac{\overline{AR}}{\overline{DR}} = \frac{\overline{A'R}}{\overline{D'R}}$$

$$\therefore \quad \triangle RA'S' \backsim \triangle RD'P'$$

したがって，$\angle A'RS' = \angle D'RP'$ となり，R，P′，S′ は同一直線上にある．また

$$\frac{\overline{RS}}{\overline{RP}} = \frac{\overline{RA}}{\overline{RD}} = \frac{\overline{RA'}}{\overline{RD'}} = \frac{\overline{RS'}}{\overline{RP'}}$$

$$\therefore \quad \overline{SS'} /\!/ \overline{PP'}$$

かつ

$$\frac{\overline{SS'}}{\overline{PP'}} = \frac{\overline{RS}}{\overline{RP}} = \frac{\overline{RA}}{\overline{RD}} = k$$

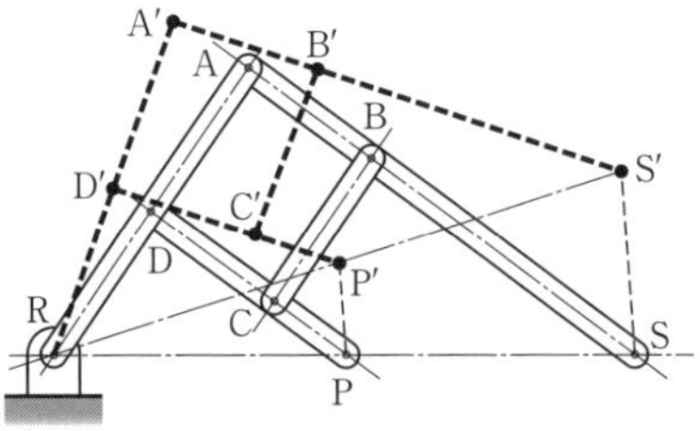

図 2・30　パンタグラフ

複雑な図形であっても微小な直線部分の集まりと考えられ，各部分で上記の関係が成り立つから，S の描く図形と相似の図形を P が描くことになる．S が図形をなぞれば P は $1/k$ に縮小された図形を描き，P が図形をなぞる点とすれば S は k 倍に拡大された図形を描く．一般に，パンタグラフでは R，P，S が一直線上にくるように置くことにより，適当な大きさに拡大または縮小された図形を描かせることができる．

2・6　直線運動機構

ここでいう**直線運動機構**（straight line motion mechanism）とは，機構上の一点がその経路である直線に沿って導かれることなく，リンクの組合せだけで直線運動をする機構である．かつては数多くの直線運動機構が考案され，工場のラインなどで実用に供されていたが，現在では高精度なリニアステージ（linear stage）が普及し，リンクの組合せによる直線運動機構はほとんど使われていない．

直線運動機構は，理論的に正しい直線運動をする**真正直線運動機構**（exact straight line motion mechanism）と，近似的に直線運動とみなされる**近似直線運動機構**（approximate straight line motion mechanism）に分類できる．

2・6・1　真正直線運動機構

〔1〕 **ポースリエ**（Peaucellier）**の機構**　　**図 2・31** に示す機構で各リンクの長さの関係は

$$a = b = c = d, \quad e = f, \quad g = h$$

である．リンク g を固定し，h を F を中心として回転させれば，点 C はリンク g に直角な直線運動をする．

上述のリンクの長さの関係からE，A，Cは同一直線上にあり，かつ$\overline{\mathrm{AC}}$と$\overline{\mathrm{BD}}$は直交し，$\overline{\mathrm{AG}}=\overline{\mathrm{GC}}$である．そこで

$$\begin{aligned}\overline{\mathrm{EA}}\cdot\overline{\mathrm{EC}}&=(\overline{\mathrm{EG}}-\overline{\mathrm{AG}})(\overline{\mathrm{EG}}+\overline{\mathrm{GC}})=(\overline{\mathrm{EG}}-\overline{\mathrm{GC}})(\overline{\mathrm{EG}}+\overline{\mathrm{GC}})\\&=\overline{\mathrm{EG}}^2-\overline{\mathrm{GC}}^2=(\overline{\mathrm{EB}}^2-\overline{\mathrm{BG}}^2)-(\overline{\mathrm{BC}}^2-\overline{\mathrm{BG}}^2)=\overline{\mathrm{EB}}^2-\overline{\mathrm{BC}}^2\\&=e^2-b^2=k\ (\text{一定})\end{aligned}$$

次に，リンクgとhが一直線になったときAの位置をA′とすれば，A′は定点である．このときCがC′にきたとすれば，前と同様にして

$$\overline{\mathrm{EA'}}\cdot\overline{\mathrm{EC'}}=e^2-b^2=k\ (\text{一定})$$

したがって，C′は

$$\overline{\mathrm{EC'}}=\frac{k}{\overline{\mathrm{EA'}}}=\frac{k}{2g}$$

なる関係にgの延長上にとられた点で，定点である．

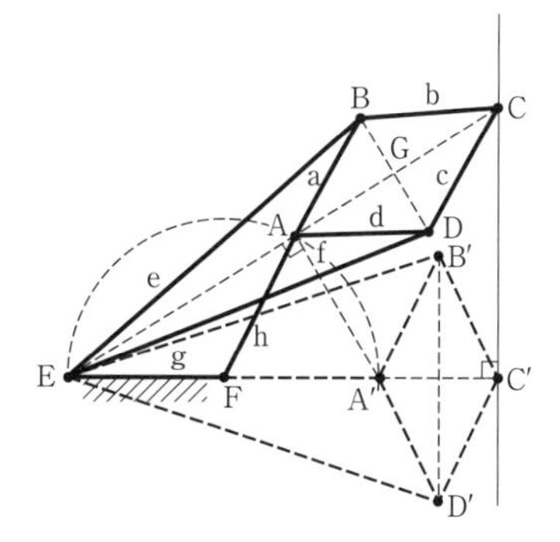

図2・31　ポースリエの機構

次に

$$\overline{\mathrm{EA}}\cdot\overline{\mathrm{EC}}=\overline{\mathrm{EA'}}\cdot\overline{\mathrm{EC'}}=k$$

なる関係から

$$\frac{\overline{\mathrm{EC}}}{\overline{\mathrm{EC'}}}=\frac{\overline{\mathrm{EA'}}}{\overline{\mathrm{EA}}}$$

であり，∠AEA′は共通であるから

$$\triangle\mathrm{CEC'}\backsim\triangle\mathrm{A'EA}\qquad\therefore\quad\angle\mathrm{CC'E}=\angle\mathrm{A'AE}=90°$$

したがって，Cは定点C′を通りリンクgに垂直な直線上にある．すなわち，リンクhが回転すれば，Cは直線CC′上を直線運動することになる．

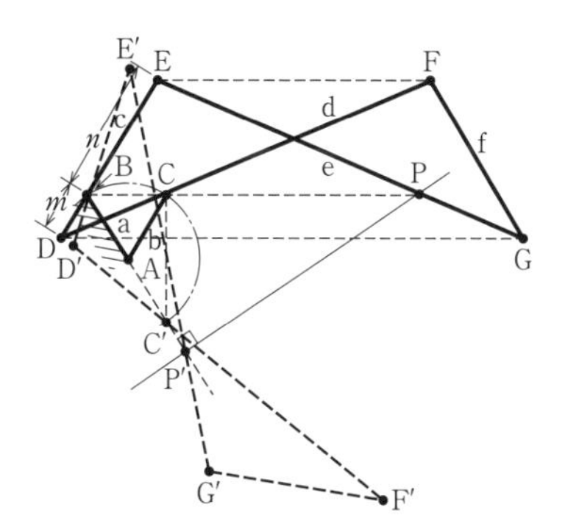

図2・32　ハートの機構

〔2〕 **ハート**（Hart）**の機構**　**図2・32**のように6個のリンクからなる機構で，長さの関係は

$$a=b,\ c=f,\ d=e$$

である．BCはEFおよびDGに平行であ

り，BCの延長とリンクeとの交点をPとする．リンクaを固定し，リンクbをAを中心として回転させると，Pはリンクaに直角な直線運動をする．なお，いかなる位置でもB，C，Pは常に同一直線上にある．

$$\mathrm{BC}/\!/\mathrm{EF}\ \text{より}\ \frac{\overline{\mathrm{BC}}}{\overline{\mathrm{EF}}}=\frac{\overline{\mathrm{DB}}}{\overline{\mathrm{DE}}}$$

$\overline{\mathrm{DB}}=m$ とおけば

$$\overline{\mathrm{BC}}=\frac{m}{c}\cdot\overline{\mathrm{EF}}$$

また，BP∥DGより

$$\frac{\overline{\mathrm{BP}}}{\overline{\mathrm{DG}}}=\frac{\overline{\mathrm{BE}}}{\overline{\mathrm{DE}}}$$

$\overline{\mathrm{BE}}=n$ とおけば

$$\overline{\mathrm{BP}}=\frac{n}{c}\cdot\overline{\mathrm{DG}}\qquad\therefore\quad\overline{\mathrm{BC}}\cdot\overline{\mathrm{BP}}=\frac{mn}{c^2}\cdot\overline{\mathrm{EF}}\cdot\overline{\mathrm{DG}}$$

ところがD，E，F，Gは同一円周上にあるから，トレミーの定理により

$$\overline{\mathrm{EF}}\cdot\overline{\mathrm{DG}}+\overline{\mathrm{DE}}\cdot\overline{\mathrm{GF}}=\overline{\mathrm{EG}}\cdot\overline{\mathrm{DF}}$$

$$\overline{\mathrm{EF}}\cdot\overline{\mathrm{DG}}=\overline{\mathrm{EG}}\cdot\overline{\mathrm{DF}}-\overline{\mathrm{DE}}\cdot\overline{\mathrm{GF}}=d^2-c^2$$

$$\therefore\quad\overline{\mathrm{BC}}\cdot\overline{\mathrm{BP}}=\frac{mn}{c^2}(d^2-c^2)=k\ (\text{一定})$$

リンクa，bが一直線になったときCがC′にきたとすれば，C′は定点である．このときPがP′にきたとすれば，前と同様にして

$$\overline{\mathrm{BC'}}\cdot\overline{\mathrm{BP'}}=k\ (\text{一定}),\quad\overline{\mathrm{BP'}}=\frac{k}{2a}$$

となり，P′も定点である．

$$\overline{\mathrm{BC}}\cdot\overline{\mathrm{BP}}=\overline{\mathrm{BC'}}\cdot\overline{\mathrm{BP'}}=k$$

の関係から

$$\frac{\overline{\mathrm{BP}}}{\overline{\mathrm{BP'}}}=\frac{\overline{\mathrm{BC'}}}{\overline{\mathrm{BC}}}$$

また，∠PBP′は共通であるから

$$\triangle\mathrm{PBP'}\backsim\triangle\mathrm{CBC'}\qquad\therefore\quad\angle\mathrm{PP'B}=\angle\mathrm{C'CB}=90^\circ$$

したがって，Pは定点P′を通りリンクaに垂直な直線上にある．

〔3〕 **スコットラッセル**（Scott-Russel）**の機構**　図2･24の固定両スライ

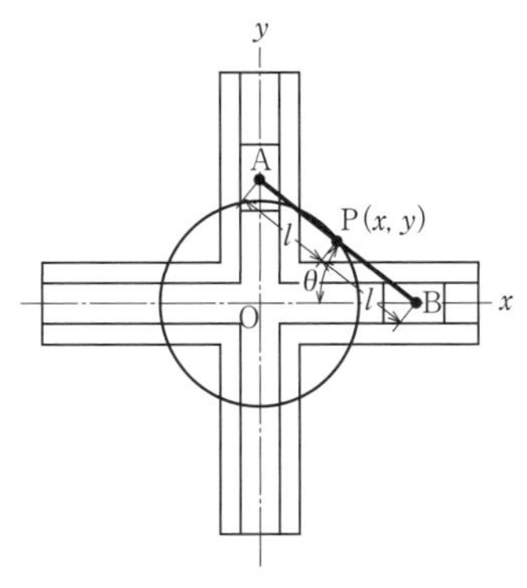

図 2・33　固定両スライダ機構

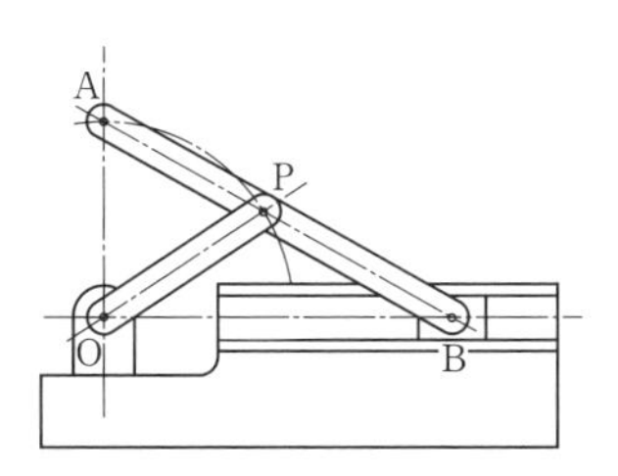

図 2・34　スコットラッセルの機構

ダ機構において，P を $\overline{AB}$ の中点にとると（$\overline{AP}=\overline{PB}=l$ とする）

$$x=l\cos\theta,\quad y=l\sin\theta$$

$$\therefore\quad x^2+y^2=l^2\cos^2\theta+l^2\sin^2\theta=l^2$$

すなわち，P 点の軌跡は**図 2・33** に示すように半径 l なる円周である．

これを利用したのが**図 2・34** に示すスコットラッセルの機構である．リンクの長さは

$$\overline{AB}=2\,\overline{OP}$$

であり，P は $\overline{AB}$ の中点である．リンク OP を O を中心として回転できるようにし，B を O を通る直線上を動くように導けば，A は $\overline{OB}$ に直角な直線上を運動する．

2・6・2　近似直線運動機構

〔1〕 スコットラッセル機構の変形　スコットラッセル機構の B に直線運動を与える代わりに半径の大きな円周上を動くようにしても，運動の範囲が小さければ，直線からのかたよりは大きくならない．したがって，**図 2・35** のように B に回り対偶をなすリンク BC を結合して，C を中心とする円周上を B が動くようにする．そのとき A は近似的に直線運動をする．

図 2・36（a）の固定両スライダ機構では，リンク AB 上の点 P の軌跡は長軸 $2m$，短軸 $2n$ なるだ円である．このだ円の長軸の端における曲率半径は n^2/m であるから，この長さのリンク DP を用いれば，同図（b）のように A に近似直線運動を与えることができる．

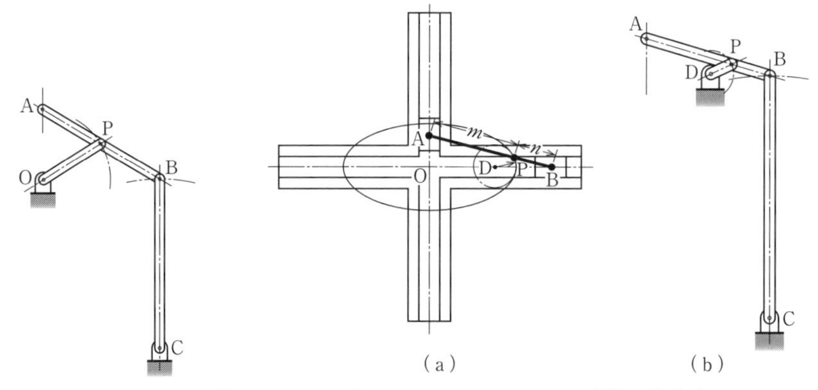

図 2・35　スコットラッセル機構の変形 (1)

図 2・36　スコットラッセル機構の変形 (2)

〔2〕 **ワット** (Watt) **の機構**　**図 2・37** の両てこ機構でリンク a と c を平行におき，連接リンク b 上に

$$\frac{\overline{\mathrm{BP}}}{\overline{\mathrm{CP}}}=\frac{c}{a}$$

となるように P をとる．a と c がそれぞれ A，D を中心としてある範囲を回転するとき，P は近似的に直線運動をする．

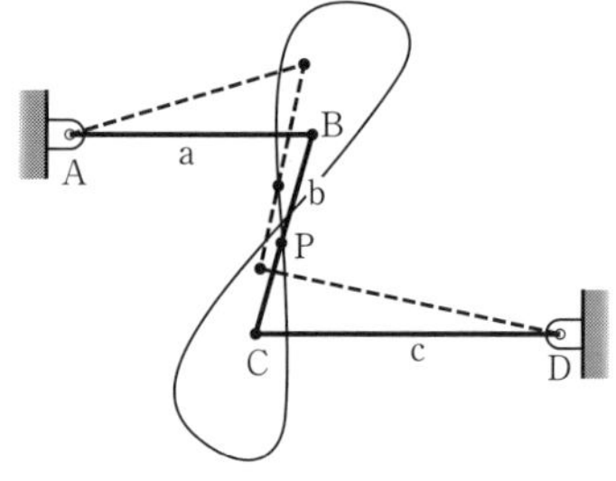

図 2・37　ワットの機構

〔3〕 **ロバート** (Robert) **の機構**　両てこ機構において $a=c$ とする．連接リンク b の垂直2等分線上の点 P は，a，c が小角度回転するとき近似的に直線を描く (**図 2・38**)．

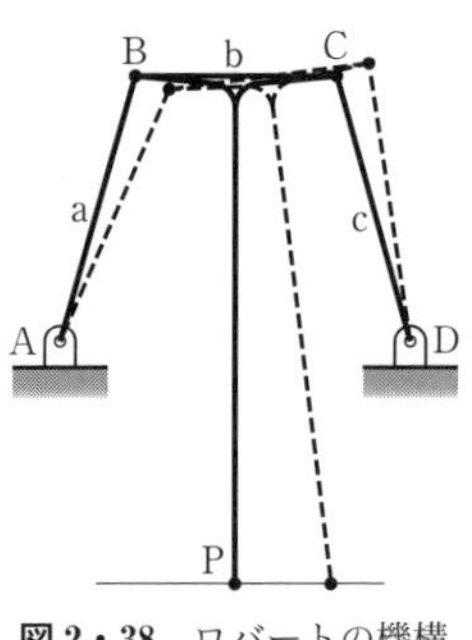

図 2・38　ロバートの機構

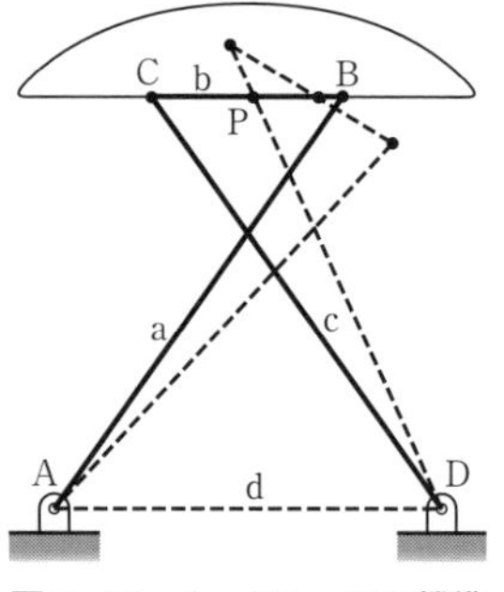

図 2・39　チェビシェフの機構

〔4〕 **チェビシェフ**（Tschebyscheff）**の機構**　aとcが交差した両てこ機構において，連接リンクbの中点をPとすると，a，cが小角度回転したときPは近似的に直線を描く．ただし，各リンクの長さが

$$a=c=\frac{5}{4}d,\quad b=\frac{1}{2}d$$

のときにPの軌跡が最も直線に近い（**図2•39**）．

〔5〕 **インジケータの機構**　気圧の時間変化やグライダの飛行高度などを自動で記録するインジケータが使われている．これらは，気圧の変化に伴うピストンや金属製密封容器の上下の直線運動をこれに比例して拡大して記録紙に描かせる構造をもつ．一定回転する円筒に巻いた記録紙上でペンを直線状に動かすためのおもな機構を**図2•40**，**図2•41**に示す．これらは厳密な直線運動ではなく，近似直線運動であるが，記録する目的には十分である．

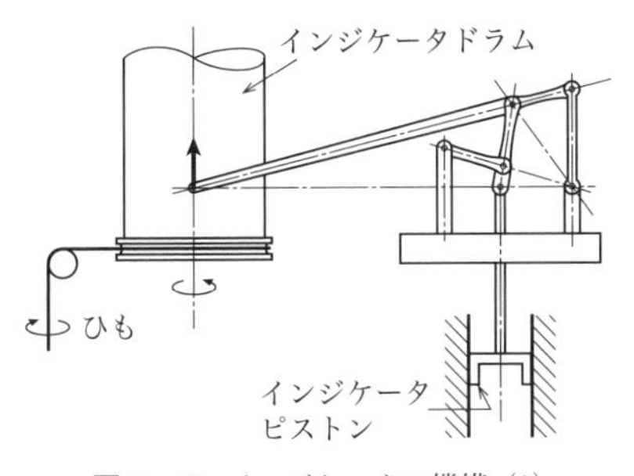

図2・40　インジケータの機構（1）

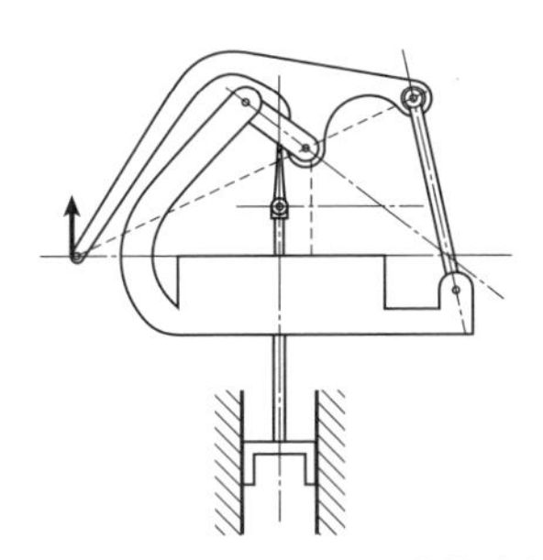

図2・41　インジケータの機構（2）

2・7　球面運動連鎖

前節までに述べた連鎖では，回り対偶の軸心がすべて平行であって，各リンクはどれも平面上を運動する場合であるが，回り対偶の軸心がすべて一点を通るときは，各リンクは球面上を運動する．このような連鎖を**球面運動連鎖**（spheric chain）または**放射軸連鎖**（conic chain）という．これによる機構は，**自在継手**（universal joint）または**フック継手**（Hooke's joint）として広く用いられているが，その他の応用はほとんど見られない．

これは，ある角度をなして交わる2軸の間に回転を伝えるためのもので，**図2•42**（a）に示すようにa，c軸の端は二またになっていて，これが十字形の棒b

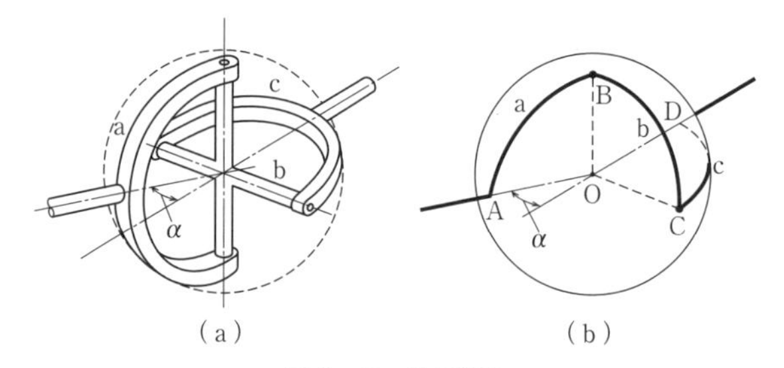

図2・42 自在継手

の四つの端にピン止めされている．これは，リンク装置として考えれば，同図（b）のように球面上にあって球の中心に対して90°を張るリンクによってつくられているものと同じである．

いま，a軸とc軸の回転角の関係を投象図を用いて説明しよう．a軸，c軸の回転角はそれぞれOB，OCの回転角となって現れる．二つの回転軸を含む面に平行な面を水平面，OAに垂直な面を直立面，ODに垂直な面を副直立面にとると，**図2•43**の投象図が得られる．立面図ではBは円周上を，Cはだ円上を動き，副立面図ではBはだ円上を，Cは円周上を動く．OBが直立位置にあるときは，OCは水平位置にある．この位置からOB，OCの回転した角をそれぞれθ，ϕとすれば，この角はそれぞれ立面図，副立面図に現れている．また，2軸のなす角をαとする．

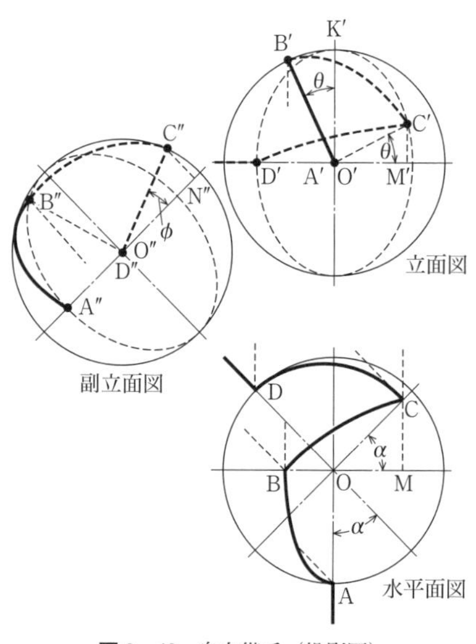

図2・43 自在継手（投影図）

$$\tan\phi = \frac{\overline{C''N''}}{\overline{O''N''}}$$

一方

$$\overline{C''N''} = \overline{C'M'}, \quad \overline{O''N''} = \overline{OC} = \overline{OM}\sec\alpha = \overline{O'M'}\sec\alpha$$

の関係があるから

$$\tan\phi = \frac{\overline{\mathrm{C'M'}}}{\overline{\mathrm{O'M'}}}\cos\alpha$$

また

$$\angle \mathrm{C'O'M'} = \angle \mathrm{B'O'K'} = \theta$$

であるから（2直線が直交し，その一つが投象面に平行ならば，その投象面への2直線の投象は直交する）

$$\frac{\overline{\mathrm{C'M'}}}{\overline{\mathrm{O'M'}}} = \tan\theta$$

$$\therefore\quad \tan\phi = \tan\theta\cdot\cos\alpha \qquad (2\cdot 16)$$

これを時間 t で微分すれば

$$\sec^2\phi\frac{d\phi}{dt} = \sec^2\theta\cdot\cos\alpha\frac{d\theta}{dt}$$

ここで

$$\frac{d\theta}{dt} = \omega_{\mathrm{a}},\quad \frac{d\phi}{dt} = \omega_{\mathrm{c}}$$

とおけば

$$\frac{\omega_{\mathrm{c}}}{\omega_{\mathrm{a}}} = \frac{\sec^2\theta}{\sec^2\phi}\cos\alpha = \frac{\sec^2\theta}{1+\tan^2\phi}\cos\alpha = \frac{\sec^2\theta}{1+\tan^2\theta\cos^2\alpha}\cos\alpha$$

$$= \frac{\cos\alpha}{\cos^2\theta+\sin^2\theta\cos^2\alpha} = \frac{\cos\alpha}{\cos^2\theta+\sin^2\theta(1-\sin^2\alpha)}$$

$$= \frac{\cos\alpha}{1-\sin^2\theta\sin^2\alpha} \qquad (2\cdot 17)$$

原動軸が一定角速度で回転しても，従動軸は角速度が常に変化し，1回転中に2回遅速が生じる．

この自在継手を2個，**図2・44** のように用いれば，角速度の変化は互いに打ち消し合って，Ⅰ軸とⅢ軸は等しい角速度で回転する．すなわち，このとき，Ⅱ軸の両端の二また部を同一平面上におくようにし，Ⅰ軸とⅡ軸およびⅡ軸とⅢ軸のなす角を等しくするのである．

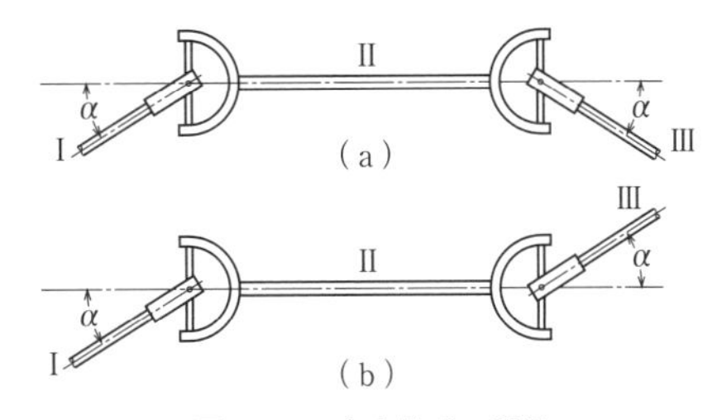

図2・44　自在継手の利用

【例題 2・6】 自在継手において，2軸のなす角 α が 15°，30°，45° のとき，ω_c/ω_a の値の変化を図示せよ．

解

式（2·17）において

$$\alpha=15^\circ \text{ とおけば，} \frac{\omega_c}{\omega_a}=\frac{0.9659}{1-0.0670\sin^2\theta}$$

$$\alpha=30^\circ \text{ とおけば，} \frac{\omega_c}{\omega_a}=\frac{0.8660}{1-0.2500\sin^2\theta}$$

$$\alpha=45^\circ \text{ とおけば，} \frac{\omega_c}{\omega_a}=\frac{0.7071}{1-0.5000\sin^2\theta}$$

$\theta=0^\circ\sim180^\circ$ の範囲で ω_c/ω_a の値の変化を示せば，**例図 2·2** のようになる．

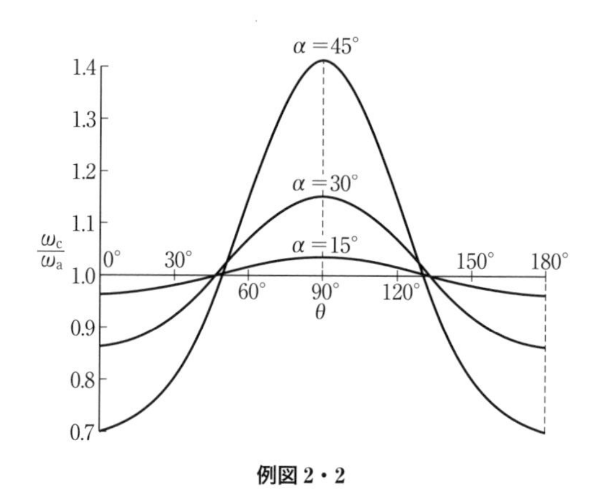

例図 2・2

演　習　問　題

（**1**）　図 2·2 のてこクランク機構において，$a=30$ mm，$b=90$ mm，$c=60$ mm，$d=100$ mm である．てこ c の揺動する角度を求めよ．また，リンク b が 10 mm 長くなった場合，てこ c の揺動する角度は何°増加するか，または減少するか．

（**2**）　図 2·2 のてこクランク機構において，$a=30$ mm，$b=90$ mm，$c=60$ mm，$d=100$ mm でクランク a が 150 rpm で回転するとき，∠BAD＝60° の位置におけるてこ c の角速度を求めよ．

（3）　図2・6の両てこ機構において，$a=30$ mm，$b=90$ mm，$c=60$ mm，$d=100$ mm である．リンクbおよびdの揺動する角度を求めよ．

（4）　図2・12の往復スライダクランク機構において，$a=100$ mm，$b=400$ mm である．クランクaが300 rpmで回転しているとき，$\theta=60°$ の位置におけるスライダの変位および速度を求めよ．また，速度が最大になるのは θ が何°のときか．

（5）　前問題において，スライダが行程の中央の位置にきたときのクランクの回転角を求めよ．また，このときのCの速度とBの速度の比を求めよ．

（6）　問図1に示すオフセットクランク機構において，$a=100$ mm，$b=300$ mm，cの行程の方向とAとの距離が100 mmとすれば，cの行程の長さは何mmか．また，aが一定の角速度で反時計方向に回転しているとき，cの右行程に要する時間と左行程に要する時間の比を求めよ．

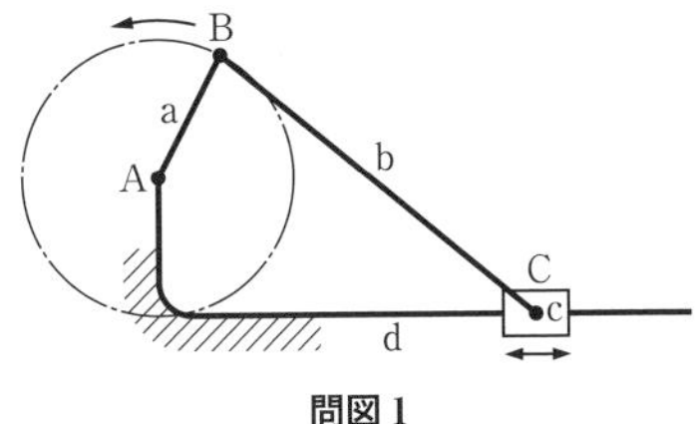

問図1

（7）　問図2に示す揺動スライダクランク機構において，クランクaの回転角 θ とリンクcの回転角 ϕ との関係を示せ．また，aの角速度を ω としたとき，cの角速度を示す式を導け．ただし，$a/b=\lambda$ とする．

（8）　前問題において，$a=200$ mm，$b=500$ mm としたとき，リンクcが左へ動く時間と右へ動く時間の比を求めよ．

（9）　図2・22のスコッチヨークの機構において，クランクaの長さが50 mmで300 rpmで回転しているとき，$\theta=60°$ の位置におけるリンクcの変位，速度，加速度を求めよ．

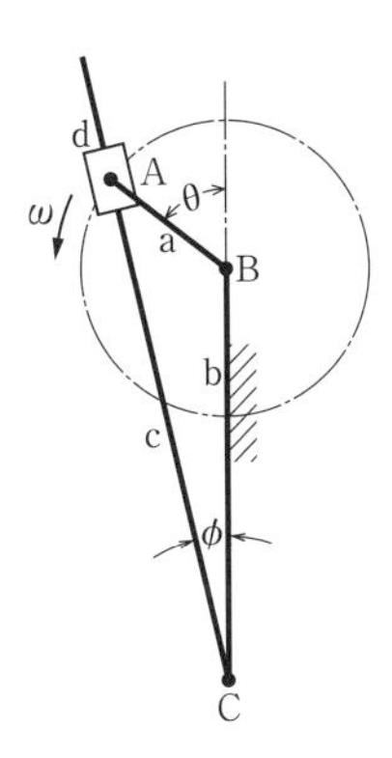

問図2

（10）　オルダム継手では原動軸と従動軸が等しい角速度で回転することを証明せよ．

（11）　自在継手において2軸のなす角が20°のとき，従動軸と原動軸の角速度比の最大値を求めよ．

第3章　カム装置

3・1　カム

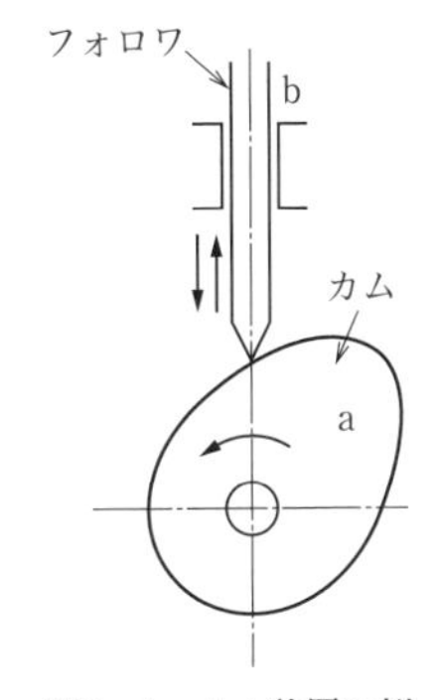

図3・1　カム装置の例

図3･1に示すような装置では，卵形の板aが原動節となって回転すると，従動節bは上下に運動をする．このように特殊な形状をもった原動節に回転運動または直線運動を与えて，これと対偶をなす従動節に複雑な往復運動をさせる装置を**カム装置**といい，特殊な形状をもった節を**カム**(cam)，カムと対偶をなす従動節を**フォロワ**（follower）という．

カム装置においては，原動節（カム）と従動節（フォロワ）は一般に線点対偶をなし，かつ，その接触部にはすべり運動があるので摩耗が多いから，実際に用いる場合は，しばしば接触部分にローラを置いて転がり接触をするようにする．

また，フォロワが高速度の往復運動をするような場合には，実際の物では質量があるので大きな慣性作用を生じるから，フォロワの加速度なども重要な問題である．

3・2　カムの種類

カムには，フォロワの運動とその運動を導くためのカムの輪郭曲線とが一平面内にある**平面カム**（plane cam）と，一平面内にない**立体カム**（solid cam）とがある．

3・2・1　平面カム

〔1〕　**板　カ　ム**（plate cam）　特殊な輪郭曲線をもった板を回転させ，その輪郭に接するフォロワに希望する往復直線運動または揺動運動を与えるもので，**周縁カム**（peripheral cam）ともいう．板カムは最も普通に用いられるもの

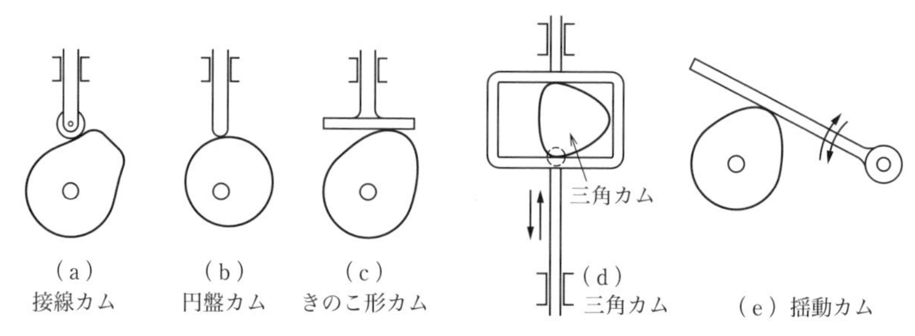

図3・2 板カム

であるが，カムの形状により接線カム，円盤カム，三角カムなど，またフォロワの形状によりローラ付きカム，きのこ形カム，揺動カムなど，種々の名称のものがある（**図3･2**）.

〔2〕 **正面カム**（face cam） 板に前記板カムの輪郭曲線に相当する溝を切り，この溝にフォロワの先端を入れたもので，**溝カム**（grooved cam）ともいう（**図3･3**）.

〔3〕 **直動カム**（translation cam） カムの直線往復運動によりフォロワに特殊の往復運動を与えるもの（**図3･4**）.

〔4〕 **反対カム**（inverse cam） 普通のカム装置は，カムに特殊な形状をもたせるのに対し，フォロワに特殊形状をもたせたものを反対カムという（**図3･5**）.

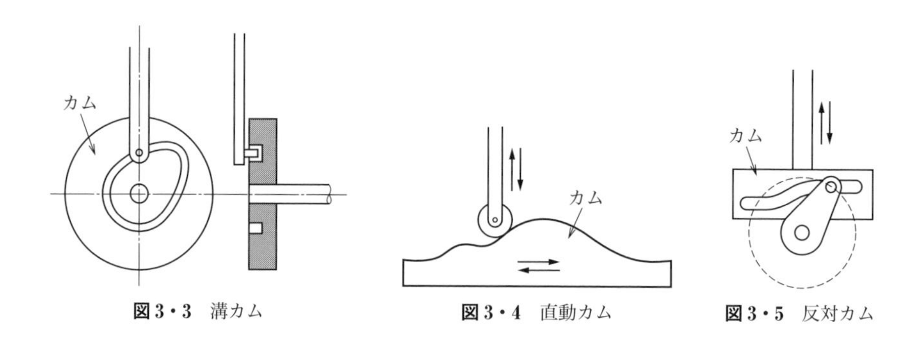

図3・3 溝カム　**図3・4** 直動カム　**図3・5** 反対カム

3・2・2 立体カム

〔1〕 **円柱カム**（cylindrical cam） 円柱の周囲に特殊形状の溝を切り，その溝にフォロワの突起部を入れたもので，フォロワの往復運動は円柱の回転軸に平行である（**図3･6**）. 溝の代わりに凸片を取り付けることもある（図3･41参照）.

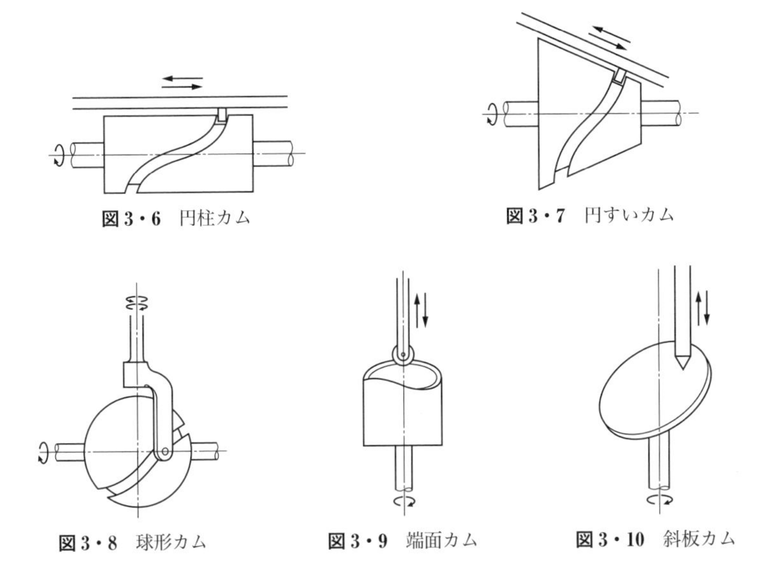

図 3・6　円柱カム

図 3・7　円すいカム

図 3・8　球形カム

図 3・9　端面カム

図 3・10　斜板カム

〔2〕 **円すいカム**（conical cam）　前記の円柱の代わりに円すいを用いたもので，フォロワの往復運動は円すいの回転軸とある角度をなす（**図 3・7**）.

〔3〕 **球形カム**（spherical cam）　球に溝を切ったもので，フォロワに揺動運動を与える（**図 3・8**）.

〔4〕 **端面カム**（end cam）　円柱の端面に特殊形状を与えたもの（**図 3・9**）.

〔5〕 **斜板カム**（swash plate）　円板を回転軸に対して傾斜して取り付けたもので，一種の端面カムである（**図 3・10**）.

3・2・3　確 動 カ ム

図 3・2 において，(a)，(b)，(c)，(e) のものは，カムの輪郭曲線の動径が増加していくときはフォロワは押し上げられるが，減少していくときは，フォロワは重力またはばねなどによってカムに押し付けるようにしなければ取り残されてしまって，カムの輪郭曲線に追従できない．ところが，(d) のものは重力やばねの助けを借りないでも確実に動作するので，このようなものを**確動カム**（positive cam）という．正面カム，円柱カム，円すいカム，反対カムなどの例に示したものも確動カムである.

3・2・4　そ の 他

〔1〕 **ローラ付きカム装置**　カムとフォロワとは，すべり接触をするので摩擦

や摩耗が多いから，フォロワにローラを取り付けて転がり接触として用いることが多い．この場合は，**図3･11**のように，カムの輪郭曲線にはローラの半径だけ縮小したものを用いなければ，ローラのない場合と同じ運動をさせることはできない（3･4･1項〔2〕参照）．

〔2〕 **かたよりカム**（offset cam）　**図3･12**のように，フォロワの軸線がカムの回転の中心を通らないようなものをかたよりカムという．この場合も，かたよりのない場合と同じ運動をフォロワに与えるためには，カムの輪郭は変えなければならない（3･4･1項〔4〕参照）．

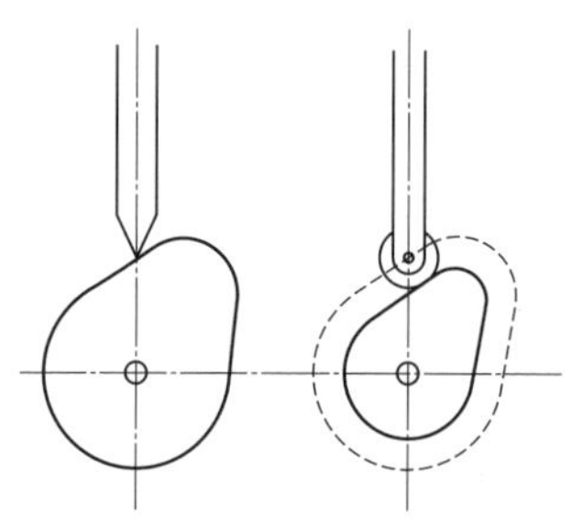

図3・11 ローラ付きカム装置

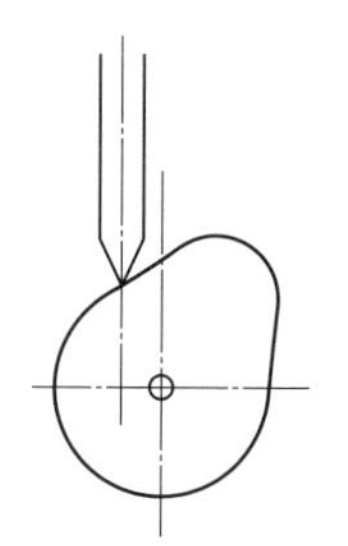

図3・12 かたよりカム

3・3 カム線図

3・3・1 カム線図

カム線図（cam chart or cam diagram）というのはカムの回転角（直動カムでは移動量）とフォロワの変位量との関係を表した線図であって，**図3･13**のように，横軸には時間またはカムの角変位（直動カムでは変位）をとり，縦軸にはフォロワの変位をとる．すなわち，このカム線図では，カムが最初90°回転する間（AB間）はフォロワはその位置を変化せず，次の90°の間（BC間）に10 mm上昇し，次の45°の間（CD間）はその位置に止まり，次の45°（DE間）で5 mm下降し，次の45°（EF間）はその位置に止まり，最後の45°の間（FG間）に5 mm下降して最初

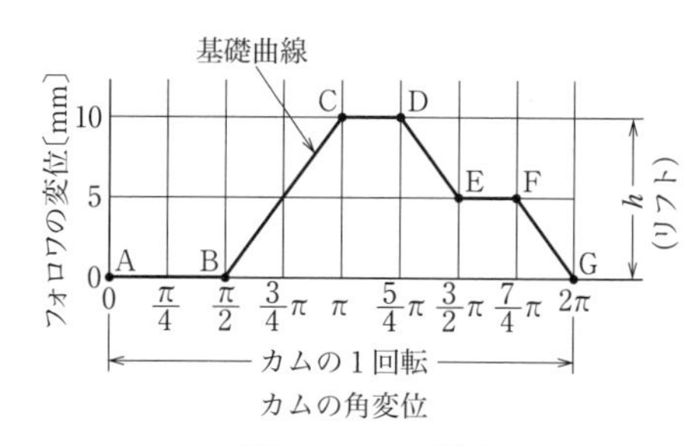

図3・13 カム線図

の位置に戻り，これを繰り返すことを表している．この図のA〜G線を**基礎曲線**(base carve)，最大変位量hを**リフト**(lift)という．そして，フォロワにこのような運動を与えるべき板カムの輪郭曲線は，この基礎曲線を**図3･14**のように半径rの円の周囲に巻き付けて得られるのであって，この円のことを**基礎円**(base circle)という．

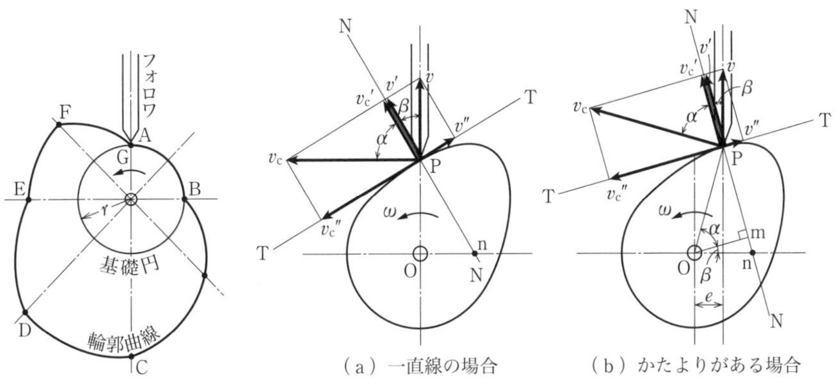

図3・14　カムの輪郭曲線

図3・15　速度比の求め方 (1)

3・3・2　カムの伝動

〔1〕　**速度比** (speed ratio)

①　フォロワが直線運動をする場合：**図3･15** (a) は，カムの角速度をω，フォロワの速度をv，接触点をPとし，P点において共通接線TTと共通法線NNとを引き，P点をカムの上の一点としたときの速度v_cと，P点をフォロワの上の一点としたときの速度vのそれぞれの法線方向分速度をv_c'，v'，接線方向分速度をv_c''，v''とすると，カムとフォロワとが離れたりくい込んだりせず常に接触を保つならば，$v_c'=v'$でなければならない．しかるに，v_c，vが共通法線となす角をα，βとすれば，$v_c'=v_c\cos\alpha=\omega\times\overline{\mathrm{OP}}\cdot\cos\alpha$であり，また，$v'=v\cos\beta=v\sin\alpha(\because\ \alpha+\beta=90°)$であるから

$$\omega\cdot\overline{\mathrm{OP}}\cdot\cos\alpha=v\cdot\sin\alpha$$

$$\therefore\quad \frac{v}{\omega}=\overline{\mathrm{OP}}\cdot\frac{\cos\alpha}{\sin\alpha}=\overline{\mathrm{OP}}\cdot\cot\alpha$$

Oよりフォロワの進行方向に垂直に引いた線とNNとの交点をnとすれば

$$\frac{v}{\omega}=\overline{\mathrm{OP}}\cot\alpha=\overline{\mathrm{On}}\quad または\quad v=\omega\cdot\overline{\mathrm{On}}$$

として表される．なお，接線分速度のベクトル差 $v_c''-(-v'')=v_c''+v''$ はすべり速度を表す．

フォロワの軸線がカムの中心Oを通らない場合，すなわち，かたより e がある場合は，図3・15（b）において，$v_c'=v_c\cos\alpha=\omega\cdot\overline{\mathrm{OP}}\cdot\cos\alpha$，$v'=v\cos\beta$，$v_c'=v'$ とすれば

$$\omega\cdot\overline{\mathrm{OP}}\cdot\cos\alpha=v\cdot\cos\beta$$

OよりNNに垂線を下しその足をmとすると，$\overline{\mathrm{OP}}\cdot\cos\alpha=\overline{\mathrm{Om}}$ であるから

$$\omega\cdot\overline{\mathrm{Om}}=v\cos\beta$$

$$\therefore\quad \frac{v}{\omega}=\frac{\overline{\mathrm{Om}}}{\cos\beta}=\overline{\mathrm{On}}$$

となり，e のない場合と同じ関係である．

② フォロワが揺動運動をする場合：**図3・16** において，カムの角速度を ω_1，フォロワの角速度を ω_2 とし前と同様にすれば，$v_c'=v_c\cos\alpha=\omega_1\cdot\overline{\mathrm{O_1P}}\cdot\cos\alpha$，$v=\omega_2\cdot\overline{\mathrm{O_2P}}$ で，$v_c'=v$ であるから

$$\omega_1\cdot\overline{\mathrm{O_1P}}\cdot\cos\alpha=\omega_2\cdot\overline{\mathrm{O_2P}}$$

$$\therefore\quad \frac{\omega_1}{\omega_2}=\frac{\overline{\mathrm{O_2P}}}{\overline{\mathrm{O_1P}}\cdot\cos\alpha}=\frac{\overline{\mathrm{O_2P}}}{\overline{\mathrm{O_1m}}}=\frac{\overline{\mathrm{O_2n}}}{\overline{\mathrm{O_1n}}}$$

③ 直動カムのようにカムもフォロワも直線運動をする場合：**図3・17** において，$v_c'=v_c\cos\alpha$，$v'=v\cos\beta=v\sin\alpha$，$v_c'=v'$ であるから

$$v_c\cos\alpha=v\sin\alpha$$

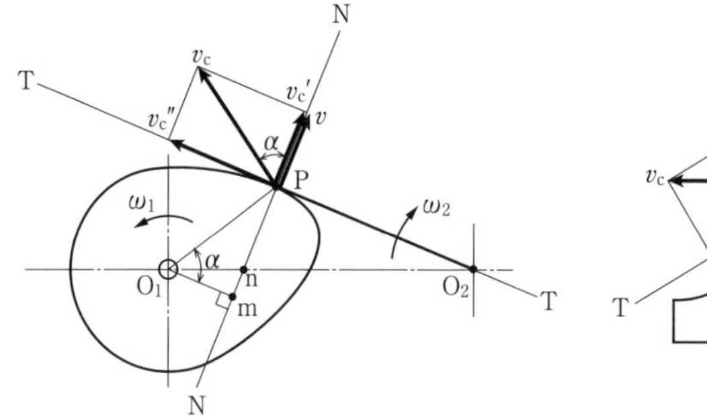

図3・16　速度比の求め方（2）

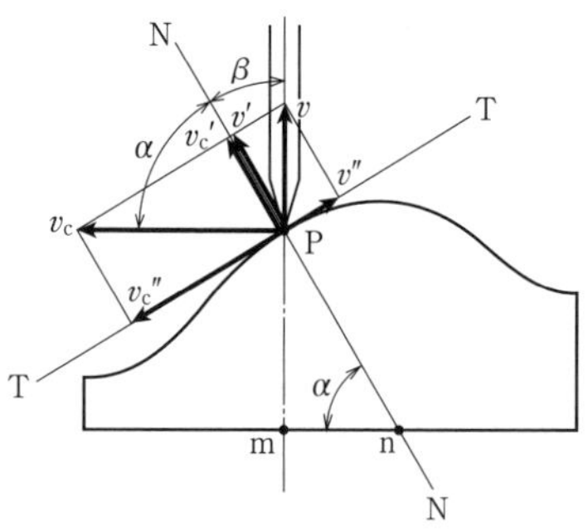

図3・17　速度比の求め方（3）

$$\therefore \quad \frac{v}{v_c}=\frac{\cos\alpha}{\sin\alpha}=\cot\alpha=\frac{\overline{\mathrm{mn}}}{\overline{\mathrm{Pm}}}$$

〔2〕 **圧力角**（pressure angle）　カム装置においてフォロワの軸線と接触点における共通法線とのなす角，すなわち図3・15，図3・17の角βを圧力角という．実際の機構には摩擦が損相するから，この圧力角があまり大きくなるとカムはついに回転することが不可能となる．したがって，この角度は，低速度の場合で45°以下，普通は30°以下にする．

3・3・3　フォロワが等速度運動をする場合のカム線図

フォロワの変位をh，速度をvとすると，フォロワが等速度運動であるから

$$v=\frac{dh}{dt}=\tan\phi=一定$$

となり，横軸に時間，縦軸にフォロワの変位をとったカム線図は，**図3・18**(a)のように横軸とϕの傾きをなす直線となる．カムが等角速度ωで回転をするならば，横軸に時間の代わりにカムの角変位θをとっても同じである．したがって，このときのカムの輪郭曲線は，フォロワの軸線がカムの回転の中心Oを通る場合に，Oを原点とする極座標で表すならば，$r=r_0+a\theta$となる．ただし，ここにr_0は基礎円半径，θは原線と動径とのなす角とし，カムが$d\theta$回転するごとにその動径がdhずつ増加するとして，その比をaとすれば

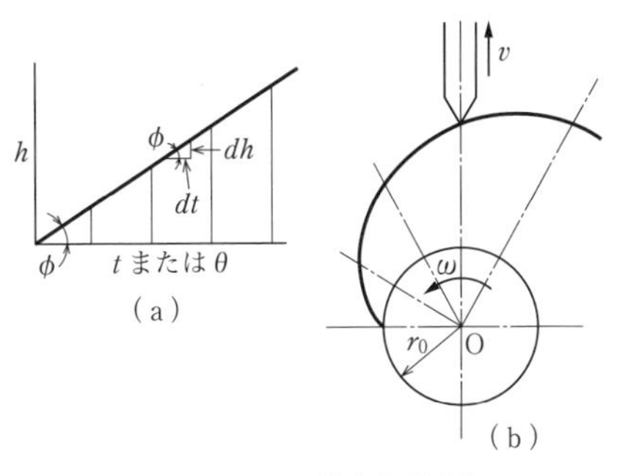

図3・18　フォロワが等速度運動するカム

$$a=\frac{dh}{d\theta}=\frac{v\cdot dt}{\omega\cdot dt}=\frac{v}{\omega}=一定$$

この曲線は**アルキメデス渦巻線**（Archimedean spiral）である．

カムが1回転するとき，初めの半回転の間にフォロワは等速度で上昇し，残りの半回転の間に等速度で下降するとすれば，そのカム線図およびカムの

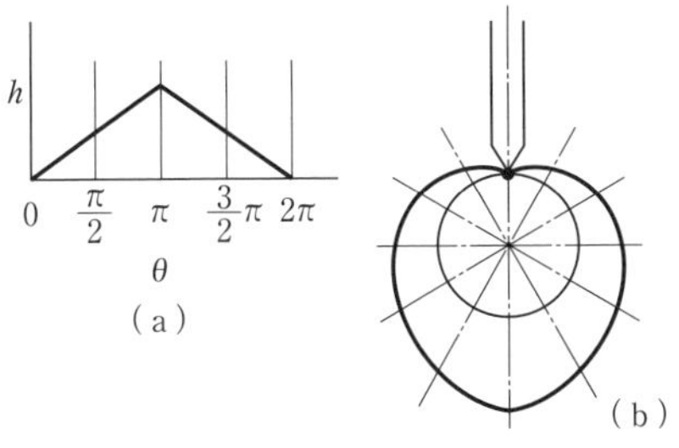

図3・19　ハートカム

輪郭は**図3･19**のようになる．このようなカムを**ハートカム**（heart cam）と呼ぶ．フォロワが等速度で運動するカム装置では，フォロワが上昇あるいは下降をしている間は加速度は0であるが，その初めと終りに急激な速度の変化があり衝撃をともなうから，これは低速度の運転にのみ用いるか，カム線図の直線の両端に後述の緩和曲線を用いなければいけない．

3・3・4　フォロワが等加速度運動をする場合のカム線図

初速度が0なる等加速度運動は変位を h，加速度を a，時間を t とすれば，$h=at^2/2$ であり，$a=$一定 であるから $a/2=c$ として，$h=ct^2$ で表される．したがって，この場合のカム線図は放物線となる（**図3･20**）．カムが等角速度で回転するならば，時間 t の代わりにカムの回転角 θ をとってもよい．

フォロワの速度を v とすれば，$v=dh/dt=at$ であるから，速度線図は同図（b）のように傾斜した直線となり，加速度は $dv/dt=a=$一定 であるから，加速度線図は同図（c）のように横軸に平行な直線となる．

このカム線図の放物線を反対にして連続させれば，**図3･21**のようなカム線図となり，フォロワはAより速度0で出発し，一定加速度で次第に速度を増加しつつ上昇するが，Bからは，今度は一定減速度で速度を減少しながらなお上昇を続け，最高点Cに到着して速度0となる．下降も同様にして行うことができるから，割合無理のない運転をすることができるので，高速度運転のカムにしばしば用いられる（前半と後半の時間は同じでなくてもよい．前半のほうが短ければ

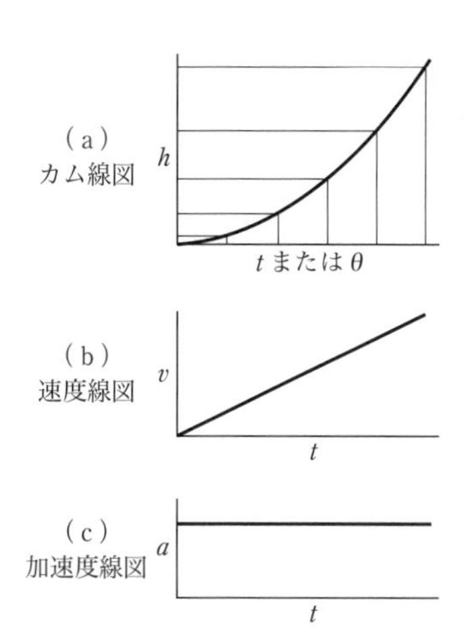

図3・20　等加速度運動の場合のカム線図

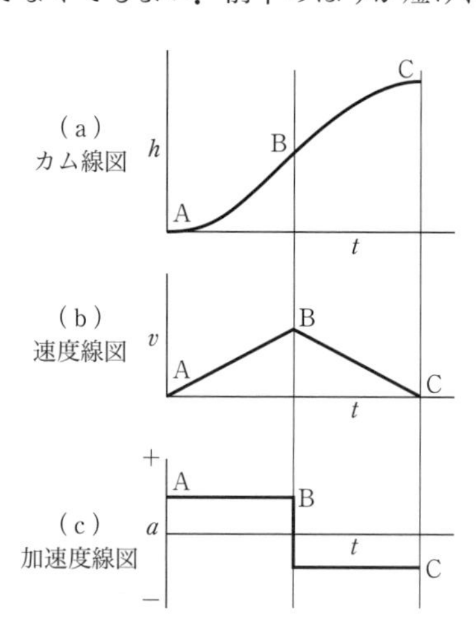

図3・21　等加速度運動の場合のカム線図（加減速）

急激に加速し，ゆっくり減速するようになる）．カムの輪郭はこの曲線を基礎円の周囲に巻き付ければ求められる（3・4節参照）．

3・3・5　フォロワが単弦運動をする場合のカム線図

図3・22（a）のように，横軸にフォロワが最下点より最高点まで上昇するのに必要な時間またはカムの角変位をとってこれを適当に等分し，縦軸にフォロワの所要上昇高さ h_0 を直径とする半円を描き，その円周を同じ数に等分して図のように作図すれば，フォロワが単弦運動をするようなカム線図が得られる．この曲線は

$$h=\frac{h_0}{2}(1-\cos\theta)$$

で表される正弦曲線である．したがって，この場合の速度線図，加速度線図はそれぞれ

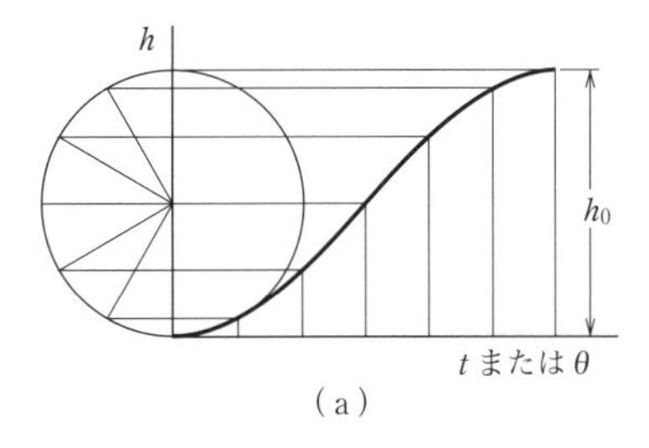

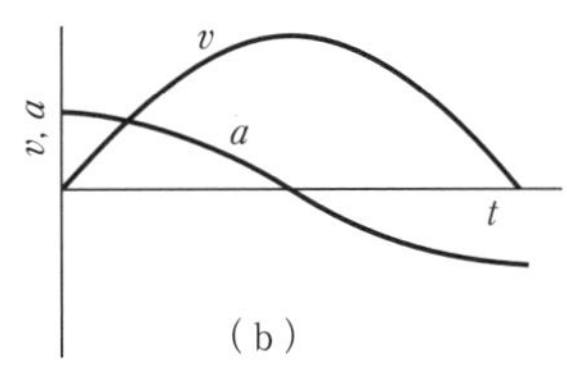

図3・22　単弦運動の場合のカム線図，速度線図および加速度線図

$$v=\frac{dh}{dt}=\frac{d}{d\theta}\left\{\frac{h_0}{2}(1-\cos\theta)\right\}\frac{d\theta}{dt}=\frac{h_0}{2}\cdot\omega\cdot\sin\theta$$

$$a=\frac{dv}{dt}=\frac{d}{d\theta}\left(\frac{h_0}{2}\cdot\omega\cdot\sin\theta\right)\frac{d\theta}{dt}=\frac{h_0}{2}\cdot\omega^2\cdot\cos\theta$$

となるから，やはり正弦曲線である．同図（b）にそれを示す．

この場合，フォロワの速度は行程の両端で0，中央で最大となり，加速度（および減速度）は両端で最大，中央で0となる．

3・3・6　フォロワの加速度が0より始まる場合のカム線図

いままで述べたものでは，フォロワの始動，停止の位置では加速度は0でないから，ここに衝撃を生じる．もし加速度が0より始まり一定の割合で増加するとすれば，加速度線図は**図3・23**のような3本の折れ曲がった直線となり，この場合の速度線図は3本の放物線，カム線図は3次関数曲線となる．

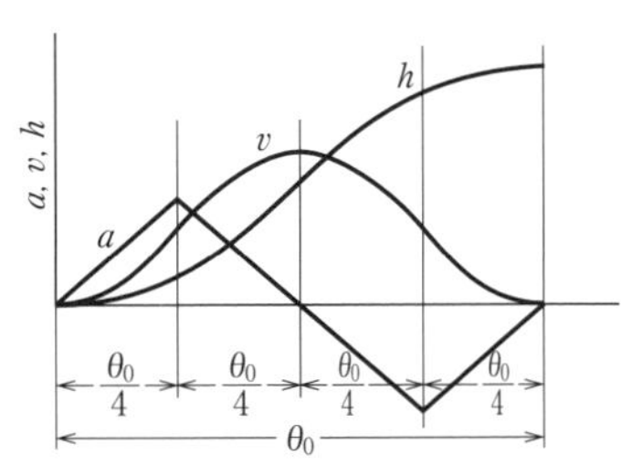

図3・23　加速度0より始まるカム線図

この場合でも，加速度を表す線になお尖点があって，そこにやはり衝撃があるので，さらにこれをなくすために加速度曲線として正弦曲線を用い，これより速度曲線，変位曲線を求めてカム線図とすることもある．

3・3・7　緩和曲線

3･3･3項に述べたように，フォロワが等速度運動をする場合のカム線図は，**図3･24**のようにABCD……の直線からなるので，B，C点では速度が急速に変化して大きな衝撃をともなう．これを避けるためには，B，C点で両方の直線に接するような曲線を用いる．このような曲線を**緩和曲線**（easement curve）という．

緩和曲線は，簡単には**図3･25**のように両直線に接する円弧でもよいが，普通は，3･3･4項，3･3･5項で述べたような速度0より出発する放物線や正弦曲線を用いる．**図3･26**は放物線を用いた例で，**図3･27**は正弦曲線を用いた例である．このようにすれば，緩和曲線の間でフォロワは次第に速度を変化させるから，衝

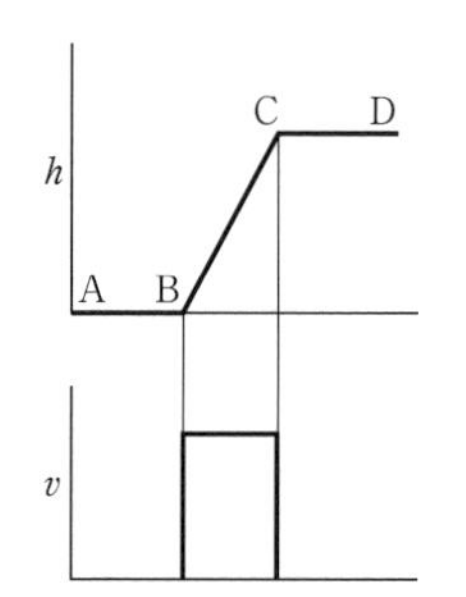

図3・24　等速度運動の場合のカム線図

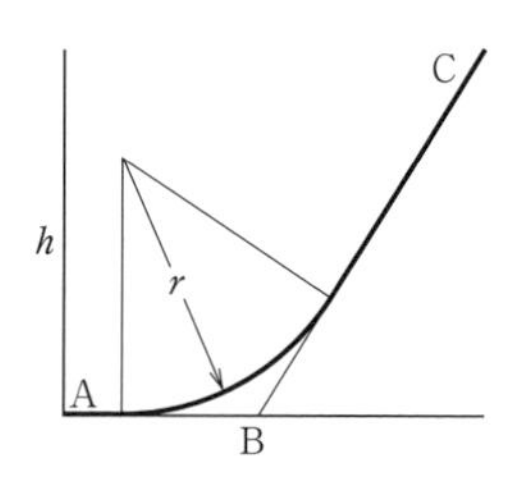

図3・25　円弧緩和曲線を用いた例

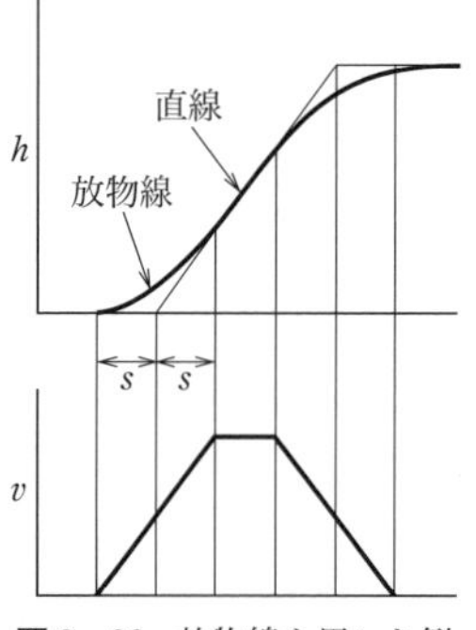

図3・26　放物線を用いた例

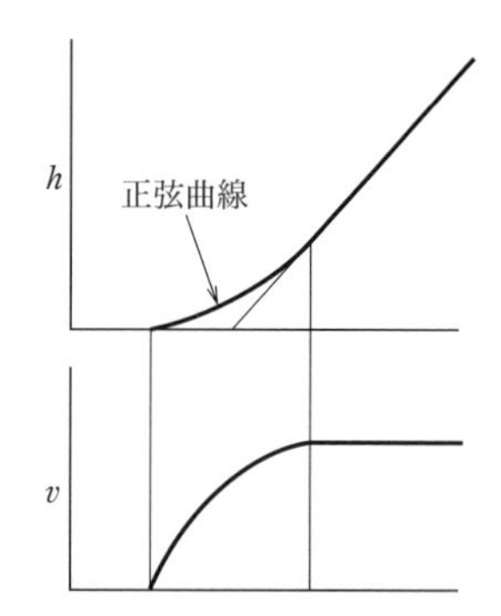

図3・27　正弦緩和曲線を用いた例

撃の少ない運転をすることができる．

3・4 板カムの輪郭の描き方

板カムの輪郭を描くには，カムの基礎円を適当に設定し，その周囲に先に求めたカム線図を巻き付ければよい．フォロワが尖端でカムに接して直線往復運動をする場合はこのままでよいが，フォロワの先端にローラがあるとき，フォロワの先端が平面あるいは球面のとき，フォロワにかたよりがあるとき，フォロワが揺動運動をするときなどでは，カムの輪郭は異なるものとなる．

図3•28 のように，同じカム線図の場合に基礎円が小さいほど圧力角 β が大きくなるから，機械部品としてはなるべく大きな基礎円を用いるようにするのがよい．

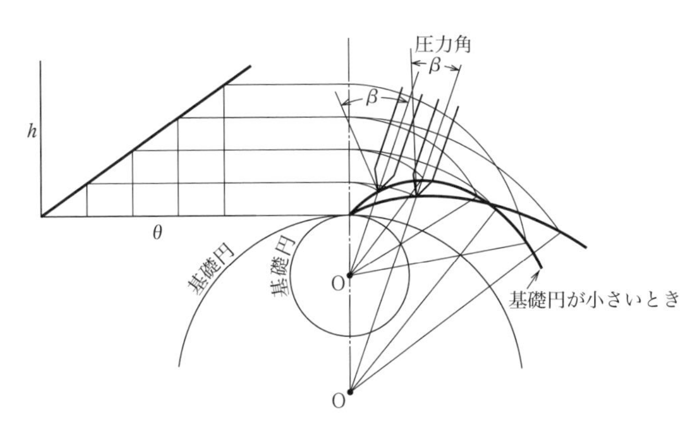

図3・28 基礎円の大きさと圧力角の関係

3・4・1 フォロワが直線往復運動をする場合

〔1〕 **フォロワは尖端をもち，かたよりがない場合**　**図3•29** のようなカム線図が与えられたとする．すなわち，カムが1回転する間にフォロワは1往復するのであるが，カムが最初の90°回る間に等速度で h_0 だけ上昇し，次の45°の間はその位置に静止し，次の135°の間に等速度で最初の位置に下降し，90°の間その位置に静止することを表している．フォロワにこのような運動を与えるようなカムの輪郭を描くには，同図右のように所定の大きさの基礎円を描き，これをいくつかに分割し，カム線図も同数に分割する．そして，おのおのの放射線の上にカム線図に与えられた変位をとる．すなわち，$\overline{\mathrm{AA}}=\overline{\mathrm{aa}}$，$\overline{\mathrm{BB}}=\overline{\mathrm{bb}}$，$\overline{\mathrm{CC}}=$

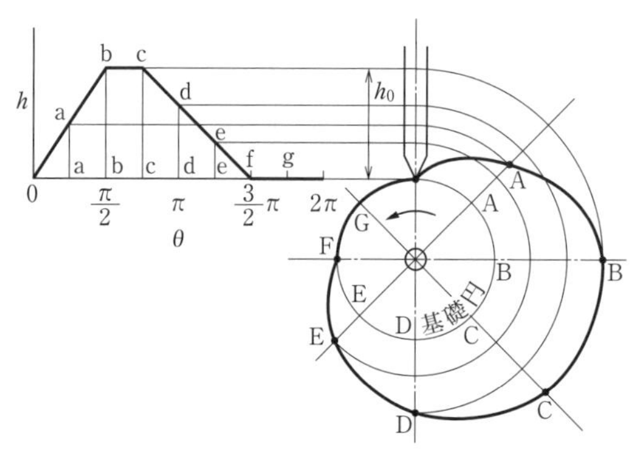

図3・29　フォロワにかたよりのない場合の輪郭の描き方

$\overline{\mathrm{cc}}$……とし，得られた点A，B，C……をなめらかに連結すればよい．

〔2〕 **フォロワがローラをもつ場合**　　もしフォロワがその先端に中心を置くようなローラをもつ場合は，**図3･30**のように，まずフォロワが尖端をもつものとして前と同様にカムの輪郭を図の破線のように求め，次にこの輪郭上に中心を置き，ローラの半径と同じ半径の円を多数描き，これらに内接する曲線を描けば，求めるカムの輪郭曲線を得る．

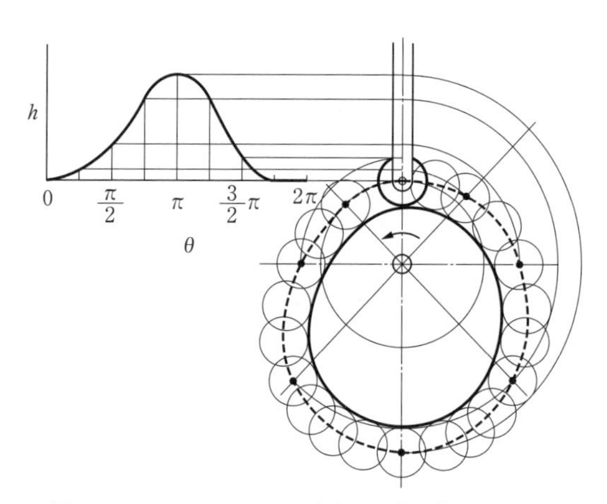

図3・30　フォロワがローラをもつ場合の輪郭の描き方

〔3〕 **フォロワの先端が平面の場合**　　きのこ形カムのようにフォロワの先端が平面の場合は，**図3･31**に示すように，前と同様にフォロワの先端が平面の中央にあるものとしてカムの輪郭ABCDE……を描き，次にこのA，B，C点にお

いてOA，OB，OC……に直角な線を引き，これらの直線に内接するような曲線を描けば，これが求めるカムの輪郭曲線となる．フォロワの先端が球面の場合も同様にして描くことができる．

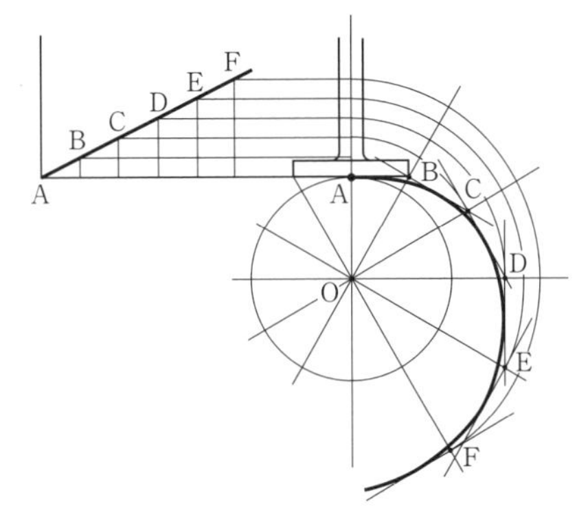

図 3・31　フォロワ先端が平面の場合の輪郭の描き方

〔4〕 **かたよりがある場合**

フォロワの軸線がカムの回転の中心を通らないようなかたよりカムにおいては，**図 3・32** に示すようにかたよりが e である場合，A 点がフォロワが最下点にきたときの先端の位置であるとし，O を中心とし OA を半径とした円が基礎円である．カムの輪郭を描くには，まず O を中心とし e を半径とする円を描き，フォロワの軸線との接点を A′ とする．OA′ を起点として前と同様に分割し OA′，OB′，OC′…… とし，B′，C′…… の各点で円に接線を引き，この接線上に $\overline{\mathrm{B'B}}=\overline{\mathrm{A'b'}}$，$\overline{\mathrm{C'C}}=\overline{\mathrm{A'c'}}$，$\overline{\mathrm{D'D}}=\overline{\mathrm{A'd'}}$……（または $\overline{\mathrm{OB}}=\overline{\mathrm{Ob'}}$，$\overline{\mathrm{OC}}=\overline{\mathrm{Oc'}}$，$\overline{\mathrm{OD}}=\overline{\mathrm{Od'}}$…… としてもよい）のように A，B，C，D……を求め，これらをつなげば，かたよりカムの輪郭曲線を得る．

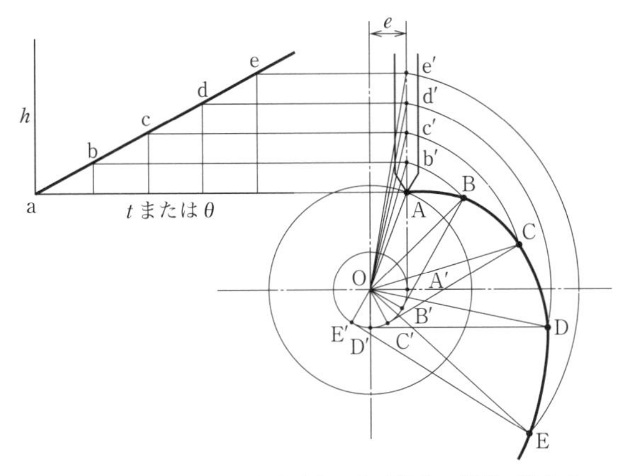

図 3・32　フォロワにかたよりのある場合の輪郭の描き方

【例題 3・1】　カムが最初の 60° 回転する間にフォロワが等速度で 10 mm 上昇し，次の 60° の間はその位置に静止，次の 60° の間に再び等速度で 10 mm 上昇し，次の 90° の間はその位置に静止，次の60°の間に等速度で20 mm下降して最初の位置に戻り，最後の30°の間はこの最低位置に静止するような板カムの輪郭曲線を求めよ．ただし，フォロワの先端には直径10 mmのローラがあるものとする．

解

カム線図を描くと図の左上部のようになる．次にOを中心として所定の半径で基礎円を描き，この周囲にカム線図を巻き付ければよい．こうして得られた輪郭曲線上に中心を置く半径5 mmの円を多数描き，これらの小円に内接する曲線を描けば，求める板カムの輪郭曲線を得る．

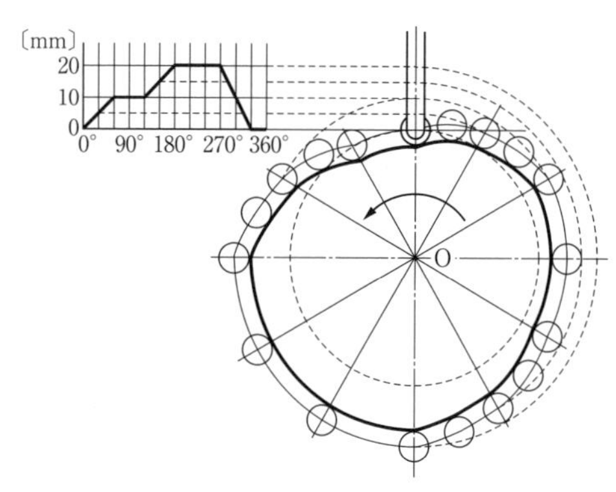

例図3・1

3・4・2 フォロワが揺動運動をする場合

フォロワが揺動運動をする場合のカム線図は，横軸には時間またはカムの角変位をとるのは直線運動のときと同様であるが，縦軸には揺動腕の角変位をとる場合，揺動腕上のある一点の円弧に沿って測った変位をとる場合，またはその点の垂直方向の変位をとる場合など，いろいろの描き方がある．

図3･33では，揺動腕によってスライダSを動かす場合に，スライダの変位を縦軸にとったときのカム線図が与えられたとする．P，Q点はスライダが最下位置の場合とし，カムがθだけ回転すればQはQ′にくるとすると，Q′を中心とした半径PQの円弧とO_1を中心とした半径O_1Pの円弧との交点P′を求めれば，そのときの揺動腕の位置が破線O_1P'のように得られる．

カムがθだけ回転する代わりにカムは静止して，揺動腕が反対方向にθだけ位置を変えても，カムと揺動腕の相対位置は同じであるから，O_1をO_1'に移すと

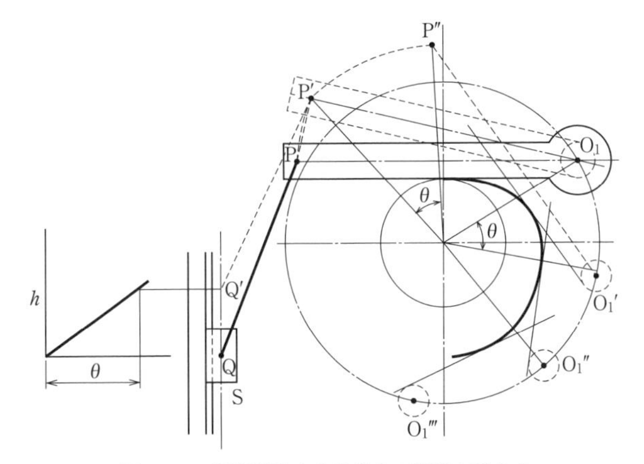

図 3・33　揺動運動をする場合の輪郭の描き方

P′ は P″ にくる．同様にして，O_1''，O_1'''…… を求めて揺動腕の下面に相当する線を引き，これらに内接する曲線を描けば，求めるカムの輪郭を得る．

接触部にローラがある場合も，同様の方法でローラの中心位置を多数求め，各位置にローラと同じ半径の小円を描き，これらに内接する曲線を求めればよい．

3・5　円弧および直線からなるカム

いままで述べたカムにおいては，フォロワに要求される運動に基づいてカム線図を描き，それによってカムの輪郭を得るので，フォロワに複雑な運動が必要な自動工作機械などにはよく用いられるが，カムの輪郭を実際に製作するのはなかなか困難である．ところが，内燃機関の弁の開閉に用いられるカムなどでは，弁の開閉時期，弁のリフトなどが要求されるだけで途中の運動はどのようであっても大きな問題にはならないので，このようなときには，カムの輪郭を円弧と直線からなるようにすると，製作が容易になり，しかも正確な形状のカムをつくることができる．

3・5・1　円盤カム

円盤を偏心軸に取り付けたものを**円盤カム**（circular disc cam）という．フォロワの接触端は普通，**図 3・34** のように平面とするが，このときはフォロワの運動は単弦運動となる．

偏心円盤の半径を r，偏心を e とすると，回転中心からフォロワの最下位置までの距離 OA は $r-e$ であり，図に破線で示す．この位置よりカムが θ だけ回転したときのフォロワの変位を s とすると

$$s=\overline{OM}+\overline{O'B}-\overline{OA}$$
$$=e\cos(\pi-\theta)+r-(r-e)$$
$$=e(1-\cos\theta)$$

したがって，フォロワの速度 v，加速度 a は

$$v=\frac{ds}{dt}=e\omega\sin\theta$$

$$a=\frac{dv}{dt}=e\omega^2\cos\theta$$

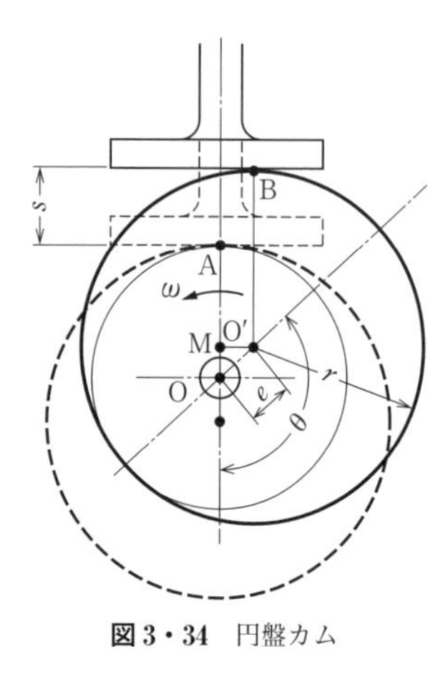

図3・34　円盤カム

3・5・2　接線カム

数個の円弧とこれに接する直線よりなるカムを**接線カム**（tangent cam）といい，内燃機関の弁の開閉などによく用いられる．この場合はカムに直線部分があるため，フォロワの接触部が平面であると大きな摩擦力を生じるから，曲面で接するようにするか，ローラを用いるようにする．

図3・35 はフォロワにローラを用いた場合の例で，AB 間は O を中心とした円弧であるから，フォロワは最下点に静止している．BC 間は直線で，この間でフォロワは上昇し，CD 間は O′ を中心とした円弧（緩和曲線）に沿って減速し，DE 間は O を中心とした円弧であるから，フォロワは最上点に静止をしている．さらにカムが回転すれば，フォロワは円弧 EF，直線 FG に沿って下降し，G で最下点に達する．速度，加速度の変化は大きいが，形が簡単で製作が容易である．

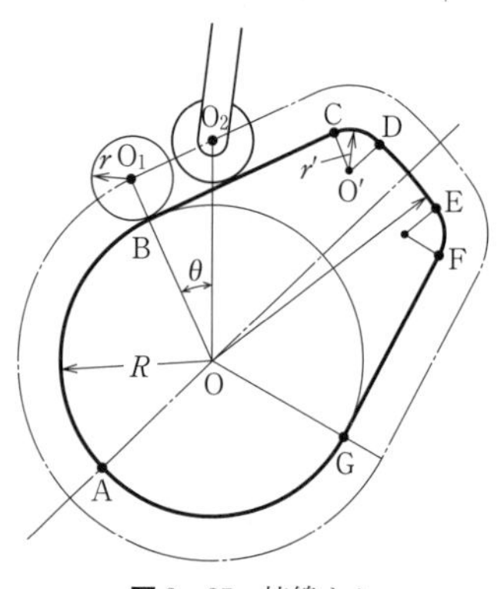

図3・35　接線カム

直線部分におけるフォロワの上昇運動について考えると，図において角 θ の間にフォロワは $\overline{OO_2}-\overline{OO_1}$ だけの変位をする．すなわち

$$s=\overline{OO_2}-\overline{OO_1}=\frac{\overline{OO_1}}{\cos\theta}-\overline{OO_1}=(R+r)\left(\frac{1}{\cos\theta}-1\right)$$

ただし，R は基礎円半径，r はローラ半径である．したがって，速度は

$$v=\frac{ds}{dt}=\frac{d}{dt}\left\{(R+r)\left(\frac{1}{\cos\theta}-1\right)\right\}$$

$$=\frac{d}{d\theta}\left\{(R+r)\left(\frac{1}{\cos\theta}-1\right)\right\}\frac{d\theta}{dt}=(R+r)\cdot\frac{\sin\theta}{\cos^2\theta}\cdot\omega$$

また，加速度は

$$a=\frac{dv}{dt}=\frac{d}{d\theta}\left\{(R+r)\frac{\sin\theta}{\cos^2\theta}\cdot\omega\right\}$$

$$=\frac{d}{d\theta}\left\{(R+r)\frac{\sin\theta}{\cos^2\theta}\cdot\omega\right\}\frac{d\theta}{dt}=(R+r)\left\{\frac{\sin^2\theta+1}{\cos^2\theta}\right\}\omega^2$$

となる．このような接線カムの変位，速度，加速度線図は**図 3・36** に示すようなものとなる．

なお，このカムを弁の開閉に用いるときには，弁すなわちフォロワが最も下降した位置で弁が閉ざされるのであるが，このときフォロワがカムに接触していると，弁が完全に閉まらないおそれがあるから，一般に最下位置にきたとき，すなわち図 3・35 において GAB 間はカムとフォロワとの間にわずかなすき間があるようにつくるのが普通である．

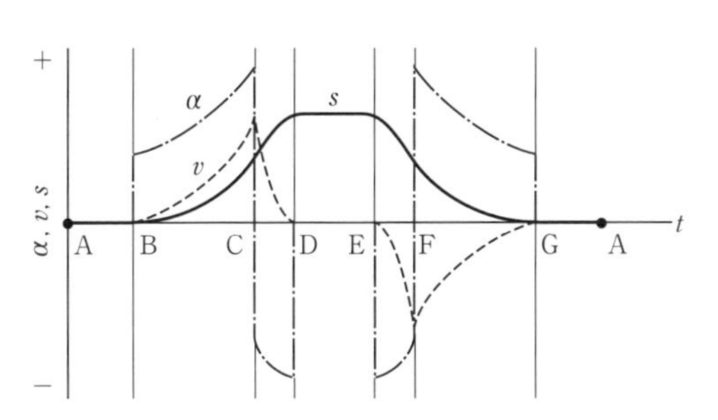

図 3・36　変位，速度，加速度線図

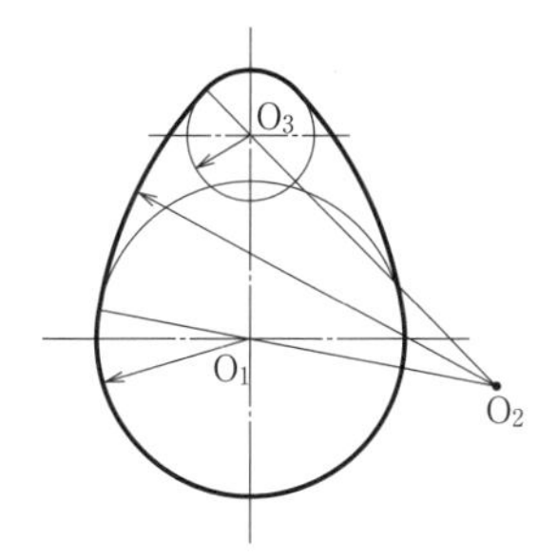

図 3・37　円弧カム

3・5・3　円弧カム

円弧カム（circular arc cam）は**図 3・37** のようにいくつかの円弧の連続からなるもので，この場合はフォロワの接触端は平面であってもよい．

【例題 3・2】　内燃機関の吸気弁を開閉するための接線カムにおいて，弁が開き始めてから閉じ終わるまでにカムは 110° 回るものとする．弁の行程 l を 8 mm，カムとフォロワとのすき間 e は 1 mm，カムの基礎円半径 R を 16 mm，丸み円の半径 r' を 4 mm，フォロワのロ

ーラの半径 r を 6 mm としてカムの形を描け．

解

$R=16$ mm として基礎円を描き，$\angle O_1OO_2=110°/2=55°$，$OO_1=R+e+r=23$ mm，$OO_2=R+e+r+l=31$ mm として O_1，O_2 の位置を定める．O_1 を中心として半径 r の円を描き，この円と基礎円との共通接線を描き，次に O_2 を中心として半径 r の円を描き，O を中心としてこの円に接する円弧を描き，両者を半径 r' の円弧でつなげればよい．

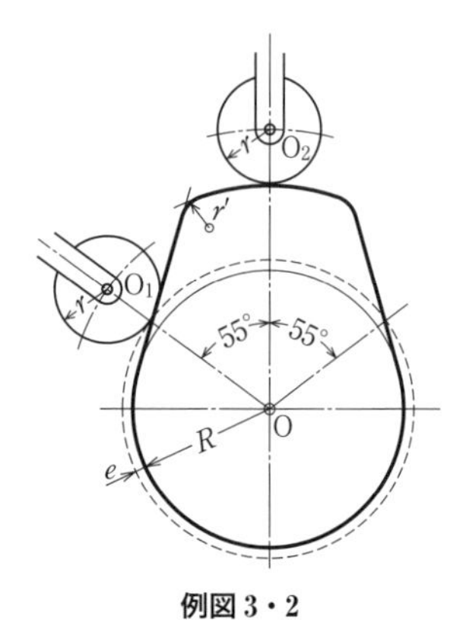

例図 3・2

3・6　確　動　カ　ム

3・2・3 項ですでに述べたように，普通のカム装置ではフォロワは機構学的には拘束されていないので，カムの輪郭曲線の動径が増加してゆく状態のときは，フォロワは押し上げられるが，減少してゆく状態のときは，重力またはばねの助けを借りなければフォロワはカムの輪郭曲線に追従しない．

ところが，フォロワに機構学的の拘束を与えたカム装置では，重力やばねの力を借りないでも，フォロワを確実にカムの輪郭曲線に追従させることができる．このようなカムを確動カムという．

図 3・3 に示した正面カムではカムは溝を備え，フォロワの一端がこの溝に入っているので，カムが回転をすればフォロワは確実に動かされる．

また，図 3・2（d）の**三角カム**（triangular cam）と呼ばれるものであるが，カ

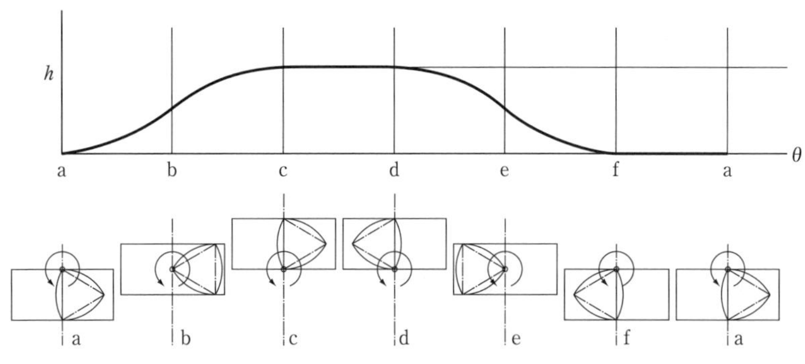

図 3・38　三角カムのカム線図

ムは正三角形の三つの頂点を中心とし，一辺を半径とした3本の円弧からなり，その一つの頂点を中心として回転する．フォロワは枠状をなしており，カムが1回転する間に，フォロワは**図3･38**のカム線図のように静止，単弦運動（上昇），静止，単弦運動（下降）という運動をする．映画のフィルムを1コマずつ送るのに用いられたことがある．

図3･39は円盤カムであるが，フォロワは二またとなってこれを挟んでいるので，このようにすれば確動カムとなる．

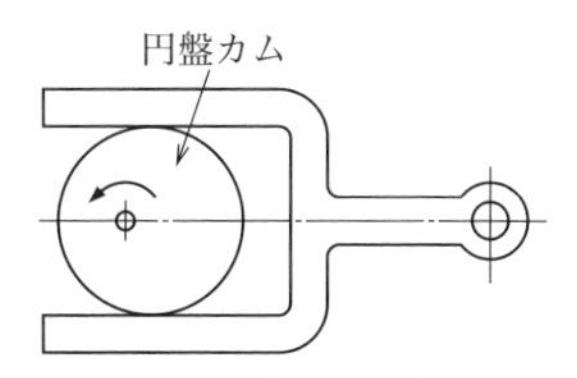

図3・39 確動カム化の例

そのほか，カムを2個用い，1個はフォロワを押し上げるのに用い，他の1個はフォロワを引き下げるのに用いるようにした確動カムもある．

3・7 立体カム

いままで述べたカムは平面カムであるが，図3･6〜3･10に示したように，円柱，円すい，球などよりなるカムを立体カムという．平面カムが多くの場合，フォロワに対しては，カムの回転軸に対し直角の方向の運動を与える．これに対して立体カムでは，カムの回転軸に平行の方向の運動を与えるものが多い．なお，立体カムは平面カムよりも複雑な運動を与える場合が多く，自動工作機械，印刷機械，繊維機械などによく用いられる．

図3･40もこの一例で，これではカムが4回転する間にフォロワに対して1往復を与えるもので，フォロワの先端にはEの舟形片を取り付けている．

これらの立体カムの形を求めるには，前と同様にしてカム線図を描き，これを円柱や円すいの周囲に巻き付けて溝を切ればよいのであるが，実際の製作は困難である．

図3･41は溝の代わりに突起を置いたもので，このほうが製作容易であり，また突起を付け替えることによってフォロワにいろいろな運動を与えることができるので，しばしば用いられる．

また，図3･9は円筒の端面を特殊形状にした端面カムであるが，図3･10の斜板カムも本質的には端面カムと同じものである．斜板カムにおいてはフォロワは単弦運動をする．

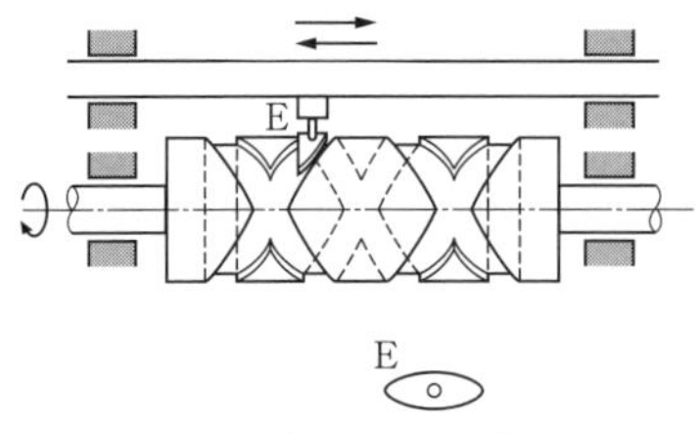

図3・40　溝を用いた立体カム

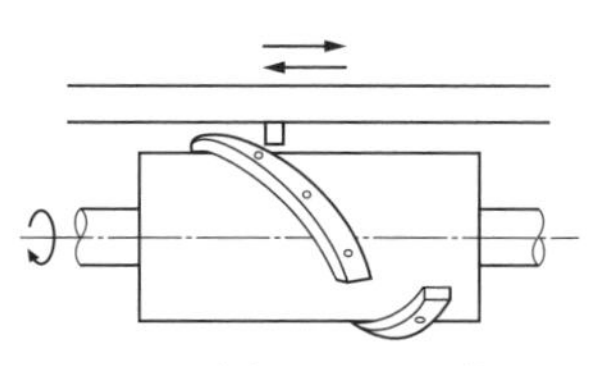

図3・41　突起を用いた立体カム

3・8 特殊カム

図3·4の直動カムは直線運動カムのことであって，普通はカムが回転運動をするのに対して，直動カムではカムは直線運動をする．この場合はカム線図をそのままカムの形とすればよい．**図3·42**は直動カムをベルト移動装置に用いた例である．

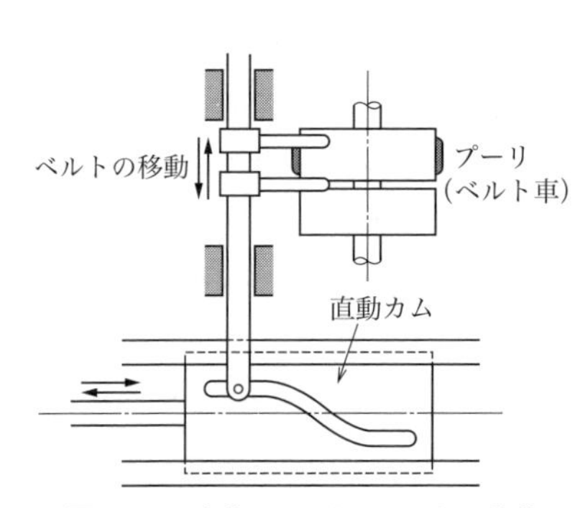

図3・42　直動カムによるベルトの移動

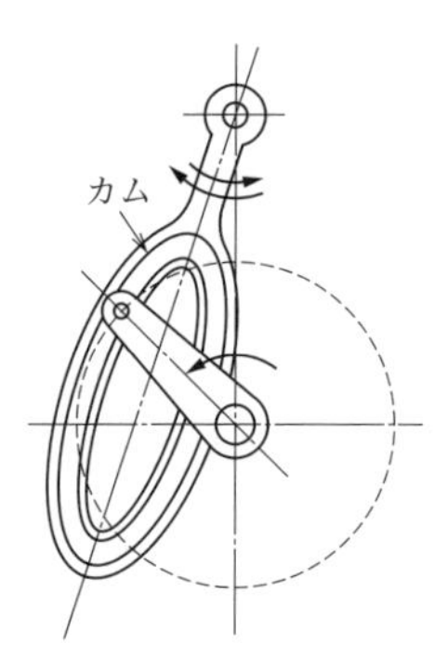

図3・43　反対カムの例

また，図3·5は反対カムであって，普通のカム装置ではカムに対して特殊形状が与えられているのに対し，これでは，カムはただのクランクでフォロワの一端に特殊形状溝が付けられ，それによりフォロワに特別運動を与えるようにしたもので，**図3·43**もその一例である．

また，**図3·44**のものではフォロワは固定され，カムAが回転するとカム自身が左右に往復運動をする．

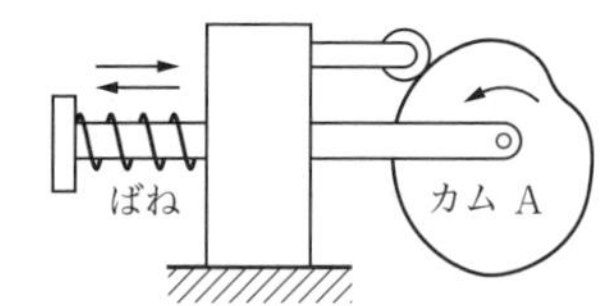

図3・44　カム自身が往復運動

3・9　板カム輪郭曲線の計算

先端形状が円や平板のカムフォロワに相対する平面カムの輪郭形状は，カムから見たカムフォロワ先端形状の移動曲線群の**包絡線**（envelope）となる．また，第5章で述べる平歯車歯形においても，相手歯車が移動する曲線群の包絡線が歯形曲線となる．さらに，図3･6〜3･9に示した立体カムにおいては，立体カムから見たカムフォロワ先端形状の空間移動曲面群の包絡面がカム面を与える．このように，すべり回り対偶の輪郭形状は，相対する機素の対偶部形状の包絡線や包絡面で与えられる．

ここでは，カムフォロワ先端がローラ形状であるハートカムを具体例とし，カムの輪郭形状である包絡線を導出する方法を紹介する．

図3･45にハートカムから見たフォロワ先端ローラ円の移動軌跡を示す．**図3･46**に示すハートカムの基礎円中心 O_C を原点とし，カムに固定されてカムと共に回転する座標系 O_C–xy を設定する．ハートカムの基礎円半径を r_g，リフトを l，フォロワ先端の円の半径を r_f とする．図3･45に示すように，カムの回転角度 θ，フォロワ先端の円を媒介変数 ϕ を用いて，O_C–xy から見たカムフォロワ先端の円が描く曲線群は

$$
{}^{c}\boldsymbol{x}(\theta,\ \phi)=\mathbf{Rot}(\theta)\cdot\mathbf{Trans}\left(r_g+r_f+\frac{l}{\pi}\theta,\ 0\right)\cdot\begin{bmatrix} r_f\cos\phi \\ r_f\sin\phi \\ 1 \end{bmatrix}=\begin{bmatrix} {}^{c}x(\theta,\ \phi) \\ {}^{c}y(\theta,\ \phi) \\ 1 \end{bmatrix} \tag{3・1}
$$

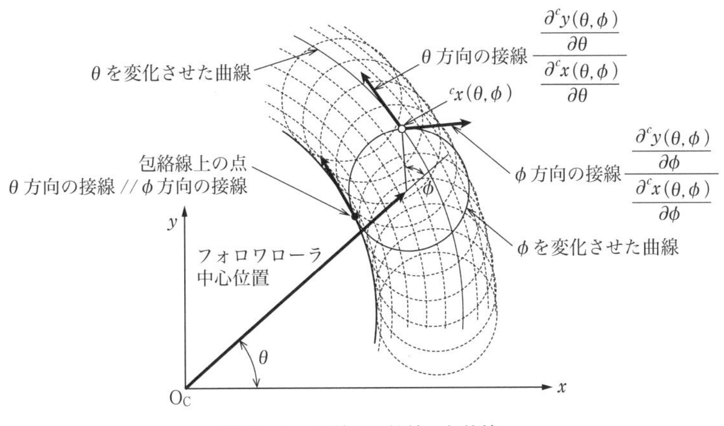

図3・45　曲線群の接線と包絡線

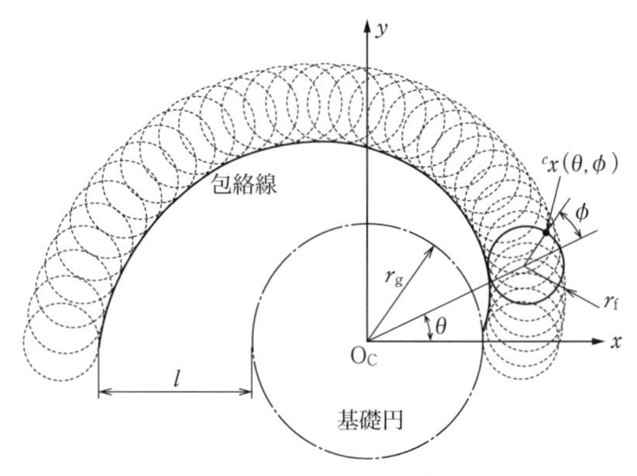

図3・46 ハートカムの輪郭曲線

で与えられる．式（3･1）において，平面上の点は式（1･55）の同次座標を用いて表現し，**Trans**，**Rot** はそれぞれ式（1･60），（1･61）に示す座標変換行列である．カム輪郭曲線はこの曲線群の包絡線となる．曲線群に対して，図3･45に示すように，曲線群を θ に関して偏微分した θ 方向の接線と，曲線群を ϕ に関して偏微分した ϕ 方向の接線が存在する．同図に示すように，この二つの接線方法が一致する場合が包絡線の条件となる．

$$\frac{\partial {}^{c}x(\theta,\ \phi)}{\partial \phi}\cdot\frac{\partial {}^{c}y(\theta,\ \phi)}{\partial \theta}-\frac{\partial {}^{c}x(\theta,\ \phi)}{\partial \theta}\cdot\frac{\partial {}^{c}y(\theta,\ \phi)}{\partial \phi}=0 \qquad (3\cdot 2)$$

式（3･1）の曲線群に関して式（3･2）を具体的に計算すると，フォロワ先端が円であるハートカムの包絡線の条件は

$$l\cos\phi+\{\pi(r_g+r_f)+l\theta\}\sin\phi=0 \qquad (3\cdot 3)$$

となる．式（3･3）を ϕ に関して解くと

$$\phi(\theta)=\tan^{-1}\left(\frac{-l}{\pi(r_g+r_f)+l\theta}\right) \qquad (3\cdot 4)$$

となり，これを式（3･1）に代入すると，カム輪郭曲線 ${}^{c}\boldsymbol{x}(\theta,\ \phi(\theta))$ が θ の関数として与えられる．

具体例として，基礎円半径 $r_g=15$ mm，カムフォロワ先端円半径 $r_f=5$ mm，リフト $l=20$ mm のハートカムの輪郭曲線を計算した例を**図3･46**に示す．

なお，カムフォロワ先端が直線であるカムにおいては，式（3･1）を

$$ {}^{c}\mathbf{x}(\theta, t)=\mathbf{Rot}(\theta)\mathbf{Trans}\left(r_g+\frac{l}{\pi}\theta,\ 0\right)\cdot\begin{bmatrix}0\\t\\1\end{bmatrix}=\begin{bmatrix}{}^{c}x(\theta,\ t)\\{}^{c}y(\theta,\ t)\\1\end{bmatrix} \qquad (3\cdot5) $$

のように置き換えて，同様の計算によって包絡線を求める．

演　習　問　題

（**1**）　板カムが半回転する間にフォロワが等速度で 20 mm 上昇し，残りの半回転する間にフォロワが等速度で最初の位置まで下降するような板カムの輪郭を描け．ただし，基礎円の直径は 30 mm とする．

（**2**）　問題（**1**）の場合，フォロワはその先端に直径 10 mm のローラをもつものとして輪郭曲線を描け．

（**3**）　板カムの 1 回転ごとにフォロワがリフト 15 mm の単弦運動で 2 回上下するような板カムの形を描け．ただし，基礎円の直径は 40 mm とし，フォロワには直径 10 mm のローラがあるものとする．

（**4**）　問図 1 のようなカム線図をもつ板カムの形を描け．ただし，基礎円の半径は 40 mm とする．

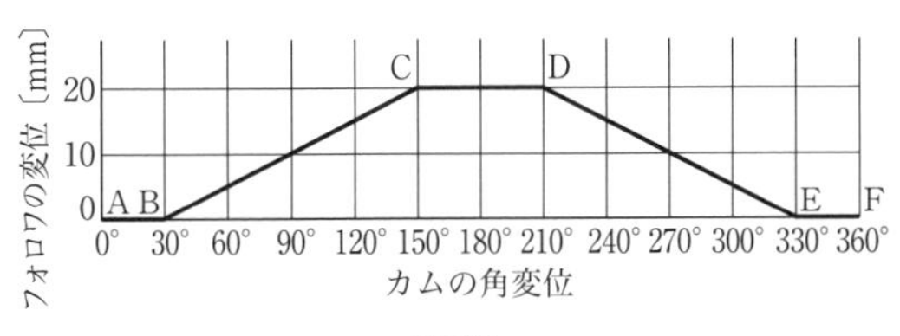

問図 1

（**5**）　問題（**4**）の場合に

①　フォロワの先端に半径 5 mm のローラがある場合

②　フォロワの末端が平面の場合

③　フォロワの中心線がカムの回転の中心に対して 10 mm のかたよりをもつ場合

について，それぞれカムの輪郭はどうなるか．

（**6**）　問図 2 のようなカム線図をもつ板カムの形を描け．ただし，基礎円の直径は 100 mm とし，フォロワはその先端に直径 20 mm のローラがあるものとする．

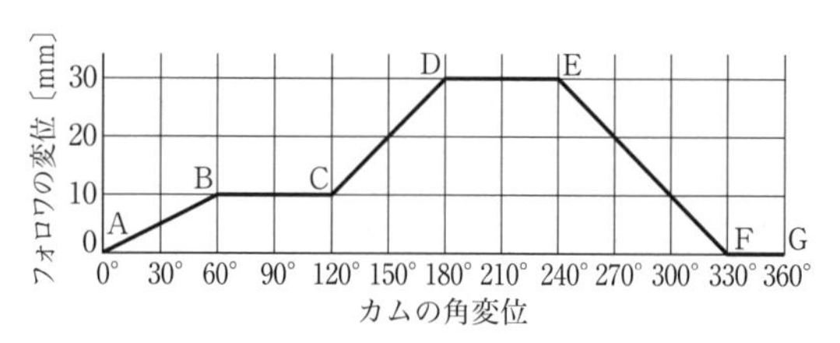

問図 2

（**7**） 4サイクル機関においては，カム軸はクランク軸の 1/2 で回転をする．いまクランク角でみて，吸気弁が上死点前 6° で開き始め，下死点後 38° で閉じ終わるものとする．弁のリフト l を 8 mm，弁が閉じているときのカムとフォロワとのすき間は 0.5 mm，カムの基礎円半径を 20 mm，丸み円の半径を 5 mm，フォロワにあるローラの半径を 8 mm として接線カムを描け．

第4章　摩擦伝動装置

4・1　転がり接触の条件

二つの節 A，B がそれぞれ O_A，O_B を中心として回転運動をし，P において互いに接しているとする（**図 4・1**）．P を節 A の上の点と考えれば，その速度の方向は O_AP に直角である．これを速度ベクトル v_A で表す．P が節 B 上の点であると考えれば，その速度の方向は O_BP に直角で，これを v_B で表す．そして，v_A，v_B を P 点における 2 曲線の法線方向の速度と接線方向の速度とに分解し，それぞれ v_A'，v_B'，v_A''，v_B'' とする．

まず，2 節が接触を保つためには法線方向の速度が等しくなければならない．すなわち $\overrightarrow{v_A'}=\overrightarrow{v_B'}$ である．次に，接線方向の速度の差がすべり速度となるのであるが，転がり接触ではすべりがあってはならないから，$\overrightarrow{v_A''}=\overrightarrow{v_B''}$ である．分速度が互いに等しければその合速度も等しくなる．すなわち $\overrightarrow{v_A}=\overrightarrow{v_B}$ である．これはベクトルであるから，大きさばかりでなく向きも同じで，二つのベクトルが完全に一致しなければならない．このことは，P 点が 2 節の回転中心を結ぶ線（中心連結線）O_AO_B 上になければ成り立たない（**図 4・2**）．したがって，2 節が転がり接触をするためには，その接触点は 2 節の回転中心の連結線上になければならない．

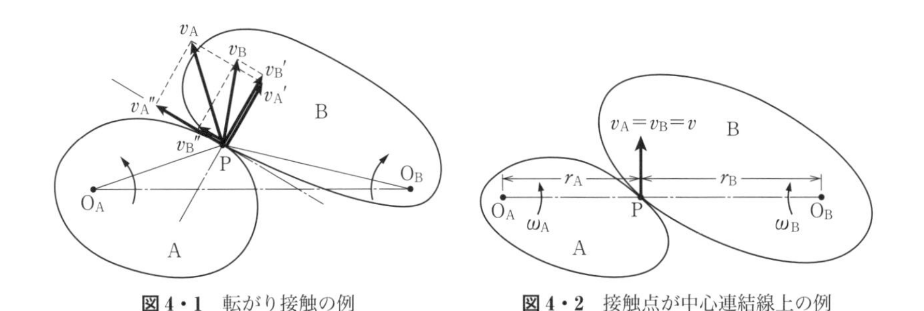

図 4・1　転がり接触の例

図 4・2　接触点が中心連結線上の例

このとき，2節の角速度を ω_A，ω_B〔rad/s〕，回転中心から接触点までの距離を r_A，r_B とすれば

$$v_A = r_A\omega_A, \quad v_B = r_B\omega_B$$

ところが $v_A = v_B$ であるから，角速度比 u は

$$u = \frac{\omega_B}{\omega_A} = \frac{r_A}{r_B} \qquad (4\cdot1)$$

となる．

すなわち，2節の角速度は接触点と回転中心との距離に反比例する．

なお，接触点が2節の回転中心の間にあるときは2節の回転方向は互いに反対であるが，**図4･3**のように中心を結ぶ線の延長上にあれば，2節の回転方向は同じである．このときの角速度比の関係はやはり式（4･1）で表される．

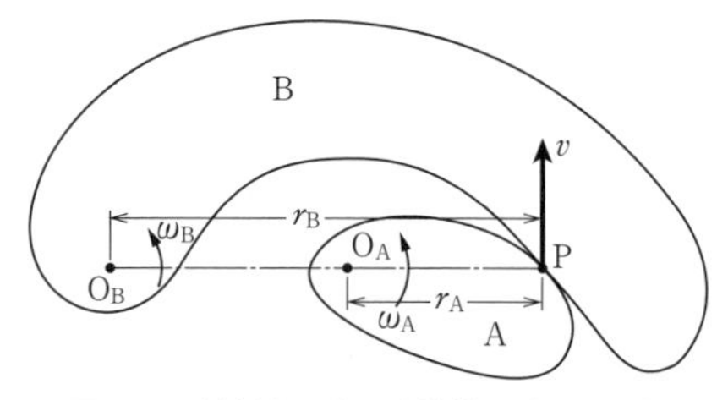

図4・3　接触点が中心連結線の延長上の例

4・2　転がり接触をなす曲線の求め方

4・2・1　図法による求め方

一つの節の曲線が与えられたとき，これと転がり接触をする相手の節の曲線は，接触点は常に2節の回転中心を結ぶ線の上になければならないという条件から求めることができる．

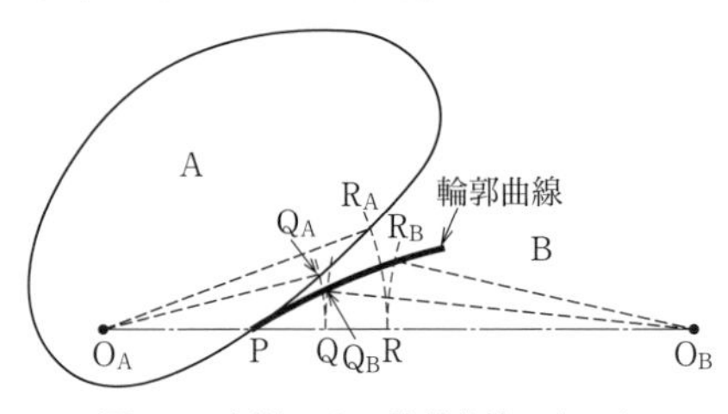

図4・4　図法による輪郭曲線の求め方

図4･4のように，両節の回転中心を O_A，O_B とし，節Aの輪郭曲線が与えられているとする．O_AO_B と曲線との交点をPとし，曲線上に Q_A，R_A などの点を，それらの点の間の曲線がほぼ直線とみなされる程度の小さい間隔にとる．O_A を中心とし $\overline{O_AQ_A}$ を半径とした円を描き，O_AO_B との交点をQとする．この点は，節Aが $\angle Q_AO_AQ$ だけ回転して Q_A が節Bの曲線と接触するときの位置である．次に，O_B を中心，$\overline{O_BQ}$ を半径とする円と，Pを中心，$\overline{PQ_A}$ を半径とする円との交点を Q_B とすれ

ば，これがQ_Aと接触すべき節Bの曲線上の点である．転がり接触をなす場合，輪郭曲線に沿った長さ$PQ_A=PQ_B$となるが，ここでは，輪郭曲線を直線と近似して，$\overline{PQ_A}=\overline{PQ_B}$となる点を求めている．

さらに，O_Aを中心，$\overline{O_AR_A}$を半径とする円と$\overline{O_AO_B}$との交点をRとし，O_Bを中心，$\overline{O_BR}$を半径とする円と，Q_Bを中心，$\overline{Q_AR_A}$を半径とする円との交点をR_Bとすれば，これは節A上のR_Aと接触すべき節Bの曲線上の点である．このようにして求めた点をなめらかな曲線で結べば，節Bの輪郭曲線が求められる．

4・2・2　計算による求め方

A，Bの2曲線がPで接しているとし（**図4・5**），それぞれ回転中心を極としO_AP，O_BPを原線とする極座標で表して

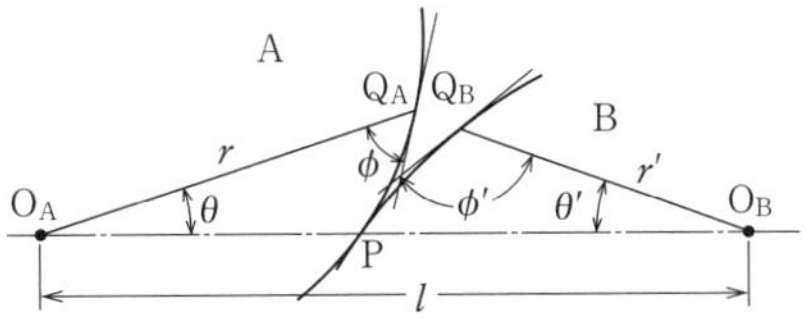

$$r=f(\theta)$$
$$r'=f(\theta')$$

図4・5　計算による輪郭曲線の求め方

とする．AとBとがそれぞれθ，θ'回転してQ_A，Q_Bが接触するものとすれば，このとき両曲線の接線は一致しなければならないから，接線と動径のなす角をϕ，ϕ'とすれば

$$\phi+\phi'=\pi$$
$$\therefore \quad \tan\phi=\tan(\pi-\phi')=-\tan\phi'$$

一般に極座標では

$$\tan\phi=\frac{rd\theta}{dr} \tag{4・2}$$

という関係があるから

$$\frac{rd\theta}{dr}=-\frac{r'd\theta'}{dr'}$$

また$r+r'=l$から，$dr=-dr'$となる．

$$\therefore \quad rd\theta=r'd\theta'=(l-r)d\theta',\quad d\theta'=\frac{r}{l-r}d\theta$$

$$\theta'=\int\frac{r}{l-r}d\theta+c \tag{4・3}$$

ただし，cは積分定数である．

すなわちA曲線の方程式$r=f(\theta)$が与えられれば，式（4・3）よりB曲線の

方程式を求めることができる．ただし，この方法によって輪郭曲線を求められるのは，与えられた曲線が簡単な方程式で表せるものに限る．

4・3　角速度比が変化する転がり接触

4・3・1　対数渦巻線車

対数渦巻線（logarithmic spiral）は極座標で

$$r=r_0e^{\theta/m}$$

と表される．これより

$$\frac{dr}{d\theta}=\frac{r_0e^{\theta/m}}{m}=\frac{r}{m}$$

式（4･2）より

$$\tan\phi=\frac{rd\theta}{dr}=m$$

すなわち，対数渦巻線ではどの位置でも接線と動径のなす角は一定であり，m がその正接を表す．

$$rd\theta=mdr$$

であるから，これを式（4･3）に入れて

$$\theta'=\int\frac{mdr}{l-r}+c=-m\log(l-r)+c$$

$\theta=0$ のとき $r=r_0$，$\theta'=0$，$r'=r_0'$ の条件を入れれば

$$0=-m\log(l-r_0)+c$$

$$c=m\log(l-r_0)$$

$$\therefore\quad \theta'=-m\log(l-r)+m\log(l-r_0)=-m\log\frac{l-r}{l-r_0}$$

$$r+r'=l$$

$$r_0+r_0'=l$$

なる関係から

$$\theta'=-m\log\frac{r'}{r_0'}$$

$$\frac{r'}{r_0'}=e^{-\theta'/m}$$

$$r'=r_0'e^{-\theta'/m}$$

図 4･6 に示すように，これは θ' の増加とともに r' は減少するが，与えられた

対数渦巻線と同じものである．すなわち，同じ対数渦巻線を極を中心として回転させると，転がり接触をすることがわかる．

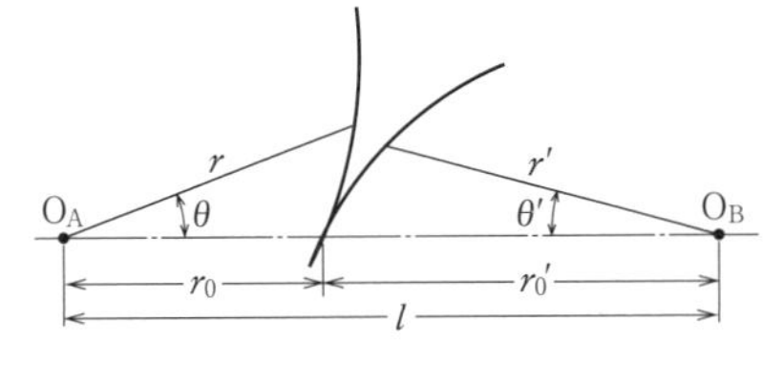

図4・6　対数渦巻線

なお，角速度比は式（4・1）のように動径の逆比となるので，動径が角度によって変化する対数渦巻線車は，角速度比が変化することとなる．

実際には対数渦巻線の動径は一様に増加または減少するので，輪郭の連続した車をつくることはできない．よって**図4・7**のように，その一部をつなぎ合わせたものを用いる．このような対数渦巻線車を**葉形車**（lobed wheel）といい，角速度比は周期的に変化する．

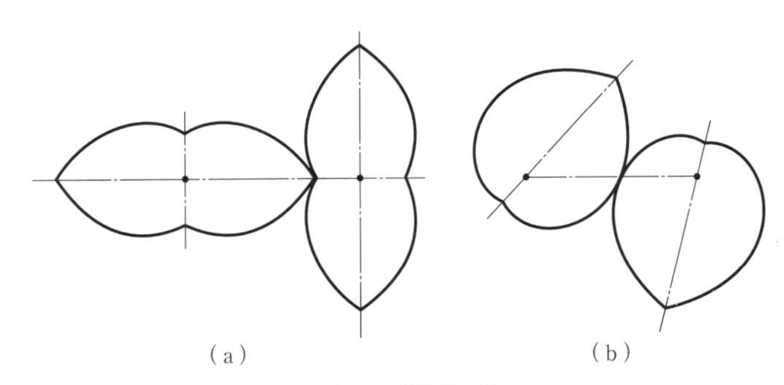

図4・7　葉形車の列

【例題4・1】　軸間距離が150 mmのとき，90°回転する間に角速度比が1/2から2に変化する対数渦巻線車の形を決定せよ．

解

角速度比が1/2のとき主動車の動径は50 mm，同2のときは100 mmとなる．したがって，動経が50 mmのときの動径角を0°とし，動径角が90°の間に動径が50 mmから100 mmになる対数渦巻線をその輪郭とする．

$\theta=0$ rad のとき，$r=50$ mm であるので

$$\frac{r}{r_0}=e^{\frac{0}{m}}=1$$

より，$r_0=50$ mm を得る．$\theta=\pi/2$ rad のとき，$r=100$ mm であるので対数渦巻線を変形

した

$$\log \frac{r}{r_0}=\frac{\theta}{m}$$

より

$$m=\frac{\pi/2}{\log(100/50)}=2.2662$$

を得る．

この値を対数渦巻線の式

$$r=r_0 e^{\theta/m}$$

に代入すれば，任意の角度 θ における対数渦巻線車の動径の長さを下表のように得ることができる．

θ〔°〕	0	10	20	30	40	50	60	70	80	90
r〔mm〕	50.00	54.01	58.33	63.05	68.04	73.49	79.37	85.73	92.59	100.00

4・3・2 だ 円 車

2個の同じ形のだ円A，Bを直線XYに関して対称の位置におき，かつXYを共通接線としてその上の点Pで互いに接するようにする．**図4･8**において，だ円の接線の性質から

$$\angle CPX=\angle DPY$$

また，XYに関して対称であるから

$$\angle DPY=\angle FPY$$

$$\therefore \quad \angle CPX=\angle FPY$$

したがって，3点C，P，Fは同一直線上になる．かつ

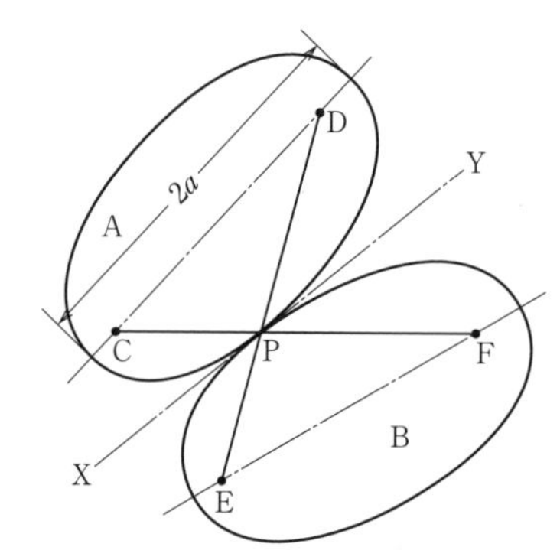

図4・8 だ円車の転がり接触

$$\overline{CF}=\overline{CP}+\overline{PF}=\overline{CP}+\overline{PD}=2a \text{（長軸の長さ）}$$

すなわち，二つの同形のだ円の焦点C，Fを長軸の長さの距離におき，これを中心として回転させれば転がり接触をする．このような車を**だ円車**（elliptical wheel）という．

図4･9において，だ円の長軸，短軸の長さをそれぞれ $2a$，$2b$ とすると，最大

角速度比 u_{max}，最小角速度比 u_{min} は

$$u_{max}=\frac{a+\sqrt{a^2-b^2}}{a-\sqrt{a^2-b^2}} \qquad (4\cdot4)$$

$$u_{min}=\frac{a-\sqrt{a^2-b^2}}{a+\sqrt{a^2-b^2}} \qquad (4\cdot5)$$

となる．

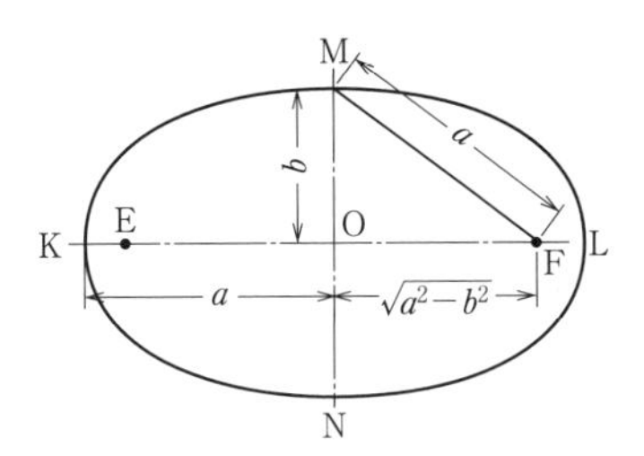

図 4・9　だ円の長短軸の長さと焦点の関係

【例 題 4・2】　軸間距離が 200 mm で $u_{max}=9$, $u_{min}=1/9$ ならば，だ円車の長軸と短軸の長さはそれぞれいくらか．

解

軸間距離は長軸の長さに等しいから，図 4･9 において，$\overline{KL}=200$ mm，$u_{max}=\overline{KF}/\overline{LF}=9$ であるから

$$\overline{KF}=200\times9/10=180\text{ mm}$$

$$\overline{LF}=200\times1/10=20\text{ mm}$$

$$\overline{OF}=180-100=80\text{ mm}$$

$$\overline{MO}=\sqrt{\overline{MF}^2-\overline{OF}^2}=\sqrt{\overline{OL}^2-\overline{OF}^2}=\sqrt{100^2-80^2}=60\text{ mm}$$

$$\therefore\quad \overline{MN}=120\text{ mm}$$

4・4　角速度比一定の転がり接触

4・4・1　2 軸が平行な場合

2 節が転がり接触をするときは，接触点は 2 節の回転中心を結ぶ線上にあり，その角速度比は，式（4･1）に示すように接触点から回転中心までの距離に反比例する．この比が一定であるためには，接触点 P は O_AO_B 上の定点でなければならない（**図 4･10**）．したがって，2 節の輪郭曲線の形はともに回転中心を中心とする円となる．

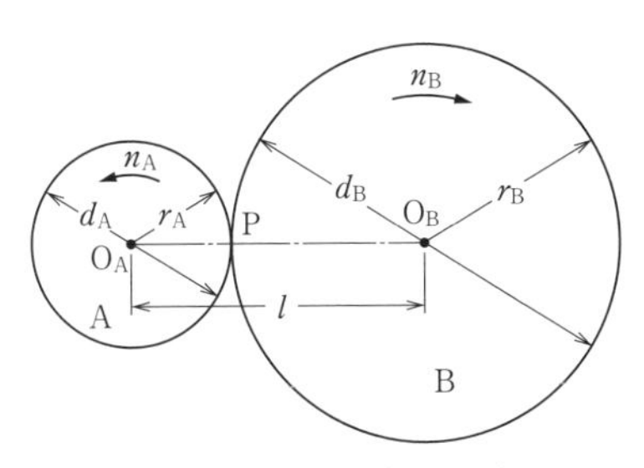

図 4・10　2 軸が平行な場合

角速度 ω〔rad/s〕と回転数 n〔rpm〕の関係は

$$\omega=\frac{2\pi n}{60}=\frac{\pi n}{30} \qquad (4\cdot6)$$

であるから，角速度比 u は

$$u=\frac{\omega_B}{\omega_A}=\frac{n_B}{n_A}$$

となり，角速度比と回転数比は同じとなる．以降では，u を速度比（速比）と総称する．図 4·10 の場合の速度比は

$$u=\frac{\omega_B}{\omega_A}=\frac{n_B}{n_A}=\frac{r_A}{r_B}=\frac{d_A}{d_B} \tag{4・7}$$

である．ただし，d は直径である．中心距離を l とすれば

$$\frac{d_A}{2}+\frac{d_B}{2}=l$$

中心距離 l と速度比 u が与えられたとき2節の直径を求めるには，上の2式を解いて

$$d_A=\frac{2l}{1+1/u}, \quad d_B=\frac{2l}{1+u} \tag{4・8}$$

となる．なお，実際に車としてつくる場合は幅があるから，円柱面を接触面とし円柱の母線に沿って接触する車となる．

また，**図 4·11** のように2節が内接する場合にも，式（4·7）は成り立つが，中心距離との関係は

$$\frac{d_B}{2}-\frac{d_A}{2}=l$$

となるから，これらの式から

$$d_A=\frac{2l}{1/u-1}, \quad d_B=\frac{2l}{1-u} \tag{4・9}$$

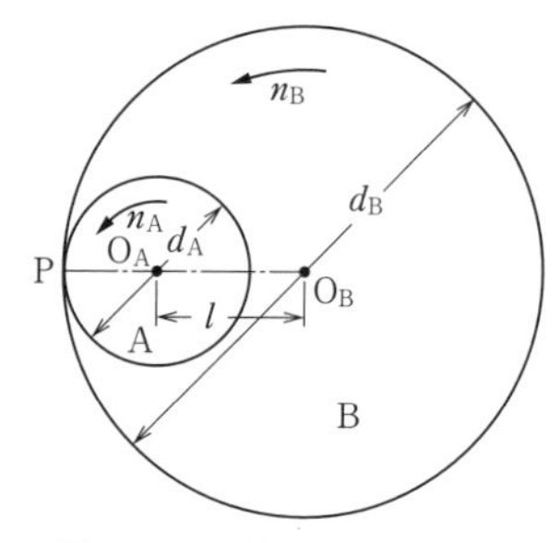

図 4・11　2節が内接する場合

が得られる．

なお，2節が外接する場合は逆方向に，内接する場合は同方向に回転する．

4・4・2　2軸が交わる場合

この場合，接触面は円すい面となり，円すいの母線に沿って接触する．2軸のなす角を α，円すいの頂角の半分を θ_A，θ_B とし，接触線上の一点Pから軸に下した垂線の長さをそれぞれ r_A，r_B とすれば，速度比 u は**図 4·12** から

$$u=\frac{n_B}{n_A}=\frac{r_A}{r_B}=\frac{\overline{VP}\sin\theta_A}{\overline{VP}\sin\theta_B}$$

$$=\frac{\sin\theta_A}{\sin(\alpha-\theta_A)}$$

$$=\frac{\sin\theta_A}{\sin\alpha\cos\theta_A-\cos\alpha\sin\theta_A}$$

$$=\frac{\tan\theta_A}{\sin\alpha-\cos\alpha\tan\theta_A}$$

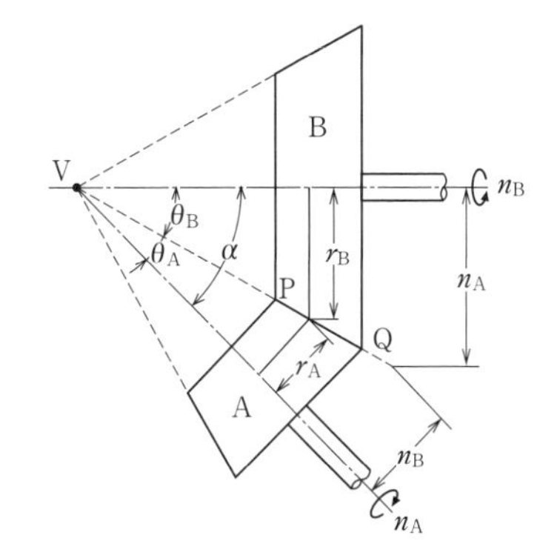

図 4・12　2 軸が交わる場合

これより

$$\tan\theta_A=\frac{\sin\alpha}{1/u+\cos\alpha}$$

$$\tan\theta_B=\frac{\sin\alpha}{u+\cos\alpha} \qquad (4・10)$$

この式から 2 軸の角度 α と速度比 u が与えられたとき，θ_A，θ_B を求めることができる．

また

$$u=\frac{n_B}{n_A}=\frac{\sin\theta_A}{\sin\theta_B}$$

の関係から，図 4・12 に示すように B の軸から任意の尺度で n_A の距離に引いた線と，A の軸から同じ尺度で n_B の距離に引いた線との交点を Q とし，V と Q を結べば，これが円すい車の接触線となり，θ_A，θ_B を図法で求めることができる．なお，$\alpha=90°$ のときは

$$\tan\theta_A=u$$

$$\tan\theta_B=\frac{1}{u} \qquad (4・11)$$

となる．

【例題 4・3】　2 軸の交角が 120° で速度比を 2 にするには，円すい車の頂角をそれぞれ何° にすればよいか．

解

式（4・10）において $\alpha=120°$，$u=2$ とすれば

$$\tan\theta_A=\frac{\sin 120°}{\frac{1}{2}+\cos 120°}=\frac{\frac{\sqrt{3}}{2}}{\frac{1}{2}-\frac{1}{2}}=\infty$$

$$\theta_A = 90°$$

$$\tan\theta_B = \frac{\sin 120°}{2+\cos 120°} = \frac{\frac{\sqrt{3}}{2}}{2-\frac{1}{2}} = \frac{\sqrt{3}}{3} = \frac{1}{\sqrt{3}}$$

$$\theta_B = 30°$$

したがって，**例図 4･1** のように A は円板になり，B の頂角は 60° となる．

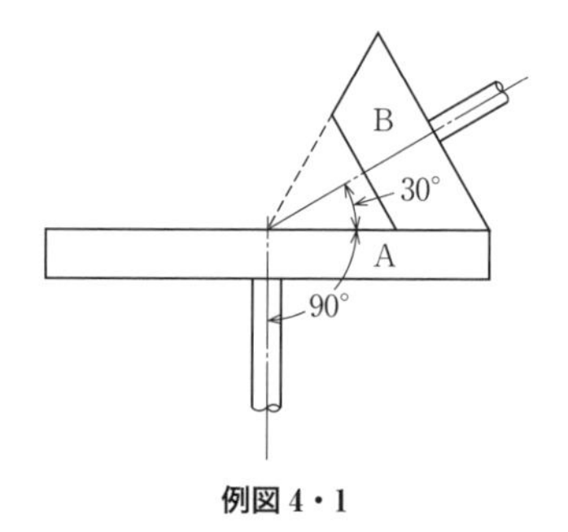

例図 4・1

4・4・3　2軸が平行でもなく，交わりもしない場合

この場合の接触面は**単双曲線回転面**（hyperboloid of revolution of one sheet）となる．この面は，**図 4･13** に示すように平行でもなく交わりもしない2直線の一方が他を中心として回転したときできる面で，直線を母線とするいわゆる**線織面**（ruled surface）である．

いま，AA′，BB′ が平行でもなく交わりもしない2軸とする（**図 4･14**）．これらの共通垂線を MN とし，MN 上の一点 P を通りこれに垂直な直線を CC′ とする．CC′ を AA′ のまわりに回転すれば曲面 a ができ，CC′ を BB′ のまわりに回転すれば曲面 b ができる．このとき，この2曲面は直線 CC′ に沿って接しているわけである．$\overline{MP}$，$\overline{NP}$ を半径とする円がそれぞれの曲面の最も直径の小さな部分となる．この円を**のど円**（gorge circle）と呼ぶ．

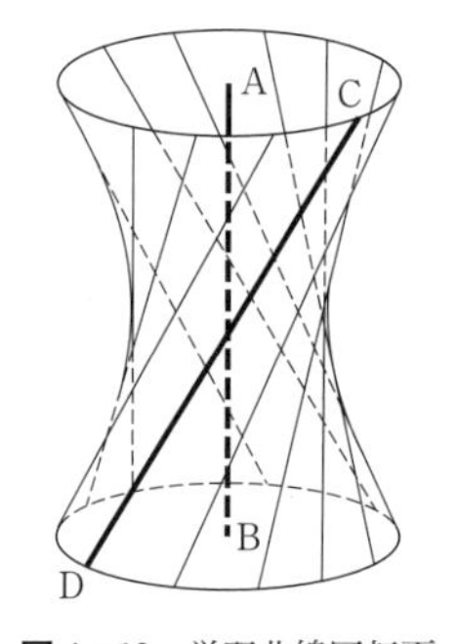

図 4・13　単双曲線回転面

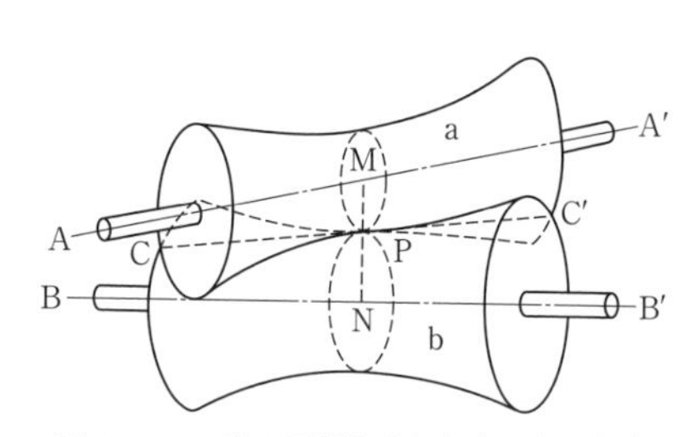

図 4・14　2軸が平行も交わりもしない場合

いま，**図 4･15** のように，のど円上の接点 P における両車の速度をそれぞれ v_A，v_B とすれば，その方向はそれぞれの軸および共通垂線 MN に垂直である．角速度を ω_A，ω_B，のど円の半径を r_A，r_B とすれば

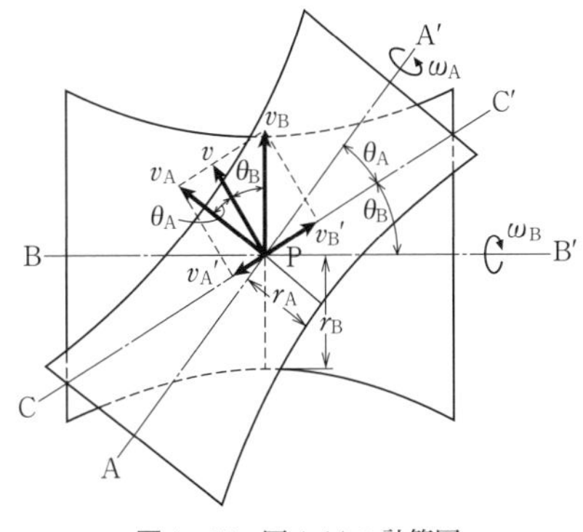

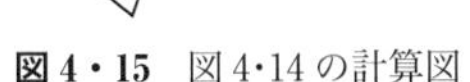
図4・15　図4・14の計算図

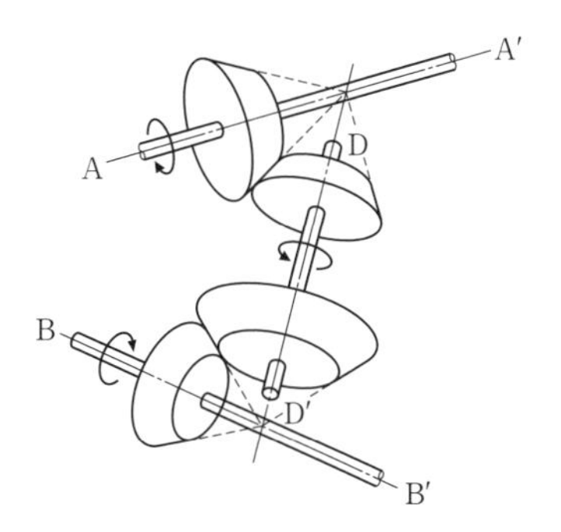

図4・16　単双曲線回転運動のつくり方

$$v_A = r_A\omega_A,\quad v_B = r_B\omega_B$$

この速度を接触線CC′に沿う方向の速度とこれに直角方向の速度とに分解すると，転がり接触をするためにはCC′に直角方向の速度は等しくなければならない．CC′とそれぞれの車の軸となす角をθ_A，θ_Bとすれば

$$v_A\cos\theta_A = v_B\cos\theta_B,\quad r_A\omega_A\cos\theta_A = r_B\omega_B\cos\theta_B$$

$$\therefore\quad u = \frac{\omega_B}{\omega_A} = \frac{r_A\cos\theta_A}{r_B\cos\theta_B} \qquad (4\cdot12)$$

なお，CC′方向の分速度の差（この場合，絶対値の和）はこの方向におけるすべり速度となる．

実際に単双曲線回転面を正確につくることは困難であるので，**図4•16**のように2軸に交わる軸DD′をつくり，これに2個の円すい車を取り付け，各軸に設けられた円すい車と接触させて2軸間に回転運動を伝えることができる．

4・5　摩　　擦　　車

4・5・1　摩　擦　車

転がり接触をなす二つの曲線を輪郭にもつ車によって回転運動を伝えるとき，原動車の動径が増加する方向に回転するならば，従動車に回転を与えることができるが，断面円形の車の場合には，すべりを生じて確実に運動を伝えることはできない．したがって，適当な方法で半径方向に圧力を作用させ，接線方向の摩擦力により回転を伝えなければならない．このような車を**摩擦車**（friction wheel）という．

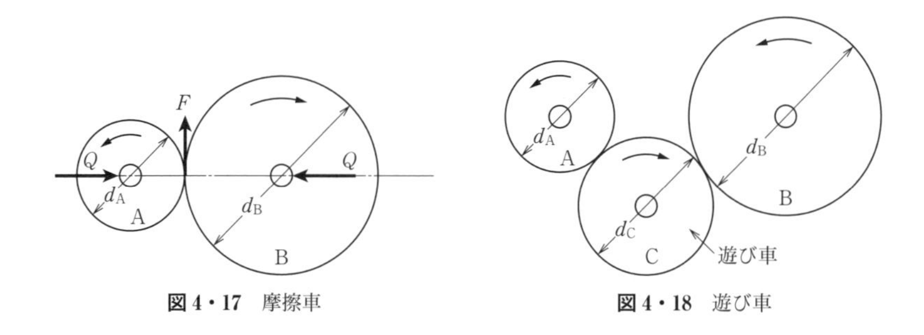

図4・17 摩擦車　　図4・18 遊び車

摩擦力を利用するのであるから，車の材料として，金属以外に摩擦の多い材料として木，皮，ゴムなどを用いることが多い．この場合，原動車のほうに摩耗しやすい材料を使う．これは，従動車の荷重が増加したときすべりを生じて原動車のみ回転することがあるが，原動車のほうが車周の全面にすべりを生ずるので，このほうに摩耗しやすい材料を用いれば一様に摩耗し，円形の輪郭を損じることがないからである．

図4•17 のように，両車を押しつける力（“圧力”ではないので注意されたい）を Q，両車間の摩擦係数を μ とすれば，最大の伝達力 F は

$$F=\mu Q \tag{4・13}$$

である．

いま**図4•18** のように，A，Bの2車の間にC車を入れてA→C→Bの順に転がり接触をさせるとすれば，速比は

$$u_{AC}=\frac{d_A}{d_C},\quad u_{CB}=\frac{d_C}{d_B}$$

$$u_{AB}=u_{AC}\cdot u_{CB}=\frac{d_A}{d_C}\cdot\frac{d_C}{d_B}=\frac{d_A}{d_B}$$

A，Bを直接に接触させた場合は

$$u=\frac{d_A}{d_B}$$

であるから，C車を入れても入れなくても速度比には変わりがない．ただB車の回転方向が異なるだけである．このC車を**遊び車**（idle wheel）という．

4・5・2 溝付き摩擦車

普通の円柱形の摩擦車の表面に円周に沿ってV字形の溝を付けたものを**溝付**

き摩擦車（grooved friction wheel）という．これは摩擦による回転力を増大させるためである．**図4・19**（b）において両車を押し付ける力をQ，接触面の法線方向に作用する力をR，摩擦係数をμとすれば，摩擦力はμRである．溝の角度をαとすれば，半径方向の力のつり合いから

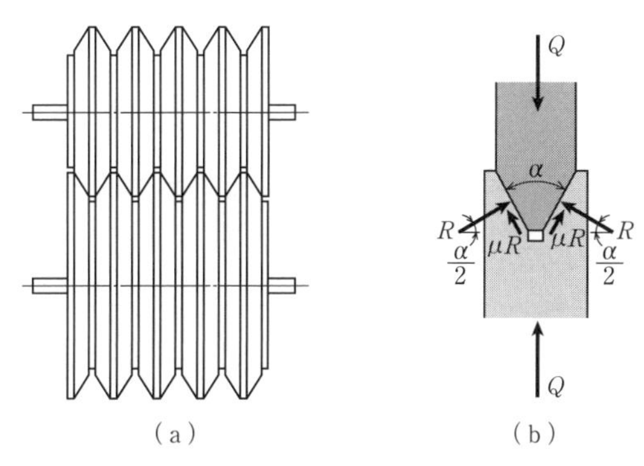

図4・19　溝付き摩擦車

$$Q=2R\sin\frac{\alpha}{2}+2\mu R\cos\frac{\alpha}{2}$$

$$R=\frac{Q}{2\left(\sin\dfrac{\alpha}{2}+\mu\cos\dfrac{\alpha}{2}\right)}$$

摩擦による回転力Fは

$$F=2\mu R=\frac{\mu Q}{\sin\dfrac{\alpha}{2}+\mu\cos\dfrac{\alpha}{2}} \qquad (4\cdot14)$$

溝がない場合は$F=\mu Q$であるから，溝のない場合に比べて摩擦係数が$1/\left(\sin\dfrac{\alpha}{2}+\mu\cos\dfrac{\alpha}{2}\right)$倍されたと考えてもよい．いま

$$\alpha=30°,\quad \mu=0.2$$

とすれば

$$\mu/\left(\sin\frac{\alpha}{2}+\mu\cos\frac{\alpha}{2}\right)=0.44$$

となり，溝がない場合と比べて大きな摩擦力が得られる．

4・5・3　変速摩擦伝動装置

摩擦車の速度比は直径に反比例するから，軸に摩擦車を付け替えることによっ

て速度比を変えることができる．しかし，これでは速度比の変化が階段的であるので，連続的に変化させるためには，円板，円柱，円すい，球などを組み合わせ，その接触位置をずらせる装置を用いる．

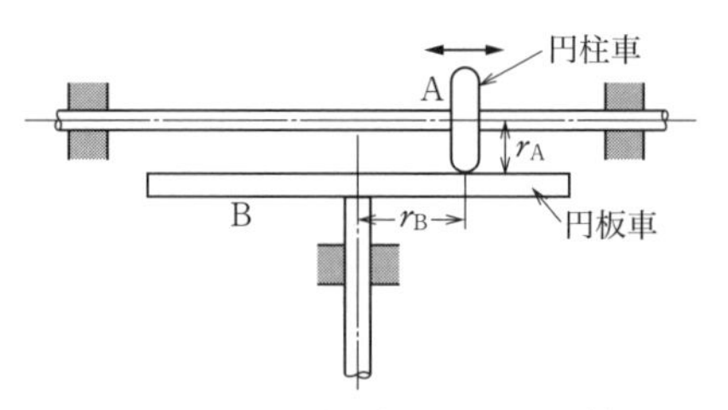

図 4・20 変速摩擦伝動装置の例（1）

図 4・20 は円柱車 A の側面を円板車 B の表面に押し付けたもので，円柱車の位置をずらすことにより速度比を変化させる．すなわち

$$u=\frac{n_B}{n_A}=\frac{r_A}{r_B}$$

であるが，r_A は一定で r_B の大きさが変化する．またこの装置では，A が B の中心の右にあるときと左にあるときとでは従動車の回転の方向が異なる．ただこの装置では，円柱車 A の側面ではどの部分も線速度が等しいが，円板車 B の表面では，回転中心からの距離に比例して線速度が異なるので，両車が接触したとき，1か所以外は速度が違うためすべりが起こるのは避けることができない．したがって，円柱車の幅をあまり厚くしないほうがよい．

なお，この装置では，摩擦力を生じさせるために，円板を常に円柱車にばねその他の方法で押し付けることが必要である．図には省略してあるが，以下の装置においても同様である．

図 4・21（a）は，軸が平行な二つの円板車 A，B の中間に円柱車 C を挿入し，これを軸方向に移動させて接触位置を変化させ，速度比を変えるものである．

同図（b）では，円すい車の側面に円柱車を押し付け，円柱車を軸方向にずらせて速度比を変えるようにしてある．

同図（c）は，2 個の円すい車の間に円柱車を入れ，円柱車を軸方向に移動させて円すい車の付いた平行 2 軸間の速度比を変えるものである．

同図（d）は，前図（c）の円柱車の代わりに環状をしたベルトを入れ，その位置をずらせて速度比を変えるものである．図（c）では A，B の 2 車の回転方向が同じであるが，この装置では回転方向が逆になる．

同図（e）は，円柱車 A，B の側面に球面体 C を接触させ，球面体を紙面に直角な軸 O のまわりに首を振らせて接触位置を変える．これにより球面体の回転

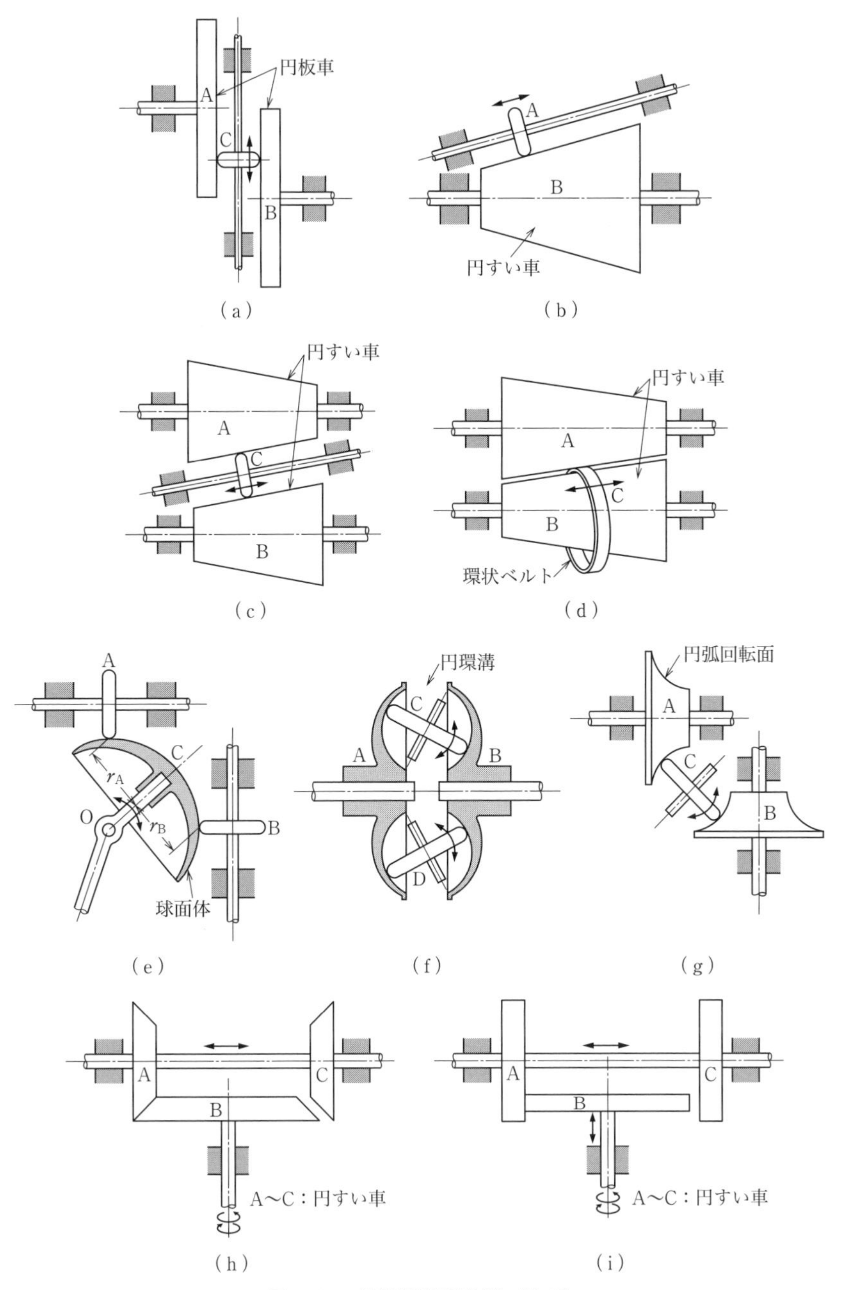

図 4・21　変速摩擦伝動装置の例 (2)

軸から接触位置までの距離 r_A，r_B が変わるから，二つの円柱車の速度比が変化する．

同図 (f) は，円環状の溝をもった二つの車の中間に摩擦車C，Dを入れ，C，Dの軸の傾きを同時に変えてA，Bとの接触位置を変えるものである．

同図 (g) では，円弧回転面をもつ車A，Bの中間に摩擦車Cを入れ，その傾きを変える．

同図 (h) は，同形の円すい車A，Cを一つの軸に付け，これを軸方向に動かし，A，Cのいずれかが円すい車Bと接触するようにして回転方向を逆にするものである．

同図 (i) は，前図の円すい車の代わりに円板車を付けたもので，回転方向を変えるばかりでなく，Bを軸方向に移動することにより回転比も変えることができる．またこれは，Bの軸受部をねじにしてプレスに用いられている．

【例題4・4】 図4·20の装置において，両車の接触位置が変化したとき，Aが原動車で回転数が一定の場合のBの回転数の変化，およびBが原動車で回転数が一定の場合のAの回転数の変化を比較せよ．

解

Aが原動車の場合は

$$n_B = \frac{r_A}{r_B} n_A$$

となり，r_A が一定であるから，Bの回転数は r_B に反比例する．Bが原動車の場合は

$$n_A = \frac{r_B}{r_A} n_B$$

になり，Aの回転数は r_B に比例する．その関係をグラフで示せば**例図4·2**のようになる．

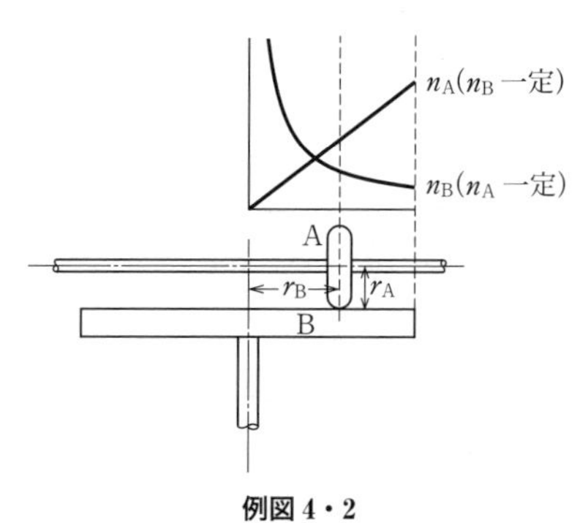

例図4・2

演 習 問 題

(**1**) 対数渦巻線 $r=r_0 e^{\theta/m}$ を極を中心として回転させるとき，これと同方向に回転して転がり接触をする曲線を求めよ．

(**2**) 200 mm の距離にある平行 2 軸の間に，だ円車の転がり接触によって回転を伝えようとする．速度比が 4 から 1/4 に変化するとすれば，だ円の長軸と短軸の長さはそれぞれいくらか．

(**3**) 300 mm 離れた平行 2 軸の間に摩擦車で回転を伝え，600 rpm を 200 rpm にしようとするには，摩擦車の直径をそれぞれ何 mm にすればよいか．

(**4**) 前問題において両車間の摩擦係数を 0.2 とし，両車を 2 kN の力で押し付けるとすれば，最大何 kW の動力を伝えることができるか．

(**5**) 60° をなす 2 軸の間に円すい摩擦車で回転を伝えようとする．速度比を 1/4 とすれば，円すいの半頂角の大きさはそれぞれ何° か．

(**6**) 図 4･21（b）の摩擦伝動装置において，円すい車 A の位置に対して，A が原動車で角速度が一定のときの B の角速度の変化，および B が原動車で角速度が一定のときの A の角速度の変化の状態をグラフで示せ．

(**7**) 図 4･21（c）の摩擦伝動装置において，A が原動車で角速度が一定のとき，C の位置に対する B の角速度の変化の状態をグラフで示せ．ただし，A と B は同じ大きさの円すい車とする．

第5章　歯　車　装　置

5・1　すべりをともなう接触の条件

節 1，節 2 がそれぞれ O_1，O_2 を中心として回転し，Q で接触しているとする（**図 5・1**）．Q を節 1 の上の点と考えれば，その速度 v_1 の方向は O_1Q に直角であり，節 2 の上の点と考えれば，その速度 v_2 の方向は O_2Q に直角である．いま，v_1，v_2 をそれぞれ共通法線方向の分速度 v_1'，v_2' および共通接線方向の分速度 v_1''，v_2'' に分解する．両節が接触を保つためには，共通法線方向の分速度は等しくなければならない（すべりがあるから接線方向の分速度は等しくない）．すなわち $v_1'=v_2'$ である．

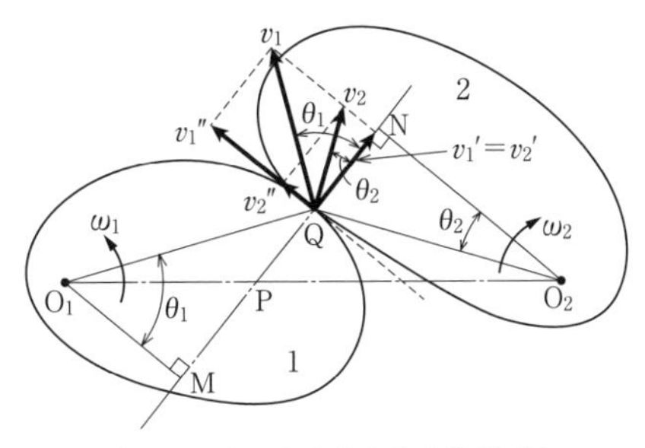

図 5・1　すべりをともなう接触（1）

両節の角速度を ω_1，ω_2 とし，v_1，v_2 が共通法線となす角を θ_1，θ_2 とすれば

$$v_1'=v_1\cos\theta_1=\overline{O_1Q}\omega_1\cos\theta_1,\quad v_2'=v_2\cos\theta_2=\overline{O_2Q}\omega_2\cos\theta_2$$

であるから

$$\overline{O_1Q}\omega_1\cos\theta_1=\overline{O_2Q}\omega_2\cos\theta_2$$

角速度比を u とすれば

$$u=\frac{\omega_2}{\omega_1}=\frac{\overline{O_1Q}\cos\theta_1}{\overline{O_2Q}\cos\theta_2}$$

O_1，O_2 から共通法線に垂線を下ろし，その足を M，N とすれば

$$\angle QO_1M=\theta_1,\quad \angle QO_2N=\theta_2$$

となるから

$$\overline{O_1Q}\cos\theta_1=\overline{O_1M},\quad \overline{O_2Q}\cos\theta_2=\overline{O_2N}$$

$$\therefore \quad u=\frac{\overline{O_1M}}{\overline{O_2N}}$$

次に，共通法線がO_1O_2と交わる点をPとすれば

$$\triangle O_1PM \backsim \triangle O_2PN$$

であるから

$$\frac{\overline{O_1M}}{\overline{O_2N}}=\frac{\overline{O_1P}}{\overline{O_2P}}$$

$$\therefore \quad u=\frac{\omega_2}{\omega_1}=\frac{\overline{O_1P}}{\overline{O_2P}} \tag{5・1}$$

すなわち，すべりをともなう接触の角速度比uは，接触点における共通法線が回転中心を連結する線を分ける長さに反比例する．なお，4･4･1項に示したように角速度比は回転数比と等しく，歯車機構ではこれを速比という．

このとき，接線方向の分速度の差がすべり速度となる．これをv_sとすれば

$$v_s=v_1''-v_2''=v_1\sin\theta_1-v_2\sin\theta_2=\overline{O_1Q}\omega_1\sin\theta_1-\overline{O_2Q}\omega_2\sin\theta_2$$

図5･1より

$$\overline{O_1Q}\sin\theta_1=\overline{MQ},\quad \overline{O_2Q}\sin\theta_2=\overline{NQ}$$

であるから

$$v_s=\overline{MQ}\omega_1-\overline{NQ}\omega_2=(\overline{MP}+\overline{PQ})\omega_1-(\overline{PN}-\overline{PQ})\omega_2$$
$$=(\omega_1+\omega_2)\overline{PQ}+(\overline{MP}\omega_1-\overline{PN}\omega_2)$$

式（5･1）から

$$\frac{\omega_2}{\omega_1}=\frac{\overline{O_1P}}{\overline{O_2P}}=\frac{\overline{MP}}{\overline{PN}},\quad \overline{MP}\omega_1=\overline{PN}\omega_2$$

$$\therefore \quad v_s=(\omega_1+\omega_2)\overline{PQ} \tag{5・2}$$

なお，**図5･2**に示すように，接触点における共通法線がO_1O_2の延長上にくるときも式（5･1）が成り立つが，両節の回転方向は同じである．また，そのときのすべり速度は次のようになる．

$$v_s=(\omega_1-\omega_2)\overline{PQ} \tag{5・3}$$

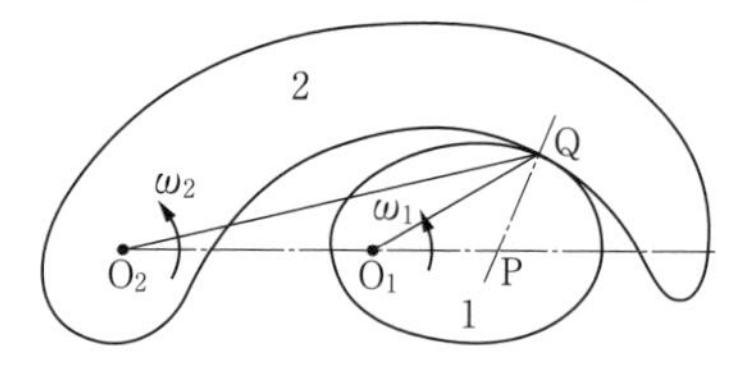

図5・2 すべりをともなう接触（2）

5・2　歯車の歯形としての条件

一般の機械においては，2軸の間に回転運動を伝えるのに一定角速度比の伝動を行うほうが多い．これには摩擦車を使用することもできるが，摩擦車では摩擦力だけに頼るのであるから，大きな回転力を伝えることができない．また，多少のすべりは避けられないから，厳密な一定角速度比の伝動はむずかしい．確実な伝動をさせるために車の接触面に歯を付けてかみ合わせたものが**歯車**（gear）である．

歯車の歯はすべりをともなう接触をなすのであるが，式（5･1）に示すように，その角速度比は接触点における共通法線が両節の回転中心を結ぶ線を2分する長さに反比例するから，角速度比が一定であるためには，共通法線が常に回転中心を連結する線上の定点にこなければならない．両節が回転するとき，この点の両節上の軌跡を求めれば，図5･3に示すようにそれぞれ回転中心を中心とした円となる．この円を**ピッチ円**（pitch circle）という．そして，この定点，すなわち，このピッチ円の接点を**ピッチ点**（pitch point）という．言い換えれば，**図5･3**に示すように，二つの歯車の歯の接触点Qにおける共通法線は，常にピッチ点Pを通らなければならない．そして，二つの歯車の回転運動は，ピッチ円を輪郭とする二つの摩擦車の運動と同じである．

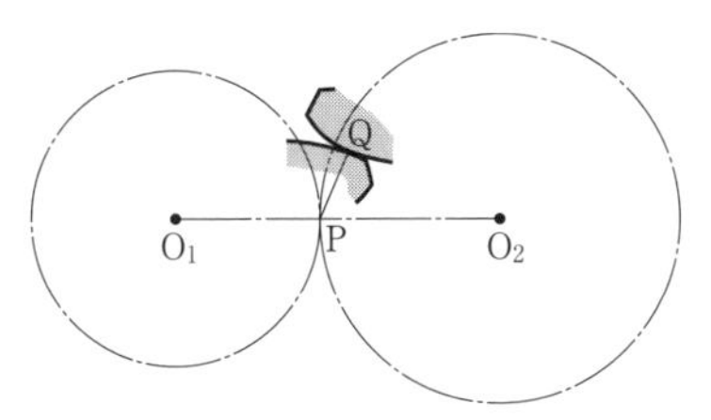

図5・3　ピッチ円とピッチ点

歯車の歯形としては，理論的には上にあげた条件を満足すればよいのであるが，実際には，効率，製作や取扱いの難易，その他を考えれば，その種類は限定されてくる．

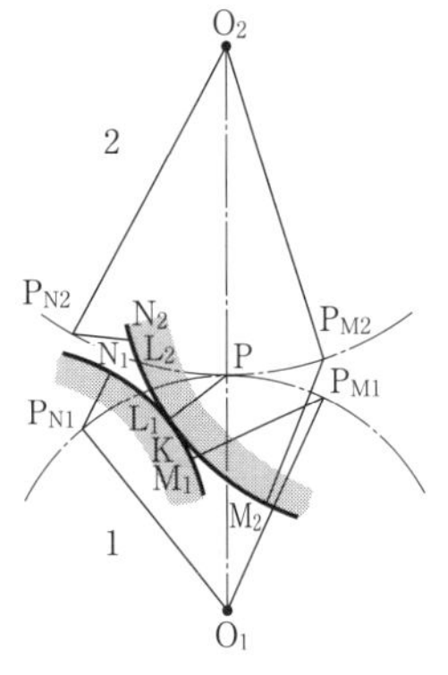

図5・4　歯形の求め方

5・3　歯形の求め方

接触点における共通法線がピッチ点を通るという条件から，一方の歯車の歯形が与えられたとき，これにかみ合う相手の歯車の歯形を求めることができる．**図5･4**に示すように，ピッチ点Pから，与えられた歯車1の歯形に法線を引き，歯形曲線との交点をKとすれば，求める歯車2の歯形はこの点で1の歯形に接するはずである．また歯形がピッチ円と交わる点をL_1とし，歯車2のピッチ円上に$\widehat{PL_1}=\widehat{PL_2}$となるように$L_2$をとれば，この点は歯車2の歯形上の点となる．これは，両歯車が回転すればL_1とL_2とはピッチ点で接することになるからである．

次に，歯車1のピッチ円上に点P_{M1}をとり，ここから1の歯形に法線を引きその交点をM_1とする．歯車2のピッチ円上に$\widehat{PP_{M1}}=\widehat{PP_{M2}}$となるように$P_{M2}$をとる．$P_{M1}$，$P_{M2}$をそれぞれの歯車の中心$O_1$，$O_2$と結び

$$\angle O_1P_{M1}M_1+\angle O_2P_{M2}M_2=180°$$

$$\overline{P_{M1}M_1}=\overline{P_{M2}M_2}$$

となるようにM_2をとれば，M_2はM_1と接触すべき歯車2上の点である．同様にしてN_2などの点をとり，これらをなめらかな曲線で結べば，求める歯車2の歯形ができ上がる．

また，包絡線によって歯形を求める方法もある．**図5･5**において，歯車2のピッチ円を固定し，そのまわりに歯車1のピッチ円を転がす．このピッチ円とともに動く歯車1の歯形の位置を次々と歯車2上に描き，この包絡線を求めれば，歯車2の歯形が得られる．この方法は**創成法**（generating process）と呼ぶ歯切法の原理をなすものである．

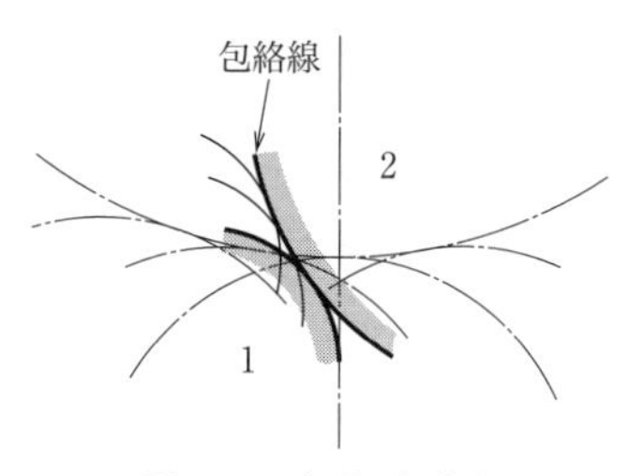

図5・5　歯形の創成法

図5･6（a）に示すように，歯車と同じ形をした**ピニオンカッタ**（pinion cutter）や，同図（b）の直線歯形である**ラックカッタ**（rack cutter）を用い，切削

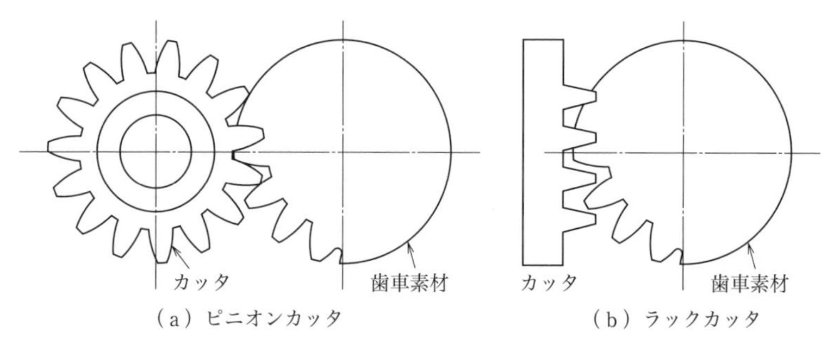

（a）ピニオンカッタ　（b）ラックカッタ

図5・6　創成法

すべき歯車素材との間にちょうど歯車同士がかみ合うような運動を与えると同時に，カッタを歯車素材の軸方向に送って切削を行わせれば，素材はカッタの刃の運動の包絡線として歯を創成することができる．

なお，数学的に包絡線を計算して創成される歯形を求める方法については5･17節で述べる．

5・4　歯車各部の名称

図5･7は歯車の歯の断面を示したものである．歯車の歯のかみ合いにあずかる面を**歯面**（tooth surface）といい，このうちピッチ円から外側（内歯車の場合，内側）の歯面を**歯末の面**（tooth face），ピッチ円から内側（内歯車の場合，外側）の歯面を**歯元の面**（tooth flank）という．また，ピッチ円から外側の歯の高さ h_k を**歯末のたけ**（addendum），ピッチ円から内側の歯の高さ h_f を**歯元のたけ**（dedendum），$h(=h_k+h_f)$ を**全歯たけ**（whole depth）という．

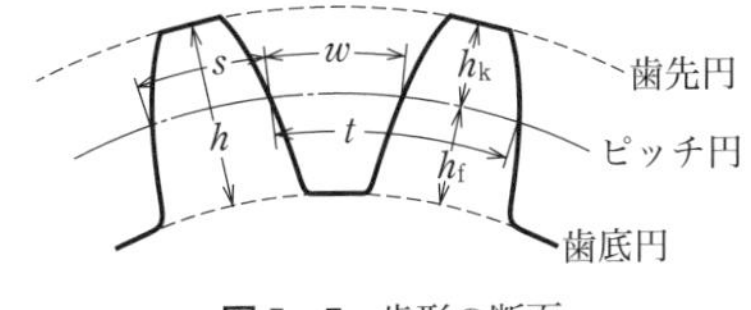

図5・7　歯形の断面

歯先を通りピッチ円と同心の円を**歯先円**（addendum circle, outside circle），歯の根元を通りピッチ円と同心の円を**歯底円**（dedendum circle, root circle）と名付ける．かみ合う相手の歯車の歯末のたけを h_k' とするとき，h_f-h_k' を**頂げき**（top clearance）という．

ピッチ円上で測った一つの歯の上の点とその隣の歯のこれに対応する点までの距離 t を**円ピッチ**（circular pitch）または単にピッチ（pitch）と呼ぶ．また，ピッチ円上で測った歯の厚さ s を**歯厚**（tooth thickness），ピッチ円上で測った歯のすき間の長さ w を**歯溝の幅**（space thickness）という．普通 w は s' よりわずかに大きくなっている．この差 $w-s'$ を**バックラッシュ**（backlash）と呼ぶ．また，歯車の軸方向に測った歯の長さを**歯幅**（face width）という．

ピッチ円の直径を d，歯数を z とすれば

$$t=\frac{\pi d}{z} \tag{5・4}$$

となり，t の値は無理数となって，小数点以下適当な位で止めたとしても半端な数値となる．このため d を単位mmで表したとき

$$m=\frac{d}{z} \tag{5・5}$$

で示した m を**モジュール**（module）と名付け，歯車各部の寸法を決める基準の数値とする．たとえば，標準寸法の歯すなわち**並歯**（full depth tooth）では，歯末のたけ h_k を m に等しくとる．また，頂げきの値は 0.25 m 以上にするなどである．実際の歯車に用いるべき m の値は JIS で決められている．ピッチは

$$t=\pi m \tag{5・6}$$

で示される．互いにかみ合う一組の歯車では，ピッチは等しくなければならないから，m も等しくなければならない．

かみ合う二つの歯車のピッチ円の直径を d_1，d_2，歯数を z_1，z_2 とすれば

$$d_1=mz_1,\ d_2=mz_2$$

となるから，歯車の中心距離を a とすれば

$$a=\frac{d_1}{2}+\frac{d_2}{2}=\frac{m}{2}(z_1+z_2) \tag{5・7}$$

となる．

アメリカ，イギリスなど長さの単位にインチを用いる国では，d をインチで表したとき

$$P=\frac{z}{d} \tag{5・8}$$

で示した P を**ダイヤメトラルピッチ**（diametral pitch）といい，これを歯車の寸法を決める基準の数値としている．ピッチ t〔インチ〕は

$$t=\frac{\pi}{P} \tag{5・9}$$

となる．モジュールとダイヤメトラルピッチとの関係は

$$m=\frac{25.4}{P} \tag{5・10}$$

である．

5・5 インボリュート歯形

5・5・1 歯形としてのインボリュート

図 5･8 に示すように円のまわりに糸を巻き付け，その端を持って引っ張りながら糸を巻きほどいていくとき，糸の端の描く軌跡を円の**インボリュート**（invo-

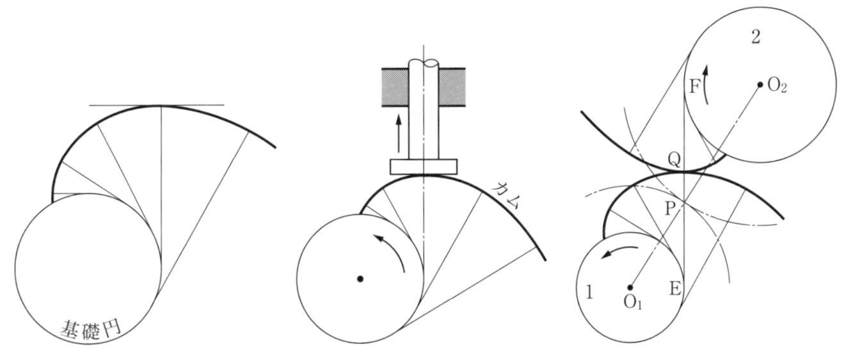

図5・8　インボリュート軌跡　図5・9　インボリュートとカム　図5・10　二つのインボリュート

lute）という．そして，糸の巻き付いている円を**基礎円**（base circle）と呼ぶ．このとき糸の線がインボリュートの法線となる．

インボリュートは，**図5･9**に示すようにカムとして利用することができる．この場合，カムの回転角とフォロワの変位とは比例する．

次に，この直線運動をするフォロワの代わりに，**図5･10**のようにもう一つのインボリュートを用いれば，1の回転により2も回転する．このとき，インボリュートの性質として二つの基礎円への共通接線EFがインボリュートの共通法線となり，接触は常にこの上で行われる．基礎円の中心O_1，O_2を結ぶ線とEFとの交点をPとすれば，インボリュートの接触がどこで行われても，共通法線はこのP点を通ることになる．したがって，O_1，O_2を歯車の中心としインボリュートを歯形とすれば，歯車の歯形としての条件を満足しているわけである．そしてPがピッチ点となり，$\overline{O_1P}$，$\overline{O_2P}$がそれぞれの歯車のピッチ円半径となる．なお，この運動は，基礎円をプーリ（ベルト車）としてベルトをクロスベルト（十字掛け）にした場合と同じものである．このときEFがベルトの位置である．

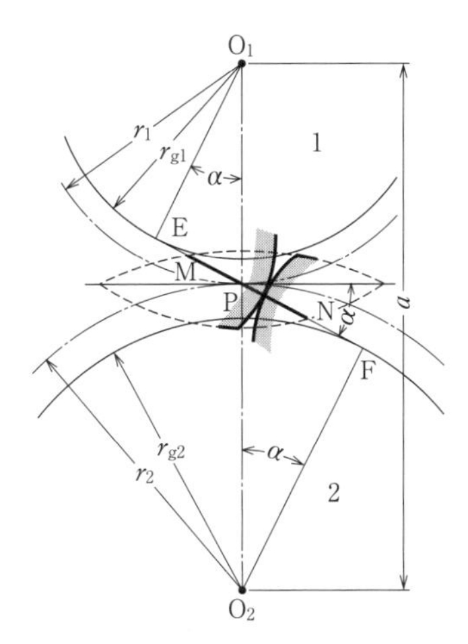

図5・11　圧力角α

インボリュートを歯車として用いれば，**図5･11**のような接触状態となり，基礎円の共通接線がそれぞれの歯先円ではさまれる部分 MN が接触点軌跡である．この線とピッチ円の共通接線となす角 α を**圧力角**（pressure angle）という．インボリュート歯形では，かみ合い中の圧力角は常に一定である．普通，α は 20° を標準とする．また

$$\angle EO_1P = \angle FO_2P = \alpha$$

となるから，ピッチ円半径を r_1，r_2，基礎円半径を r_{g1}，r_{g2} とすれば

$$r_{g1} = r_1 \cos\alpha,\quad r_{g2} = r_2 \cos\alpha \qquad (5\cdot11)$$

である．

角速度比は

$$u = \frac{\omega_2}{\omega_1} = \frac{r_1}{r_2} = \frac{r_{g1}}{r_{g2}} \qquad (5\cdot12)$$

また，歯数を z_1，z_2，ピッチを t とすれば

$$z_1 = \frac{2\pi r_1}{t},\quad z_2 = \frac{2\pi r_2}{t}$$

であるから

$$\frac{r_1}{r_2} = \frac{z_1}{z_2}$$

$$\therefore\quad u = \frac{\omega_2}{\omega_1} = \frac{z_1}{z_2} \qquad (5\cdot13)$$

なお，歯車の中心距離 a との関係は

$$a = r_1 + r_2 = \frac{r_{g1} + r_{g2}}{\cos\alpha} \qquad (5\cdot14)$$

または

$$\cos\alpha = \frac{r_{g1} + r_{g2}}{a} \qquad (5\cdot15)$$

となる．

いま，歯車の中心距離を変化させて a' とした場合を考えてみる．インボリュートの基礎円は，その歯車に特有のもので変化はないが，**図 5･12** に示すとおり基礎円の共通接線の位置が変わって E′F′ となる．しかし，インボリュートの性質としてこれが歯形の共通法線となり，接触は常にこの上で行われる．

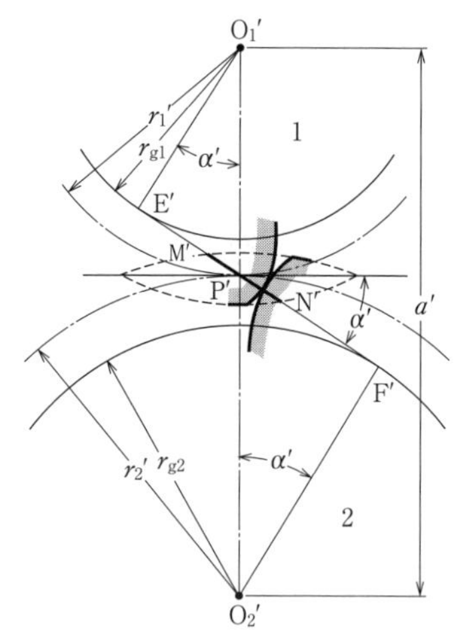

図 5・12 中心距離を変化させたときの圧力角 α'

そして，$E'F'$ と $O_1'O_2'$ との交点を P' とすれば，この点は定点であり，共通法線は常に P' を通ることになり，歯車の歯形としての条件を満足している．このとき P' がピッチ点である．圧力角は前と異なり α' となり，その大きさは

$$\cos\alpha' = \frac{r_{g1} + r_{g2}}{a'} \tag{5・16}$$

から求められる．接触点軌跡は $M'N'$ となり，ピッチ円の大きさも r_1'，r_2' と変り

$$r_1' = \frac{r_{g1}}{\cos\alpha'},\quad r_2' = \frac{r_{g2}}{\cos\alpha'} \tag{5・17}$$

である．しかし，角速度比は

$$u = \frac{\omega_2}{\omega_1} = \frac{r_1'}{r_2'} = \frac{r_{g1}}{r_{g2}}$$

となり，中心距離が変化する前と同じである．この中心距離が変わっても角速度比が変わらないということが，インボリュート歯形の大きな長所である．

5・5・2　ラックおよび内歯車

歯車のピッチ円半径が無限大になり直線となった場合，これを**ラック**（rack）という．これにかみ合う歯車が回転運動をすれば，ラックは直線運動をする．

図 5・11 において O_2 を無限の下方に遠ざければ，歯車 2 のピッチ円は直線になる．それにつれて F も無限に遠ざかるから，歯車 2 のインボリュート曲線は，極限において PF に垂直な直線になる．すなわち，インボリュート歯形ではラックの歯形は直線である．

ここで，ラックを切れ刃とすれば，前述のピニオンカッタと同様に歯車の創成歯切りができる．この場合，切れ刃が直線となるため，砥ぎ直しが容易であり，きわめて都合がよい．この点がインボリュート歯形のもう一つの大きな特徴である．ラック状の切れ刃をもつ工具として，円筒面に切れ刃をらせん状に配置した**ホブ**（hob）が広く使われている．

なお，ラックの位置を歯車 1 に対してずらせて，**図 5・13** に示す破線の位置にもってきても，歯車 1 の歯面がラックの歯面と接触する位置は変わらない．また，圧力角もピッチ円の位置にも変化はない．すなわちインボリュート歯形では，歯車同士の

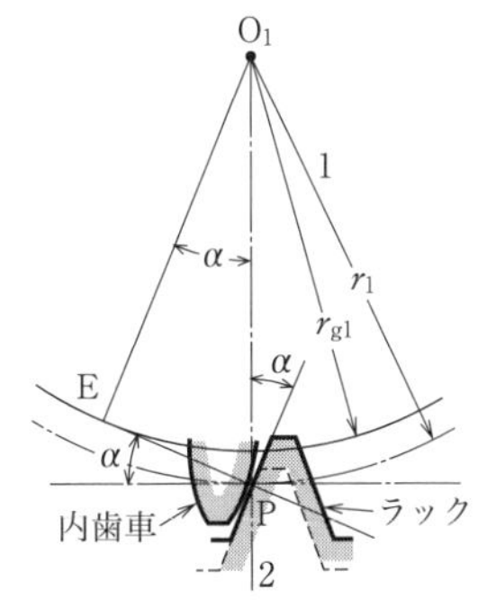

図 5・13　ラックと内歯車

接触のときは，中心距離が決まって初めて圧力角とピッチ円が決まるのであるが，歯車とラックの接触のときは，歯車の中心位置をずらせても圧力角と歯車のピッチ円の大きさは常に一定である．歯車の基礎円半径を r_{g1}，ピッチ円半径を r_1，圧力角を α とすれば

$$r_1 = \frac{r_{g1}}{\cos\alpha}$$

である．

二つの歯車のピッチ円が内接するときは，大きいほうの歯車の歯は中心方向に向かう．これを**内歯車**（internal gear）という．内歯車では，インボリュート曲線に対して外歯車の場合と反対側が歯面になる．**図5･14**は内歯車と外歯車の接触の状態を示す．この場合，歯面は凸面と凹面が接触している．中心距離 a を変えれば圧力角とピッチ円半径が変わることは外かみ合いの場合と同様で，この間の関係は

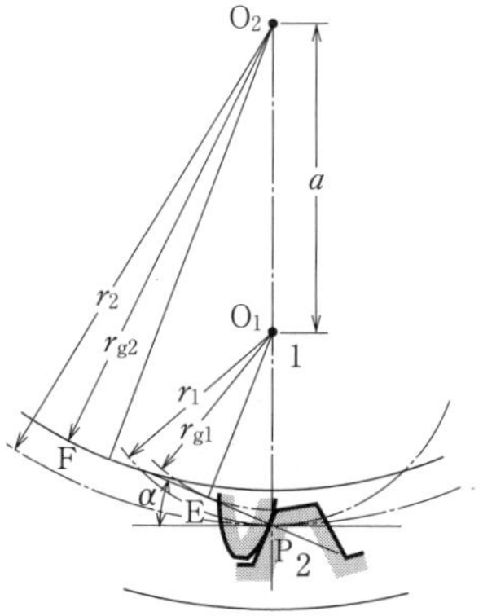

$$\cos\alpha = \frac{r_{g2} - r_{g1}}{a} \quad (5・18)$$

$$r_1 = \frac{r_{g1}}{\cos\alpha},\ r_2 = \frac{r_{g2}}{\cos\alpha} \quad (5・19)$$

で示される．

図5・14　内歯車と外歯車の接触

内歯車はラック形状の工具では加工できないため，ピニオンカッタを工具とする**ギヤシェーパ**（gear shaper）が用いられる．内歯車は後述する遊星歯車の構成部品として利用される．

5・6　サイクロイド歯形

5・6・1　歯形としてのサイクロイド

図5･15に示すように，固定された直線に沿って円が転がるとき，円周上の点の描く軌跡を**普通サイクロイド**（common cycloid）という．また，固定された円の外側に沿って円が転がるとき，転がり円の周上の点の軌跡を**外転サイクロイド**（epicycloid），固定された円の内側を円が転がるとき，転がり円の周上の点の軌跡を**内転サイクロイド**（hypocycloid）という．いずれの場合も，サイクロイ

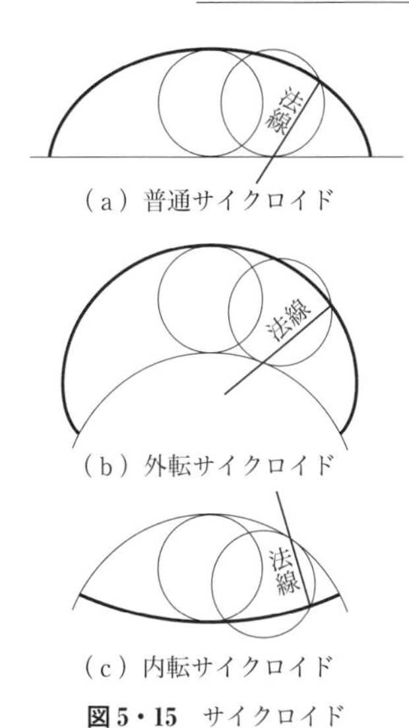

（a）普通サイクロイド

（b）外転サイクロイド

（c）内転サイクロイド

図 5・15　サイクロイド

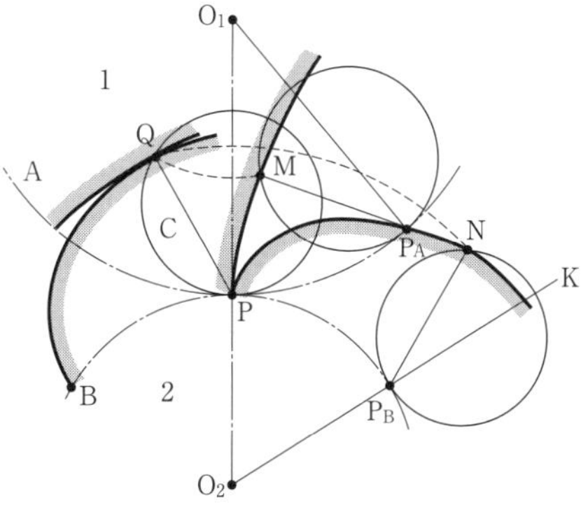

図 5・16　サイクロイド歯形の証明

ド上の与えられた点と，その位置に転がり円がきたときの転がり円と固定直線，または転がり円と固定円との接点を結ぶ直線がサイクロイドの法線となる．

いま，このサイクロイドが歯車の歯形としての条件を満足することを証明しよう．**図 5・16** において，A，B がそれぞれ歯車 1，歯車 2 のピッチ円で P がピッチ点である．まず，転がり円 C を P において A に内接，B に外接した位置におく．C が A の内側を転がり，P_A で A に接する位置にきたとき内転サイクロイド PM を描いたとする．また，C が B の外側を転がり，P_B で B に接する位置にきたとき外転サイクロイド PN を描いたとする．ただし

$$\overset{\frown}{PP_A}=\overset{\frown}{PP_B} \qquad (5\cdot20)$$

にとる．サイクロイドの性質から

$$\overset{\frown}{MP_A}=\overset{\frown}{PP_A},\quad \overset{\frown}{NP_B}=\overset{\frown}{PP_B}$$

$$\therefore\quad \overset{\frown}{MP_A}=\overset{\frown}{NP_B}$$

したがって

$$\overline{MP_A}=\overline{NP_B} \qquad (5\cdot21)$$

ここで，MP_A，NP_B はそれぞれのサイクロイドの法線である．また

$$\angle MP_AO_1=\angle NP_BK \qquad (5\cdot22)$$

ピッチ円が転がり接触をして P_A と P_B が P において接するときは，式（5・20）

〜(5･22) の関係から，MP_A と NP_B が QP の位置で重なることがわかる．そして，これが共通法線となる．したがって，共通法線がピッチ点を通ることになるから，円 A の内側を円 C が転がってできた内転サイクロイドと，円 B の外側を円 C が転がってできた外転サイクロイドとは，歯車の歯形としての接触の条件を満足している．このとき接触点 Q は，最初の位置における円 C の周上にあるから，**接触点軌跡**（path of contact）は円 C の一部である．

歯車の歯形としてサイクロイドを用いる場合は**図 5･17** のようになる．すなわち，歯車 1 のピッチ円 A の内側を転がり円 C が転がってできる内転サイクロイド PH_{CA} の一部を歯元とし，同じく円 A の外側を転がり円 D が転がってできる外転サイクロイド PE_{DA} の一部を歯末として，歯車 1 の歯形ができる．また，歯車 2 のピッチ円 B の外側を円 C が転がってできる外転サイクロイド PE_{CB} の一部を歯末とし，円 B の内側を円 D が転がってできる内転サイクロイド PH_{DB} の一部を歯元として，歯車 2 の歯形ができるのである．

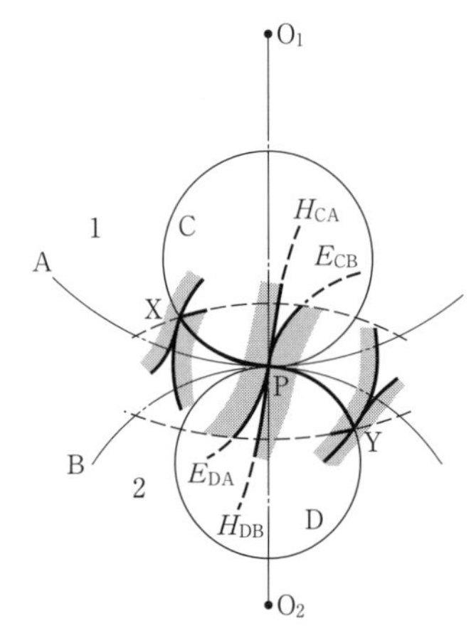

図 5・17 歯車のサイクロイド歯形

そして，歯の接触は外転サイクロイドと内転サイクロイドの間で行われる．

5・6・2 転がり円の大きさ

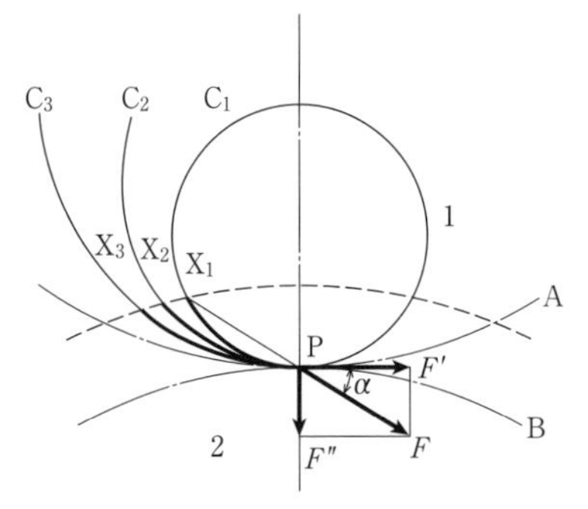

図 5・18 転がり円の接触点軌跡

図 5･17 において，接触点軌跡は，それぞれの歯車の歯先円が転がり円 C，D と交わる点を X，Y とすれば，XPY である．**図 5･18** からわかるように，転がり円の直径が大きくなるにつれて接触点軌跡も大きくなる．このことは，一組の歯が長い間接触を続けることになり，後述のかみ合い率が大となって都合がよい．

また，摩擦を考えなければ，歯面の圧力は共通法線に沿うからピッチ点 P を通る．かみ合いの始めの位置 X_1 におけるこの圧力 F を，両ピッチ円の共通接線

方向の力 F' とそれに直角な力 F'' とに分ける．共通法線がピッチ円の共通接線となす角を α とすれば

$$F' = F\cos\alpha,\quad F'' = F\sin\alpha$$

である．ここで，F' は歯車 2 を回転させようとする力であり，F'' は両歯車を離そうとする力である．必要な力は F' であって，F'' は小さいほうがよい．転がり円の直径が大きければ α は小さくなり，その結果 F' は大きく F'' は小さくなって都合がよい．したがって，これらのことだけを考えれば，転がり円の直径は大きいほうがよい．

しかし，サイクロイド歯形の歯元は内転サイクロイドでできているのであるから，転がり円の大きさが大きくなると，**図 5•19** に示すように歯元の厚さが小さくなり，強度が小となる．転がり円の半径がピッチ円の半径の半分のとき，内転サイクロイドはピッチ円の半径直線となる．そして，一般にこの大きさを限度として，それよりも転がり円を大きくしないようにする．

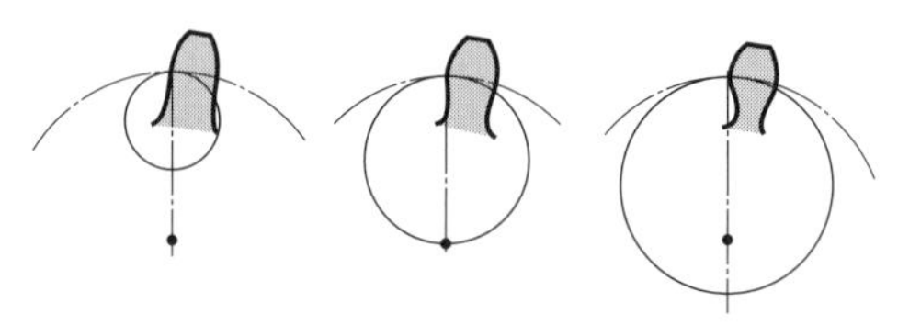

図 5・19　転がり円の大きさと歯元の厚さ

なお，数個の歯車が互いにどれとでもかみ合うためには，歯末をつくる転がり円と歯元をつくる転がり円の半径を等しくする必要がある．

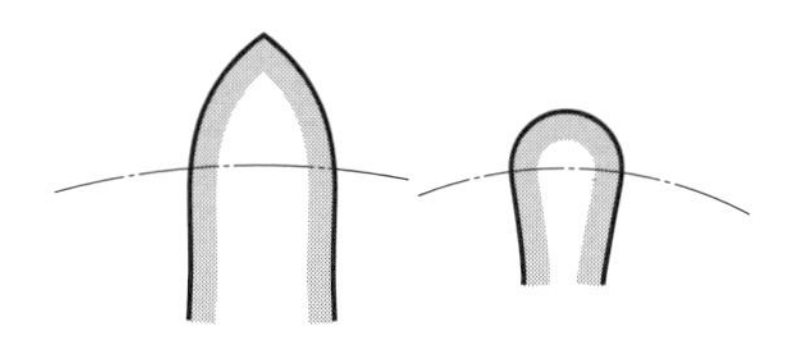

図 5・20　サイクロイド歯形の例

現在サイクロイド歯形はあまり用いられておらず，前節で述べたインボリュート歯形が大部分であるが，時計の歯車その他小形の計器用歯車にはサイクロイドが用いられている．これらでは，**図 5•20** に示すように，歯末は外転サイクロイドの代わりにこれに近似した円弧で置き換え，歯元は，転がり円半径がピッチ円半径の半分のときできる内転サイクロイド，すなわち半径直線である．

5・6・3　ラックおよび内歯車

サイクロイド歯形では，ラックの歯形はピッチ線に沿って円が転がってできた普通サイクロイドである．**図 5•21** において，歯末は，転がり円 C がピッチ線 B に沿って転がったときの普通サイクロイド $\mathrm{PC_{CB}}$ の一部であり，歯元は，転がり

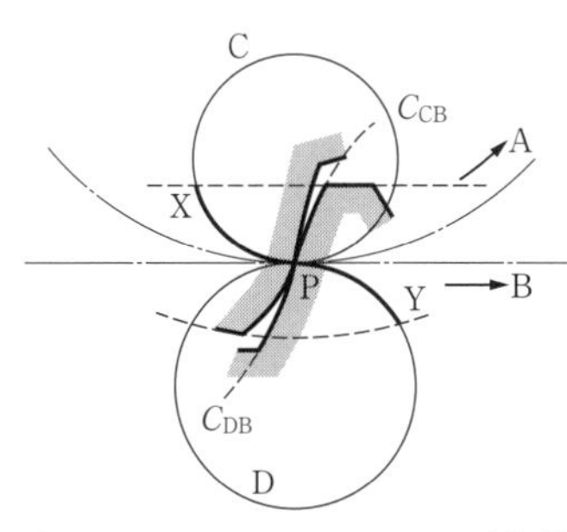

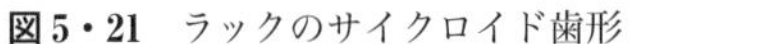
図5・21　ラックのサイクロイド歯形

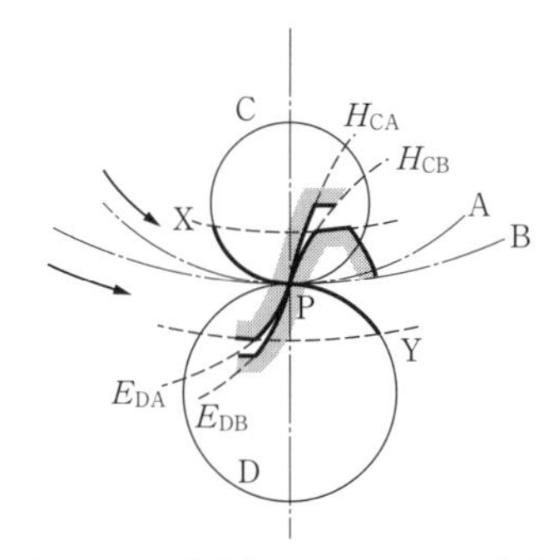

図5・22　内歯車のサイクロイド歯形

円DがBに沿って転がったときの普通サイクロイドPC_{DB}の一部である．そして，ラックの歯先直線（歯先を通ってピッチ線に平行な直線）と転がり円Cとの交点をX，歯車の歯先円と転がり円Dとの交点をYとすれば，接触点軌跡はXPYとなる．

サイクロイド歯形では，内歯車の歯末は，**図5•22**に示すように，転がり円CがピッチБ円Bの内側を転がってできる内転サイクロイドPH_{CB}の一部であり，歯元は，転がり円DがBの外側を転がってできる外転サイクロイドPE_{DB}の一部である．これにかみ合う外歯車は前と同じであるから，接触は内転サイクロイド同士，外転サイクロイド同士の間で行われる．そして，内歯車の歯先円が円Cと交わる点をX，外歯車の歯先円が円Dと交わる点をYとすれば，接触点軌跡はXPYである．このとき両歯車の回転方向は同じである．

5・6・4　ピン歯車

転がり円の大きさがピッチ円の大きさに等しくなると，内転サイクロイドは点となる．このとき相手の歯形は，この転がり円が相手のピッチ円の外側を転がってできる外転サイクロイドである．しかし，点を歯形とすることはできないから円形の歯とし，**図5•23**に示すように，相手歯形は外転サイクロイド上をこの円の中心が動くときの円の包絡線となる．実際には，円形断面の歯としては，**図5•24**に示すように2枚の板の間に円形断面のピンを差し込んだ形をとり，これを**ピン歯車**（pin wheel, lantern wheel）という．そして相手歯車の歯元は，ピン歯車と接触はしないが，ピッチ円の半径直線にするのが普通である．歯末は円弧で近似させることが多い．ピン歯車は歯元だけをもち，歯末のない歯車ということになる．実際に用いるときには，摩擦を考慮してピン歯車を被動歯車（従動

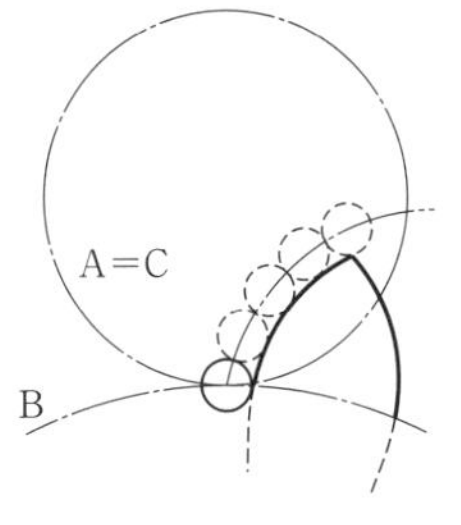

図 5・23　ピン歯車の原理

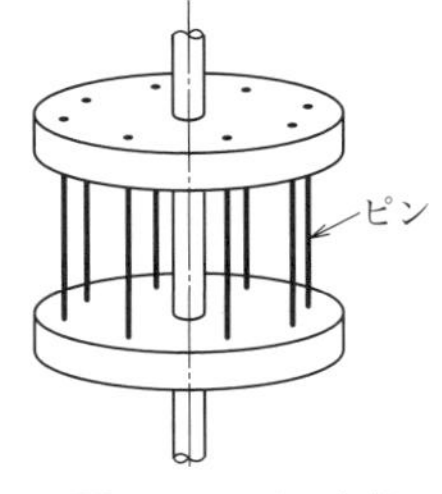

図 5・24　ピン歯車

車）として用いるほうが有利である．この歯車は時計などに用いられている．

5・7　かみ合い率

一組の歯がかみ合いを始めてからかみ合いを終わるまでにそれぞれの歯車のピッチ円が回転する角を**接触角**（angle of contact）といい，これに対するピッチ円の弧の長さを**接触弧**（arc of contact）という．かみ合う二つの歯車においては，それぞれの接触弧の長さは等しい．この接触弧を分けて**近寄り弧**（arc of approach）と**遠のき弧**（arc of recess）とにする．前者は，一組の歯が接触を始めてからピッチ点で接触するまでにピッチ円の回転する弧の長さであり，後者は，ピッチ点で接触してから接触を終わるまでにピッチ円の回転する弧の長さである．

いま，インボリュート歯形について接触弧の長さを求めてみよう．**図 5・25** において，1 を駆動歯車（原動車），2 を被動歯車（従動車）とし，接触は M で始まり N で終わったとする．近寄り弧を l_a，遠のき弧を l_r で表せば

$$l_a = \widehat{C_1P} = \widehat{C_2P}$$

$$l_r = \widehat{PD_1} = \widehat{PD_2}$$

である．インボリュートの性質から

$$\overline{MF} = \overline{C_2K} + \widehat{KF}$$

一方，$\triangle PO_2F \equiv \triangle C_2O_2K$ より $\overline{PF} = \overline{C_2K}$ であるから，上式からこの式を引いて

$$\overline{MP} = \widehat{KF}$$

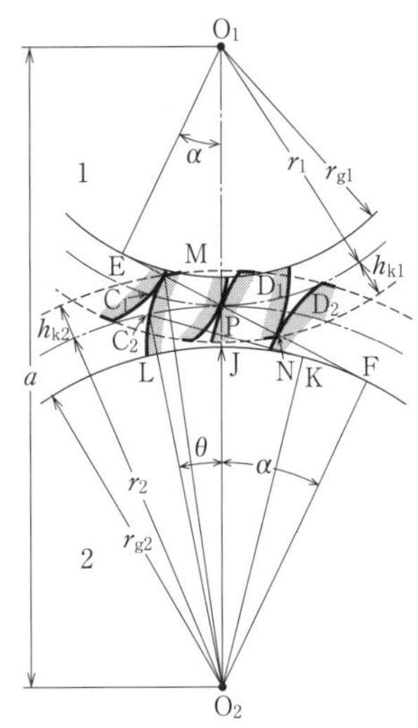

図 5・25　接触弧の長さの求め方

また，$\angle PO_2F = \angle C_2O_2K$ から

$$\angle KO_2F = \angle LC_2J$$

したがって

$$\widehat{KF} = \widehat{LJ}$$

$$\therefore \quad \overline{MP} = \widehat{LJ} = r_{g2}\theta$$

$$\therefore \quad l_a = \widehat{C_2P} = r_2\theta = \frac{r_{g2}}{\cos\alpha}\theta = \frac{\widehat{LJ}}{\cos\alpha} = \frac{\overline{MP}}{\cos\alpha}$$

また，$\triangle MO_2F$ において

$$\overline{MO_2}^2 = \overline{MF}^2 + \overline{FO_2}^2$$

ここで，歯車2の歯末のたけを h_{k2} とすれば

$$(r_2 + h_{k2})^2 = (\overline{MP} + \overline{PF})^2 + r_{g2}{}^2$$

さらに

$$\overline{PF} = r_2 \sin\alpha, \quad r_{g2} = r_2 \cos\alpha$$

の関係を用いて

$$\overline{MP} = \sqrt{(r_2 + h_{k2})^2 - r_2{}^2\cos^2\alpha} - r_2 \sin\alpha$$

$$\therefore \quad l_a = \frac{\sqrt{(r_2 + h_{k2})^2 - r_2{}^2\cos^2\alpha} - r_2\sin\alpha}{\cos\alpha} \qquad (5 \cdot 23)$$

同様にして，遠のき弧の長さ l_r は

$$l_r = \frac{\sqrt{(r_1 + h_{k1})^2 - r_1{}^2\cos^2\alpha} - r_1\sin\alpha}{\cos\alpha} \qquad (5 \cdot 24)$$

したがって，接触弧の長さ l は

$$l = l_a + l_r$$

$$= \frac{\sqrt{(r_1 + h_{k1})^2 - r_1{}^2\cos^2\alpha} + \sqrt{(r_2 + h_{k2})^2 - r_2{}^2\cos^2\alpha} - a\sin\alpha}{\cos\alpha} \qquad (5 \cdot 25)$$

式（5·25）において

$$a = r_1 + r_2$$

である．

接触弧と円ピッチとの比を**かみ合い率**（contact ratio）といい，同時にかみ合っている歯の組数を表す．すなわち，かみ合い率を ε とすれば

$$\varepsilon = \frac{l}{t}$$

$$=\frac{\sqrt{(r_1+h_{k1})^2-r_1{}^2\cos^2\alpha}+\sqrt{(r_2+h_{k2})^2-r_2{}^2\cos^2\alpha}-a\sin\alpha}{t\cos\alpha}$$

(5・26)

なお，上式の分母 $t\cos\alpha$ は基礎円上のピッチの大きさを表し，これはまた，インボリュートの性質上，インボリュートの法線が隣り合うインボリュートによって切り取られた長さに等しく，これを**法線ピッチ**（normal pitch）という．また，上式の分子は接触点軌跡の長さを表す．したがって，かみ合い率は接触点軌跡の長さを法線ピッチで割ったものということもできる．

モジュール m，圧力角 α，歯数 z_1，z_2 の並歯の歯車のかみ合いにおいて，

$$\varepsilon=\frac{\sqrt{(mz_1/2+m)^2-(mz_1/2)^2\cos^2\alpha}}{\pi m\cos\alpha}$$ （次行へつづく）

$$\frac{+\sqrt{(mz_2/2+m)^2-(mz_2/2)^2\cos^2\alpha}-m(z_1+z_2)\sin\alpha/2}{}$$

$$=\frac{\sqrt{(z_1/2+1)^2-(z_1/2)^2\cos^2\alpha}}{\pi\cos\alpha}$$ （次行へつづく）

$$\frac{+\sqrt{(z_2/2+1)^2-(z_2/2)^2\cos^2\alpha}-(z_1+z_2)\sin\alpha/2}{}$$

となるので，モジールの大きさはかみ合い率に関係ない．

かみ合い率がたとえば1.8ということは，1回転中の8割の間は二組の歯がかみ合い，残りの2割の間は一組の歯がかみ合っていることを示している．かみ合い率が大きいほど力を分担する歯の数が増えるので，一組の歯の負担が小さくなり，摩耗，強度などの点からみて有利である．

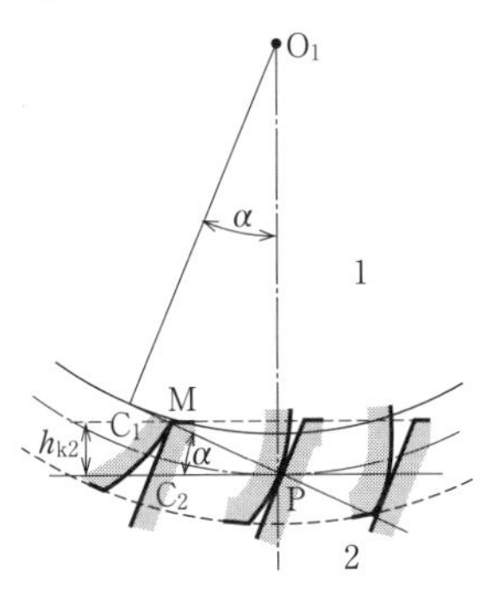

図 5・26　歯車とラックの接触弧

歯車2がラックとなった場合は，**図 5・26** において

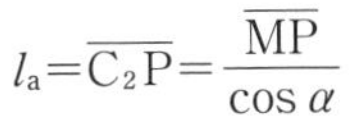

$$l_a=\overline{C_2P}=\frac{\overline{MP}}{\cos\alpha}$$

一方

$$\overline{MP}=\frac{h_{k2}}{\sin\alpha}$$

であるから

$$l_a=\frac{2h_{k2}}{\sin 2\alpha} \tag{5・27}$$

として計算すればよい．

【例題 5・1】 歯数 40 と 60，圧力角 $\alpha=20°$，モジュール $m=1$ mm の並歯の歯車がかみ合うときのかみ合い率 ε を求めよ．

解

$$r_1=\frac{mz_1}{2}=20\ \text{mm},\ \ r_2=\frac{mz_2}{2}=30\ \text{mm}$$

$$h_{k1}=h_{k2}=1\ \text{mm},\ \ a=20+30=50\ \text{mm}$$

$$t=\pi m=3.1416\ \text{mm}$$

$$\sin 20°=0.3420,\ \ \cos 20°=0.9397$$

$$\therefore\ \ \varepsilon=\frac{\sqrt{(20+1)^2-(20\times0.9397)^2}+\sqrt{(30+1)^2-(30\times0.9397)^2}-50\times0.3420}{3.1416\times0.9397}=1.75$$

5・8 すべり率

二つの歯車 1，2 の歯面が**図 5・27** のように P 点で接していたとする．ごく短時間の後に Q_1 と Q_2 が接するならば，その間に両歯面がすべった長さは $d_{s1}\sim d_{s2}$ である．この長さをそれぞれの歯面がその間に接触した長さで割ったものを**すべり率**（specific sliding）という．すなわち，歯車 1 のすべり率は

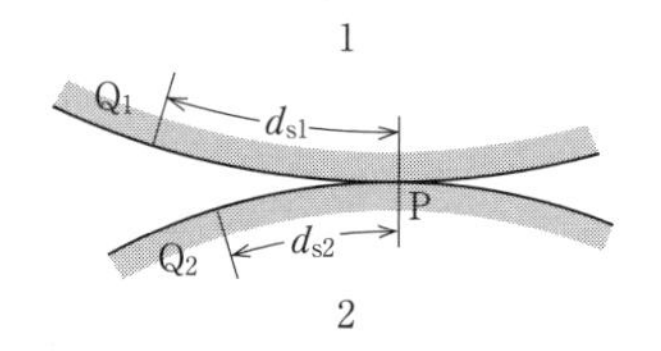

図 5・27 すべりの長さ

$$\sigma_1=\frac{d_{s1}-d_{s2}}{d_{s1}} \tag{5・28}$$

歯車 2 のすべり率は

$$\sigma_2=\frac{d_{s2}-d_{s1}}{d_{s2}} \tag{5・29}$$

のように表される．

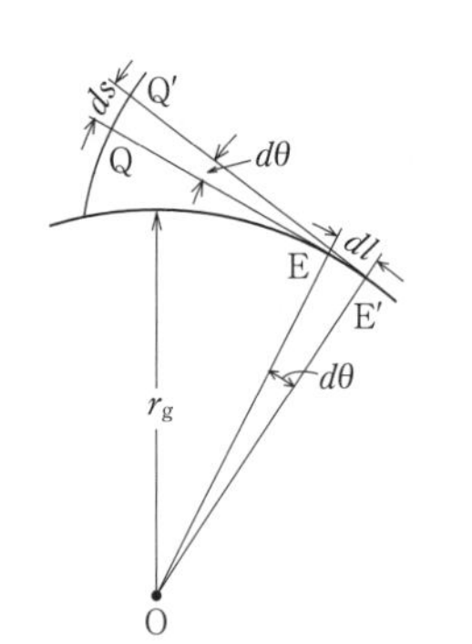

図 5・28 すべり率の求め方

いま，インボリュート歯形のすべり率を求めてみよう．**図 5・28** に示すようにインボリュート上の一点 Q における曲率中心は，Q から基礎円に引いた接線の接点 E である．Q から微小距離 d_s だけ離れ

たインボリュート上の点Q′における曲率中心は，同様にE′である．QE，Q′E′のなす角を$d\theta$とすれば，∠EOE′$=d\theta$となる．また

$$d_s=\overline{\mathrm{QE}}d\theta$$

ここで

$$\widehat{\mathrm{EE'}}=dl$$

とすれば

$$d\theta=\frac{dl}{r_g}$$

であるから

$$d_s=\overline{\mathrm{QE}}\frac{dl}{r_g}$$

となる．

図5•29において，歯車1，2の歯面がQにおいて接触しているとき，それぞれの歯面が微小時間に動いた長さは

$$d_{s1}=\overline{\mathrm{QE}}\frac{dl}{r_{g1}},\ d_{s2}=\overline{\mathrm{QF}}\frac{dl}{r_{g2}}$$

互いにかみ合う歯車においては基礎円の動いた長さは等しいから，dlは共通である．

$$\therefore\quad \sigma_1=\frac{\overline{\mathrm{QE}}\dfrac{dl}{r_{g1}}-\overline{\mathrm{QF}}\dfrac{dl}{r_{g2}}}{\overline{\mathrm{QE}}\dfrac{dl}{r_{g1}}}=\frac{\overline{\mathrm{QE}}r_{g2}-\overline{\mathrm{QF}}r_{g1}}{\overline{\mathrm{QE}}r_{g2}}$$

歯数をz_1，z_2とすれば

$$\frac{r_{g1}}{r_{g2}}=\frac{z_1}{z_2}$$

であるから

$$\overline{\mathrm{QE}}=q_1,\ \overline{\mathrm{QF}}=q_2$$

とおけば

$$\sigma_1=\frac{q_1z_2-q_2z_1}{q_1z_2}\tag{5・30}$$

同様にして

$$\sigma_2=\frac{q_2z_1-q_1z_2}{q_2z_1}\tag{5・31}$$

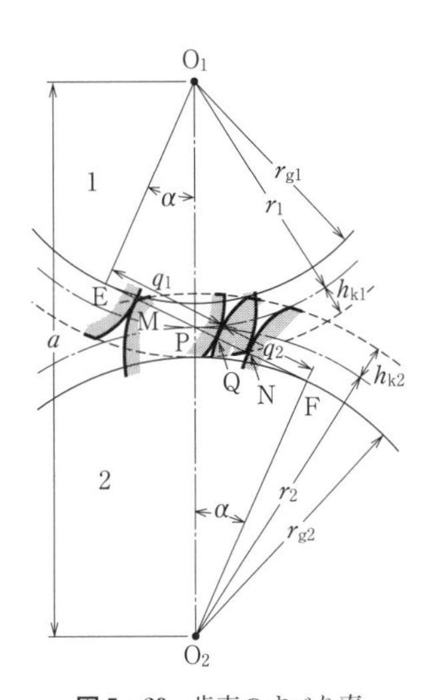

図5・29　歯車のすべり率

もし接触が基礎円上の点 E または F で行われるものとすれば，E では $q_1=0$, F では $q_2=0$ であるから

$$\text{E では}\quad \sigma_1=-\infty,\ \ \sigma_2=1$$

$$\text{F では}\quad \sigma_1=1,\qquad \sigma_2=-\infty$$

となる．

ピッチ点 P では

$$q_1=r_{g1}\tan\alpha,\ \ q_2=r_{g2}\tan\alpha$$

であるから

$$\sigma_1=\frac{r_{g1}z_2-r_{g2}z_1}{r_{g1}z_2}$$

となる．ところが

$$\frac{r_{g1}}{r_{g2}}=\frac{z_1}{z_2}$$

から

$$r_{g1}z_2=r_{g2}z_1$$

$$\therefore\quad \sigma_1=0$$

同様にして

$$\sigma_2=0$$

すなわち，ピッチ点ではすべりがないことを示している．

もし歯が基礎円上の点から接触を始め，その歯末が相手歯形の基礎円上の点で接触を終わるものとすれば，その間のすべり率は

$$-\infty \longrightarrow 0 \longrightarrow 1$$

と変化する．すべり率は歯の磨耗に大きな影響があるものと考えられるから，基礎円の近くでの接触はできる限り避けるべきである．

【例題 5・2】 歯数 40 と 60，圧力角 14.5°，モジュール 1 mm の並歯の歯車がかみ合うときのすべり率を求めよ．

解

図 5･29 において

$$r_1=\frac{40\times1}{2}=20\ \mathrm{mm},\ \ r_2=\frac{60\times1}{2}=30\ \mathrm{mm},\ \ a=50\ \mathrm{mm}$$

$$h_{k1}=h_{k2}=1\ \mathrm{mm}$$

$$r_{g1}=20\times\cos14.5^\circ=19.362\ \mathrm{mm},\ \ r_{g2}=30\times\cos14.5^\circ=29.043\ \mathrm{mm}$$

$$\overline{EF}=a\sin\alpha=50\times\sin 14.5^\circ=12.520\ \text{mm}$$

$$\overline{MF}=\sqrt{(r_2+h_{k2})^2-r_{g2}{}^2}=\sqrt{(30+1)^2-29.043^2}=10.840\ \text{mm}$$

$$\overline{ME}=\overline{EF}-\overline{MF}=12.520-10.840=1.680\ \text{mm}$$

M におけるすべり率は

$$\sigma_1=\frac{1.680\times 60-10.840\times 40}{1.680\times 60}=-3.30$$

$$\sigma_2=\frac{10.840\times 40-1.680\times 60}{10.840\times 40}=0.77$$

また

$$\overline{NE}=\sqrt{(r_1+h_{k1})^2-r_{g1}{}^2}=\sqrt{(20+1)^2-19.362^2}=8.131\ \text{mm}$$

$$\overline{NF}=\overline{EF}-\overline{NE}=12.520-8.131=4.389\ \text{mm}$$

N におけるすべり率は

$$\sigma_1=\frac{8.131\times 60-4.389\times 40}{8.131\times 60}=0.64$$

$$\sigma_2=\frac{4.389\times 40-8.131\times 60}{4.389\times 40}=-1.78$$

なお

$$\overline{O_1M}=\sqrt{r_{g1}{}^2+\overline{ME}^2}=19.435\ \text{mm}$$

$$\overline{O_2N}=\sqrt{r_{g2}{}^2+\overline{NF}^2}=29.373\ \text{mm}$$

である．歯面の位置とすべり率の関係を示すと**例図 5･1** のようになる．図において M_1 と M_2 の個所が図 5･29 の M で接触し，N_1 と N_2 が N で接触するわけである．

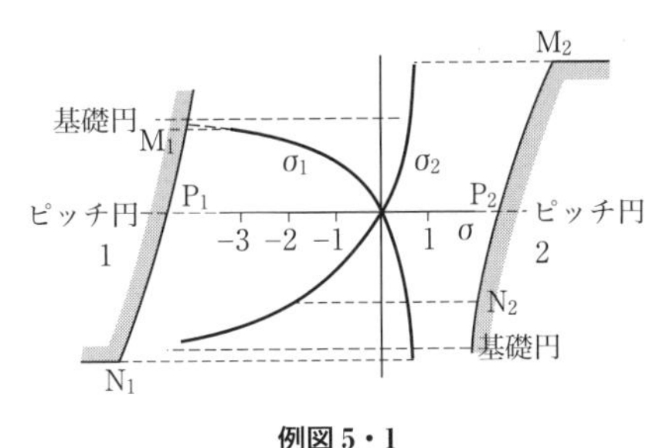

例図 5・1

5・9　干　　　渉

インボリュート歯形において，接触点の軌跡は基礎円の共通接線 EF が両歯車の歯先円によってはさまれた部分であるが，たとえば**図 5･30** のように，歯車 1

の歯先円が大きく歯車2のF点を超えているならば，歯車1は歯車2の歯元のインボリュートでない部分と接触することになり，正常な回転が伝えられなくなる．この現象を**干渉**（interference）という．このことは，相手の歯先円が基礎円の接点FまたはEを超すことによって起こるから，E，Fを**干渉点**（interference point）と呼ぶ．もし歯車1の代わりにピニオンカッタ（歯車形カッタ）を用い，5･3節で述べた創成歯切法で歯車を切削するものとすれば，歯車2の歯元のじゃまになる部分は切り取られ，その結果，歯底に近いインボリュートの部分も取り去られてしまうことになる．この現象を**切下げ**（undercut）という．

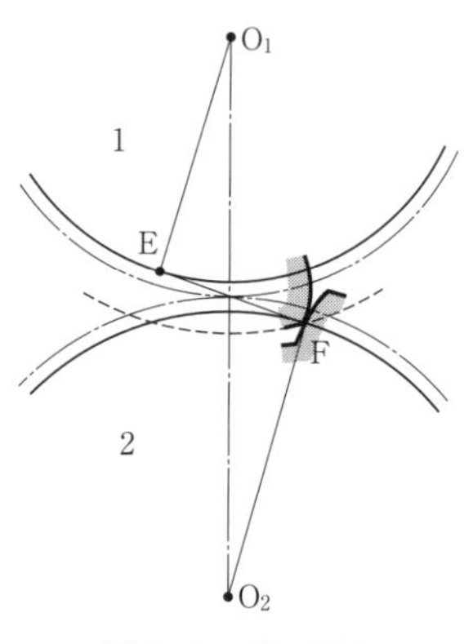

図5・30　歯の干渉

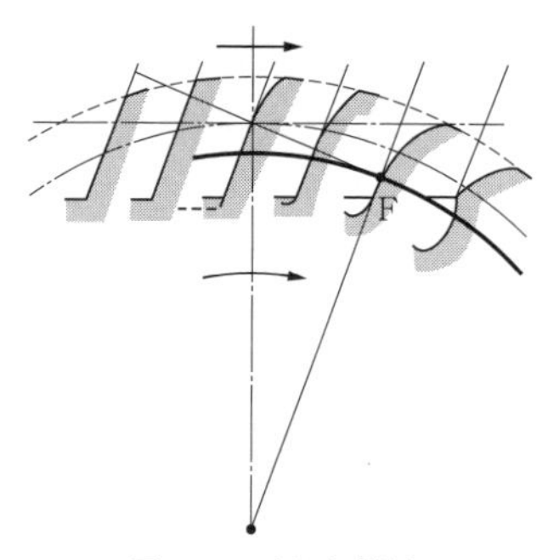

図5・31　切下げ現象

歯の大きさは同じでも歯車1の歯数が多いほど干渉点Fを超えやすい．したがって，ラックのときが最も干渉を起こしやすい．いま，ラック形カッタで歯車を創成するとき歯のできていく状態を示すと**図5･31**のようになり，歯は歯先から次第に創成され，カッタが干渉点Fに達したとき，インボリュートが基礎円のところまで完全につくられる．しかし，カッタの刃先がFを超えていると，刃先の角が歯車に対して描く軌跡がトロコイドの一種であって，これが歯元をえぐり，せっかくでき上がったインボリュートの部分まで削り取ってしまい，切下げの現象が起こるのである．実際のラック形カッタの刃先の角には，破線で示したように丸みがあるが，直線刃の丸みに移る部分が干渉点を超えたときに切下げが起こる．

創成される歯車の歯数が小さいほど切下げが起きやすく，その限界の歯数は次の式で計算される．

$$z_u = \frac{2h_k}{m \sin^2 \alpha} \qquad (5 \cdot 32)$$

ここに，h_k：歯末のたけ，m：モジュール，α：圧力角

並歯では $h_k = m$ となるから

$$z_u = \frac{2}{\sin^2 \alpha} \tag{5・33}$$

となる．$\alpha = 20°$ とすれば，$z_u = 17.1 \rightarrow 18$ である．

表 5･1 に，切下げを受けない最小歯数と α の関係を示す．

表 5・1　切下げを受けない最小歯数と α の関係

α	14.5°	15°	17.5°	20°	22.5°	25°
最小歯数	32	30	23	18	14	12

切下げを避けるには，**図 5･32** のように，カッタの位置を歯車中心より遠ざけ，カッタの刃先の直線部分の端が干渉点を超さないようにすればよい．このように，カッタの位置をずらせて切削することを**転位**するといい，こうしてできた歯車を**転位歯車**（profile shifted gear）という．そして，カッタをずらした量を**転位量**（amount of profile shifting），転位量をモジュールで割った値を**転位係数**（shifting coefficient of profile）と呼ぶ．

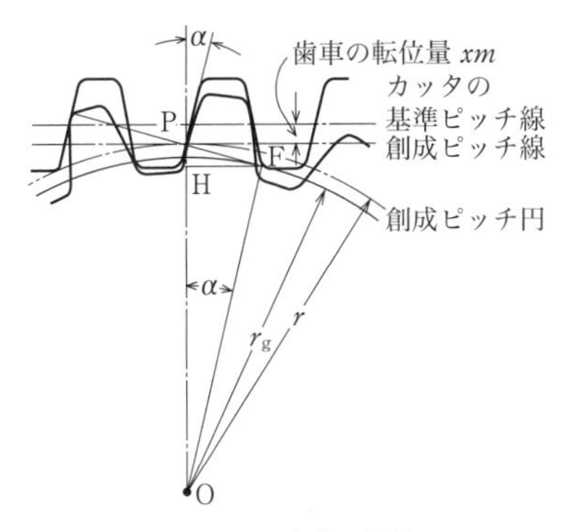

図 5・32　歯車の転位

【例題 5・3】　歯数 14 の歯車を圧力角 20°，歯末の直線部分のたけがモジュールに等しいラック形カッタで切削するとき，切下げを受けないためには転位係数をいくら以上にすればよいか．

解

図 5･32 において，モジュールを m とすれば

$$r=\frac{14m}{2}=7m$$

$$\overline{\mathrm{PH}}=\overline{\mathrm{PO}}-\overline{\mathrm{HO}}=\overline{\mathrm{PO}}-\overline{\mathrm{FO}}\cos\alpha=r-r_{\mathrm{g}}\cos\alpha$$

$$=r-r\cos^2\alpha=r(1-\cos^2\alpha)=r\sin^2\alpha=7m\sin^2 20°$$

ラック形カッタの本来のピッチ線（基準ピッチ線）から歯の直線部までの距離が m に等しいから，$\overline{\mathrm{PH}}$ が m より小さい場合はその差だけ転位すれば，切下げが避けられる．すなわち

転位量　$m-7m\sin^2 20°$

転位係数　$x=1-7\sin^2 20°=1-0.819=0.181$

5・10 歯車の種類

回転運動を伝える一対の軸の位置関係としては，平行軸，交差軸および食違い軸の3種に分類することができる．それぞれの位置関係の軸に対し一定の速比で回転運動を伝えることができる歯車が使われているが，代表的な歯車の名称をあげると，**表5・2** のとおり分類することができる．

表5・2 歯車の種類

軸の位置関係	名称
平行軸	平歯車
	はすば歯車
	内歯車
	ラック
交差軸	すぐばかさ歯車
	まがりばかさ歯車
食違い軸	ハイポイドギヤ
	ねじ歯車
	ウォームギヤ対

5・11 平歯車，はすば歯車

円筒に巻き付けた紙を引っ張りながらほどいていくとき，紙の端が円筒の軸に平行な場合，その紙の端の描く面を歯面としたものがインボリュートの**平歯車**（spur gear）である．この面を軸に直角な平面で切ればインボリュート曲線ができる．そして，前節までのインボリュートの理論はそのまま平歯車に適用され

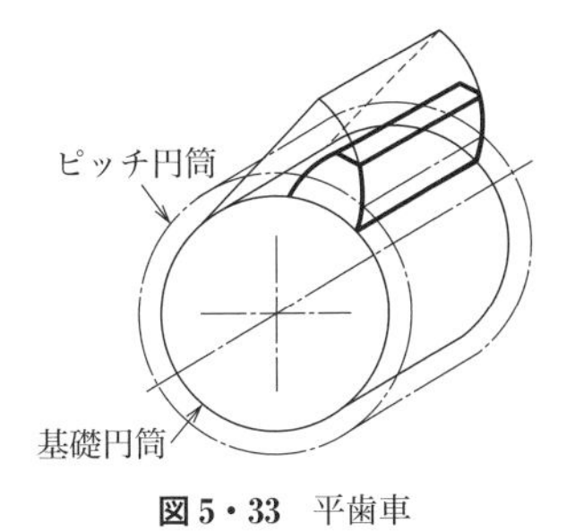

図 5・33 平歯車

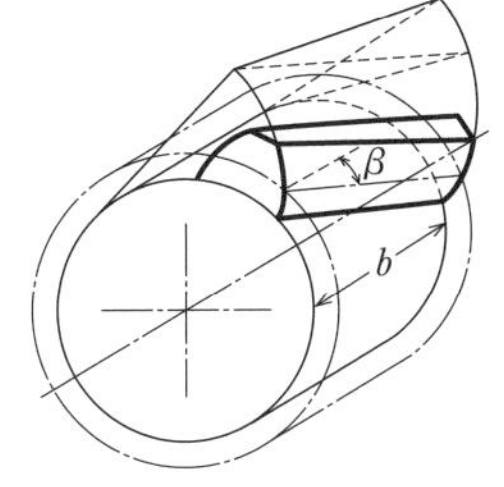

図 5・34 はすば歯車

る．このとき，**図 5･33** に示すように，紙の巻き付いていた円筒を**基礎円筒**（base cylinder），相手の歯車とかみ合ったときピッチ点を通って基礎円筒と同心の円筒を**ピッチ円筒**（pitch cylinder）という．

また，**図 5･34** に示すように，基礎円筒に巻き付けた紙の端が軸とある角度をなしているとき，紙の端のつくる面を歯面としたものが**はすば歯車**（helical gear）である．歯面とピッチ円筒との交線を**歯すじ**（tooth trace）といい，歯すじがピッチ円筒の母線となす角 β を**ねじれ角**（helix angle）という．平歯車では，歯すじは軸に平行，すなわち $\beta=0$ の場合である．平歯車もはすば歯車も平行な 2 軸間に回転を伝えるのに用いられるが，一組のかみ合うはすば歯車では，歯のねじれの方向は反対で，ねじれ角は等しくなければならない．

はすば歯車では，歯がねじれているため，歯幅を b とすると，ピッチ円筒上では歯の一端が他端より $b\tan\beta$ だけ先に進んでいることになり，同じ大きさの平歯車よりこれだけ接触弧が増加して，かみ合い率も大きくなる．また平歯車では，接触が歯すじに沿って行われ，一組の歯の接触が始まったり終わったりするときは，歯すじに沿って同時に歯がかみ合ったり離れたりするが，はすば歯車では，接触が歯の一端から始まって他端で終わるため，一つの歯にかかる荷重の変動が少ない．これらの理由から，はすば歯車による伝動はなめらかで静粛である．

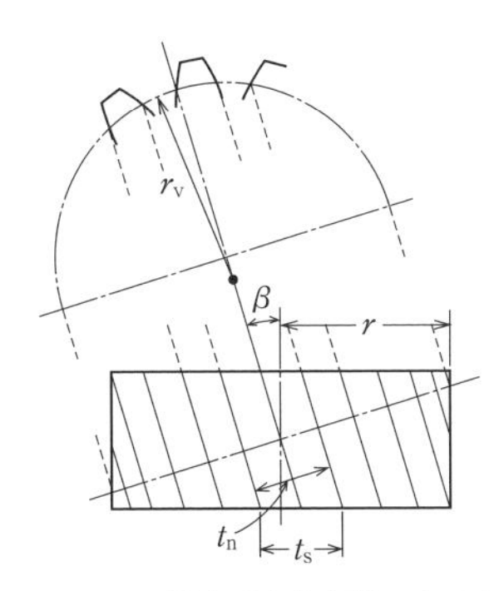

図 5・35 相当平歯車歯数の求め方

図 5･35 のように，はすば歯車のピッチ円筒を歯すじに直角な平面で切れば，切り口はだ円になる．ピッチ円筒の半径を r とし，だ円の短

軸の端における曲率半径を r_v とすれば

$$r_v=\frac{(\text{長半径})^2}{\text{短半径}}=\frac{r^2\sec^2\beta}{r}=\frac{r}{\cos^2\beta}$$

また，**正面ピッチ**（transversal pitch）（軸に直角な断面上のピッチ）を t_s，**歯直角ピッチ**（normal pitch）を t_n とすれば

$$t_n=t_s\cos\beta \tag{5・34}$$

半径 r_v のピッチ円上にピッチ t_n なる歯が並んでいるとすれば，その歯数 z_v は

$$z_v=\frac{2\pi r_v}{t_n}=\frac{2\pi r}{t_s\cos^3\beta}$$

真の歯数を z とすれば

$$z=\frac{2\pi r}{t_s}$$

であるから

$$z_v=\frac{z}{\cos^3\beta} \tag{5・35}$$

となる．

この z_v を**相当平歯車歯数**（equivalent number of teeth）といい，歯の形がこの歯数をもった平歯車に相当しているとして，歯を切削するときや歯の強度を計算するときなどにこれを用いる．

また，**正面モジュール**（transverse module）（軸に直角な断面上のモジュール）を m_s，**歯直角モジュール**（normal module）を m_n とすれば

$$m_n=m_s\cos\beta \tag{5・36}$$

である．

はすば歯車のラックの歯形は台形である．図5•36において，**正面圧力角**（transversal pressure angle）（軸に直角な断面上の圧力角）α_s と**歯直角圧力角**（normal pressure angle）α_n の関係をみると

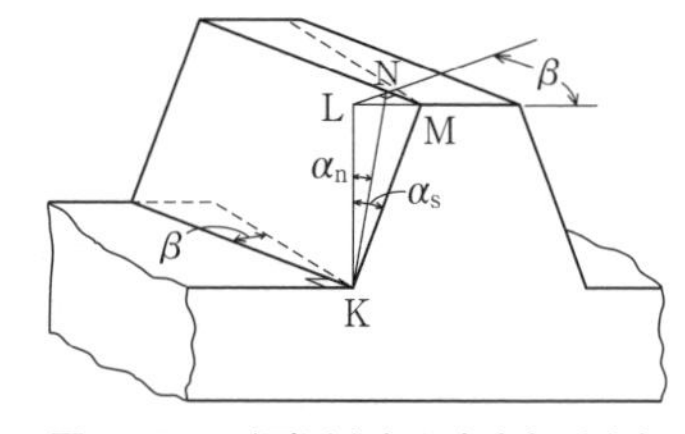

図5・36　正面圧力角と歯直角圧力角

$$\angle \mathrm{LKM}=\alpha_s,\quad \angle \mathrm{LKN}=\alpha_n$$

であるから

$$\overline{\mathrm{LM}}=\overline{\mathrm{LK}}\tan\alpha_s,\quad \overline{\mathrm{LN}}=\overline{\mathrm{LK}}\tan\alpha_n$$

また

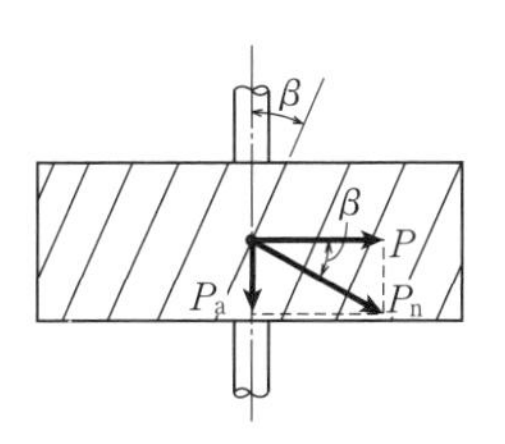

図 5・37　歯すじの角度

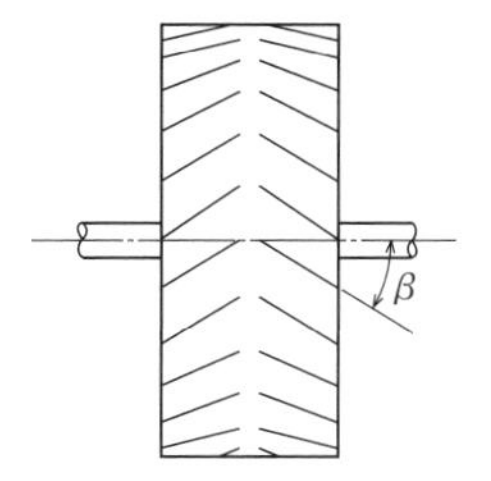

図 5・38　やまば歯車

$$\overline{LN} = \overline{LM}\cos\beta$$

であるから

$$\tan\alpha_n = \cos\beta\tan\alpha_s \qquad (5 \cdot 37)$$

となる．

はすば歯車の歯切りには，平歯車と同様にホブ切りが一般的である．平歯車では，歯車軸と平行であるホブの送り方向を歯車軸に対して傾けることにより，はすば歯車の歯切りが可能であり，そのため，製造コストは基本的に平歯車と変わらない．

図 5・37 において，はすば歯車の歯すじは軸に対して β なる角度をなしているから，これに回転力 P を与えようとすれば，軸方向に推力 P_a を生じる．すなわち

$$P_a = P\tan\beta \qquad (5 \cdot 38)$$

また，歯面の圧力を P_n とすれば

$$P_n = \frac{P}{\cos\beta} \qquad (5 \cdot 39)$$

β を大きくすると P_a が大きくなるから，普通，β は 10～20° ぐらいにとる．

同軸上に β が等しくねじれ，方向が反対であるはすば歯車を 2 個取り付ければ，P_a はつり合って推力はなくなる．この 2 個のはすば歯車を一つにまとめた形の歯車が，**図 5・38** に示す**やまば歯車**（double helical gear）である．このときは β を 20～30° ぐらいにとることができる．

5・12　か　さ　歯　車

相交わる 2 軸の間に回転運動を伝えるには，ピッチ面を円すいとして，それに歯を付けた歯車を用いる．これを**かさ歯車**（bevel gear）という．歯車の相互運

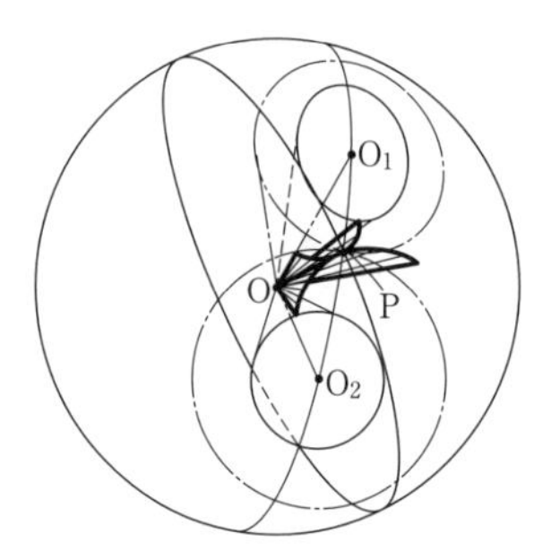

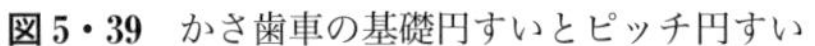
図5・39　かさ歯車の基礎円すいとピッチ円すい

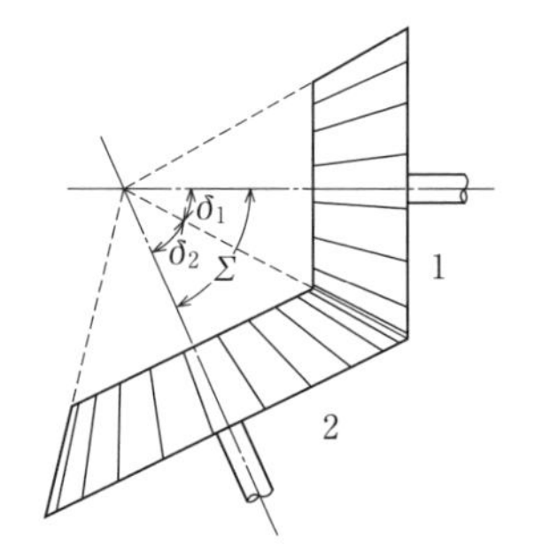

図5・40　かさ歯車の円すい角

動を考えるとき，歯車上の一点は2軸の交点を中心とする球面上を動くことになるから，歯形の性質を調べるには，歯形を球面曲線として取り扱う．インボリュート歯車ではこれが**球面インボリュート**（spherical involute）となる．

図5・39 において，OO_1，OO_2 を軸とする円すいに接する大円があって，これが OO_1 を軸とする円すいの側面上を転がるとき，半径OPが描く曲面が歯車1の歯面となり，OO_2 を軸とする円すいの側面上を転がるとき，半径OPが描く曲面が歯車2の歯面となる．そして，Pが球面上に描く曲線が球面インボリュートである．このときの円すいを**基礎円すい**（base cone）という．また，O_1，O_2 を通る大円と基礎円すいに接する前述の大円との交線を母線とし，それぞれ OO_1，OO_2 を軸とした円すいが**ピッチ円すい**（pitch cone）である．

図5・40 に示すように，2軸のなす角を Σ，それぞれのピッチ円すい角（ピッチ円すいの母線と軸のなす角）を δ_1，δ_2，歯数を z_1，z_2 とすれば，第4章で示した式（4・10）と同様にして

$$\tan\delta_1=\frac{\sin\Sigma}{(z_2/z_1)+\cos\Sigma}$$
$$\tan\delta_2=\frac{\sin\Sigma}{(z_1/z_2)+\cos\Sigma} \qquad (5\cdot40)$$

$\Sigma=90°$ の場合が最も多いが，このときは

$$\tan\delta_1=\frac{z_1}{z_2},\ \tan\delta_2=\frac{z_2}{z_1} \qquad (5\cdot41)$$

また，$\Sigma=90°$ で $z_1=z_2$ ならば，$\delta_1=\delta_2=45°$ となり，同じ大きさの歯車になる．この歯車を**マイタ歯車**（mitre gear）という．

δ_1 または δ_2 が $90°$ のときは平歯車のラックに相当するもので，これを**冠歯車**

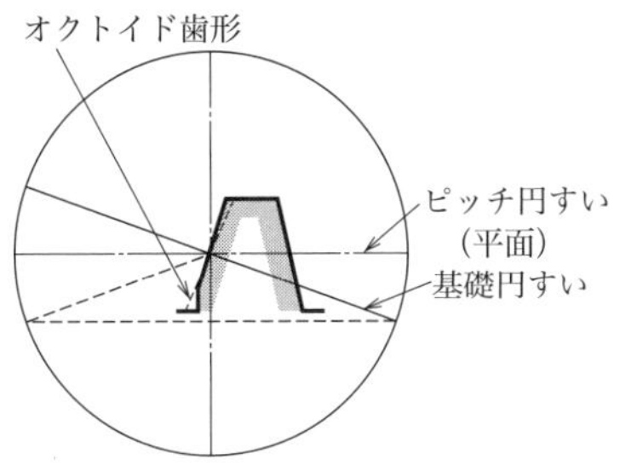

図 5・41　冠歯車とオクトイド歯形

(crown gear）という．インボリュート歯形では平歯車のラックは直線となるが，冠歯車では球の大円とはならない．なぜならば，冠歯車のピッチ円すいの側面は球の大円の面となるが，基礎円すいは圧力角 α の余角を円すい角（頂角の半分）とする円すいとなるため，その歯形は，**図 5•41** に示すように球面インボリュートの一部となり，大円とはならないのである．冠歯車の歯形を球の大円とすれば，歯形を創成切削するときに直線の刃物を用いることができて便利であるので，破線で示したものを**オクトイド**（octoid）**歯形**と呼ぶ．これを冠歯形としたとき，これにかみ合うかさ歯車の歯形は球面インボリュートとはならないが，その違いはごくわずかである．

かさ歯車の歯形は球面曲線であるが，球面は平面上に展開できない．これを近似的に平面上に展開すれば，平歯車の歯形に相当するものとして平歯車の理論を近似的に適用できる．かさ歯車の歯形を近似的に平面上に展開する方法として，**トレドゴルド**（Tredgold）**の近似的表現法**がある．これは球面上のピッチ円において，これに接する直円すいを考えるのである．この円すいを**背円すい**（back cone）という．かさ歯車の歯形は球面上にあるが，この円すいの側面上にあると考えても，その差はわずかである．円すいは展開可能であるから，この背円すいを展開したものをこのかさ歯車に相当した平歯車とする．これは，背円すいの母線の長さをピッチ円半径とした平歯車で，このピッチ円の全円周上にかさ歯車のピッチに等しいピッチの歯が並んでいると考えたときの歯数をかさ歯車の相当平歯車歯数（5•11 節参照）という．ピッチを t，背円すいの母線の長さを r_v とすれば，**図 5•42** において，相当平歯車歯数 z_v は

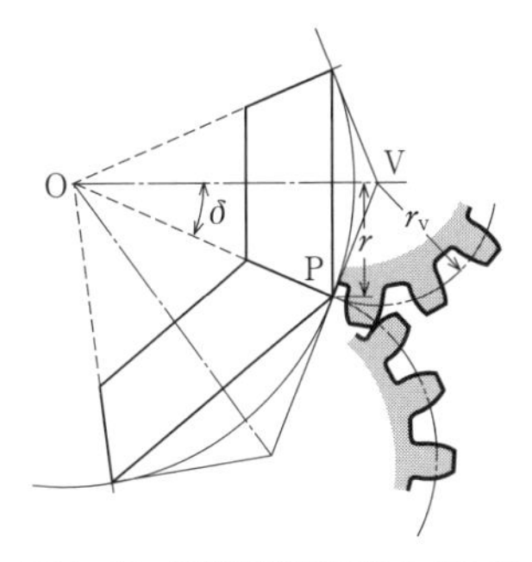

図 5・42　相当平歯車歯数の求め方

$$z_v = \frac{2\pi r_v}{t}$$

しかるに

$$r_v = \frac{r}{\cos\delta}$$

であり，真の歯数 z は

$$z = \frac{2\pi r}{t}$$

であるから

$$z_v = \frac{2\pi r}{t\cos\delta} = \frac{z}{\cos\delta} \tag{5・42}$$

となる．

かさ歯車の歯すじがピッチ円すいの母線に一致したものを**すぐばかさ歯車**（straight bevel gear）といい，このとき歯形は，ピッチ円すいの頂点に向かって相似的に縮小した大きさをもつ．また，かさ歯車ですぐばかさ歯車以外のものを**まがりばかさ歯車**（spiral bevel gear）という．まがりばかさ歯車では，かみ合いが歯の一方の端から次第に他方の端に移り，かみ合い率も大きくなるため，すぐばかさ歯車に比べ，回転がなめらかで静粛である．**図5･43**はこれを冠歯車について示したもので，(a) はすぐばかさ歯車，(b) はまがりばかさ歯車である．そして，(b) のうち ① は直線，② は円弧，③ は渦巻線を歯すじの線として用いてある．

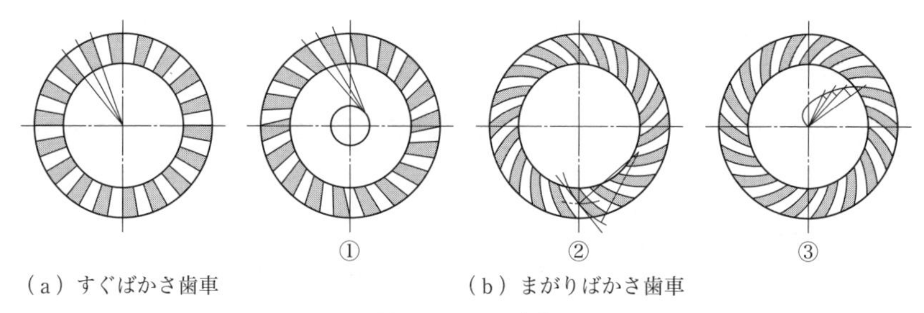

図5・43 かさ歯車

5・13 食違い歯車，ハイポイド歯車

平行でもなく交わりもしない2軸の間に転がり接触で回転を伝えるには，単双曲線回転面を用いるが，この一部をピッチ曲面として母線の方向に歯すじを付けたものが**食違い歯車**（skew bevel gear）である（**図5･44**）．これは歯すじの方向にすべりがあり，摩擦や摩耗も大きい．また，これを正確に製作することが容易

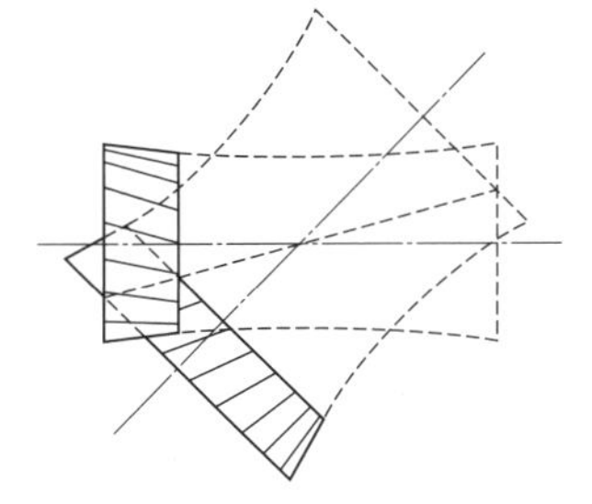

図5・44 食違い歯車

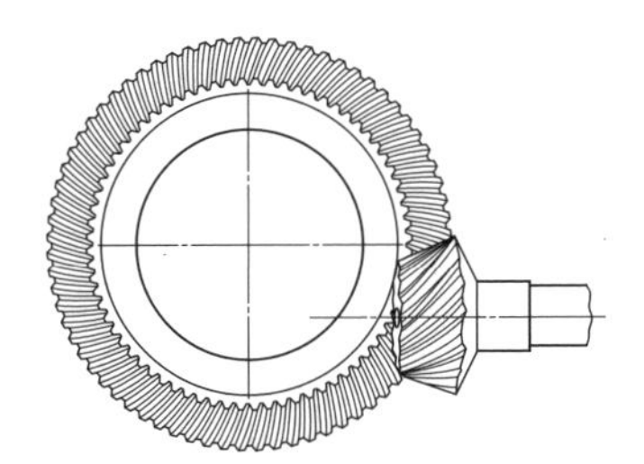

図5・45 ハイポイド歯車

でないため，あまり用いられていない．

軸の食い違う二つの円すいを接触させ（この場合，点接触となる），これをピッチ円すいとして歯を刻んだものを**ハイポイド歯車**（hypoid gear）という（**図5•45**）．2軸が直角をなす場合に用いることが多い．この歯車には，かさ歯車と違って軸を双方に延長することができる利点がある．また，これは自動車の後車軸の駆動に多く用いられている．それは，かさ歯車を用いる場合より駆動軸の位置を低くとることができるとともに，かみ合う歯のすべり方向が一方向となるため，効率よく潤滑でき，連続運転に適しているからである．

5・14 ねじ歯車

単双曲線回転面ののど円の付近を近似的に円筒とみなし，これをピッチ円筒として回転面の母線の方向に歯すじを設けた歯車を**ねじ歯車**（screw gear）という．この場合，本来，回転双曲面であるピッチ曲面を近似的に円筒面としているため，かみ合う歯は点接触となり，すべりも多くて摩耗しやすく，大きな動力の伝達には適さないが，形状がはすば歯車と同一のため，食違い軸歯車の中では最も安価に製造できる．そのため，自動車エンジンのドライブシャフトと平行な軸から直角方向に回転を取り出してディストリビュータを駆動するなど，低負荷で使用し，十分な潤滑が可能で，かつ低コスト性が求められる部位に適し

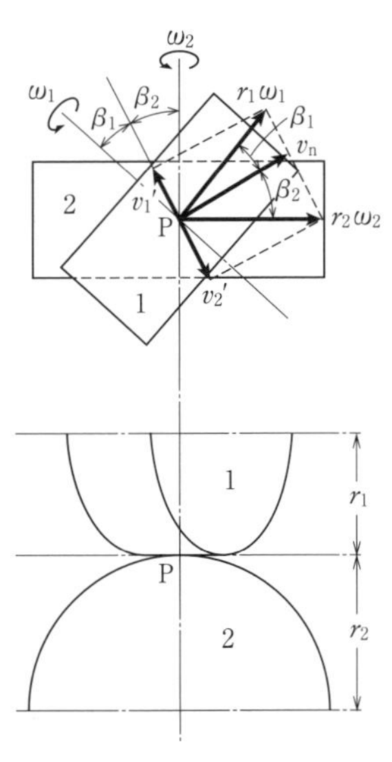

図5・46 ねじ歯車の計算

ている．

図5・46 において，歯車1と2のピッチ円筒がPで接しているとし，共通の歯すじの方向と軸のなす角（ねじれ角）をそれぞれ β_1，β_2 とすれば，歯すじに直角方向の分速度は等しくなければならないから

$$r_1\omega_1\cos\beta_1 = r_2\omega_2\cos\beta_2 = v_n$$

$$\therefore\quad \frac{\omega_2}{\omega_1} = \frac{r_1\cos\beta_1}{r_2\cos\beta_2} \qquad (5\cdot43)$$

すなわち，ねじ歯車では，角速度比はピッチ円半径ばかりでなく歯すじの傾きにも関係する．また，このとき歯すじの方向にはすべりを生じる．すべり速度を v_{s} とすれば

$$v_{\mathrm{s}} = v_1' + v_2' = r_1\omega_1\sin\beta_1 + r_2\omega_2\sin\beta_2 \qquad (5\cdot44)$$

である．

図5・47 に示すように，ねじ歯車では，軸に直角な断面における正面ピッチ t_{s} のほか，歯直角ピッチ t_{n} と**軸方向ピッチ**（axial pitch）t_{a} が存在する．ピッチ円半径を r，歯数を z とすれば，その間の関係は

$$t_{\mathrm{s}} = \frac{2\pi r}{z},\quad t_{\mathrm{n}} = t_{\mathrm{s}}\cos\beta,\quad t_{\mathrm{a}} = t_{\mathrm{s}}\cot\beta \qquad (5\cdot45)$$

である．

かみ合う一組のねじ歯車では，歯直角ピッチは等しくなければならないから，上式から

$$t_{\mathrm{s}1}\cos\beta_1 = t_{\mathrm{s}2}\cos\beta_2$$

$$\frac{2\pi r_1}{z_1}\cos\beta_1 = \frac{2\pi r_2}{z_2}\cos\beta_2$$

$$\frac{r_1\cos\beta_1}{r_2\cos\beta_2} = \frac{z_1}{z_2}$$

これと式（5・40）より

$$\frac{\omega_2}{\omega_1} = \frac{z_1}{z_2}$$

すなわち，角速度比は歯数に反比例する．**図5・48** はピッチ円直径が等しく歯数比が2なるねじ歯車の例である．

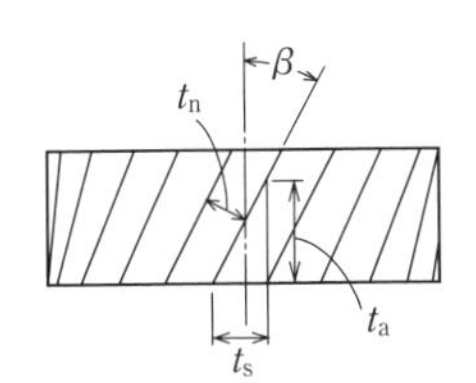

図 5・47　ねじ歯車のねじれ角

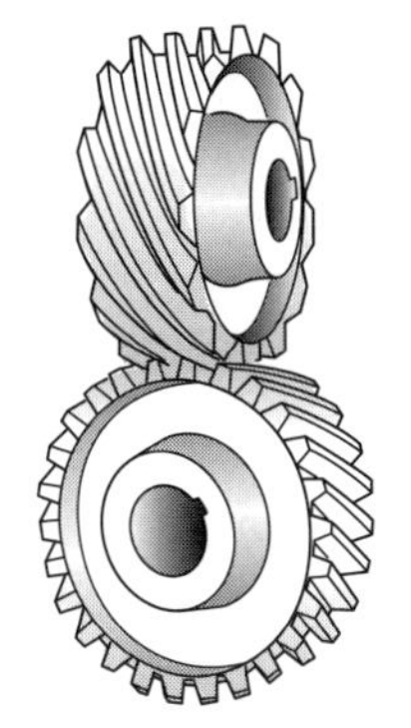

図 5・48　ねじ歯車の例

5・15　ウォームギヤ対

一組のねじ歯車において，一方の歯車のねじれ角βを大きくし，またそのピッチ円筒の直径を小さくすると，ねじ状の歯車ができる．そして，これとかみ合う歯車は，ねじれ角の小さいはすば歯車のようになる．前者を**ウォーム**(worm)，後者を**ウォームホイール**（worm wheel）といい，この歯車の組合せを**ウォームギヤ対**（worm gear pair）という．普通は2軸のなす角が直角の場合が多い．両歯車のピッチ面は円筒であるので，ピッチ円筒同士は点接触をするのであるが，ウォームホイールを歯切りするとき，ウォームと同じ形のホブを用い，ウォームとウォームホイールのかみ合いと同じ関係の運動を与えて切削するので，ウォームギヤ対のかみ合いは線接触になる．ウォームの歯数を条数というが，これを1にすることができるから，一組のウォームギヤ対で非常に大きな減速比を得ることができる．

図 5・49 に示すように，ウォームの条数をz_w，ピッチをt，リードをL，ピッチ円半径をr_1，ピッチ円筒上のねじの傾き角（進み角）をγとすれば

$$L = z_w t$$
$$\tan\gamma = \frac{L}{2\pi r_1} \qquad (5・46)$$

いま，ウォームによりウォームホイールが回転されているとき，ウォームに働く力のつり合いを考えてみると，**図 5・50** のようになる．ウォームの歯直角断面の歯の傾きの角をα_n，歯面に垂直にかかる力をQとし，これをウォームの中心に向かう力$Q\sin\alpha_n$と，これに直角な力$Q\cos\alpha_n$に分ける．前者はウォームが

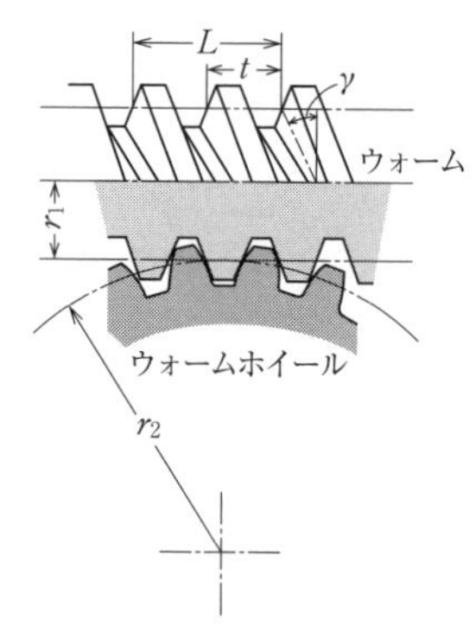

図5・49　ウォームギヤ対

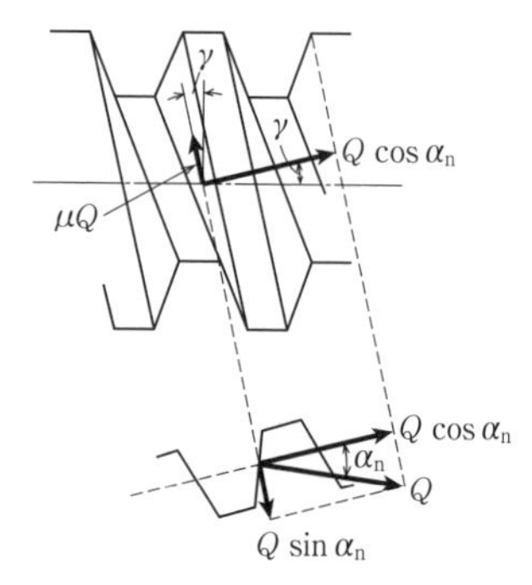

図5・50　ウォームに働く力のつり合い

軸に直角に押される力である．後者と歯面の摩擦力 μQ（μ は摩擦係数）とにより，ウォームの軸方向および円周方向の力を求めれば

軸方向の力　$P=Q\cos\alpha_n\cos\gamma-\mu Q\sin\gamma$

円周方向の力　$P_c=Q\cos\alpha_n\sin\gamma+\mu Q\cos\gamma$

普通，α_n は15°程度であるから，簡単にするため $\cos\alpha_n=1$ とすれば

$$P_c=\frac{\sin\gamma+\mu\cos\gamma}{\cos\gamma-\mu\sin\gamma}P$$

摩擦角を ρ とすれば

$$\mu=\tan\rho$$

であるから

$$P_c=\frac{\sin\gamma+\tan\rho\cos\gamma}{\cos\gamma-\tan\rho\sin\gamma}P=\frac{\tan\gamma+\tan\rho}{1-\tan\rho\tan\gamma}P=P\tan(\gamma+\rho) \tag{5・47}$$

P はウォームホイールを回転させる力であるから，この式は P なる回転力を与えるためには，P_c なる円周力をウォームに加えなければならないことを示している．

摩擦がないと考えたときの P_c の値を P_{c0} とすれば

$$P_{c0}=P\tan\gamma$$

したがって，歯面の接触の効率 η は

$$\eta=\frac{P_{c0}}{P_c}=\frac{\tan\gamma}{\tan(\gamma+\rho)} \tag{5・48}$$

これによると，γ が45°付近で効率は最大になるが，γ が30°以上では大きな

違いがないから，実際には効率を大きくするにはγを30°前後にとる．

ウォームホイールでウォームを回転させる場合，つまり逆転させる場合を考えると，図5・50の摩擦力μQの向きが逆になるから，同様にして

$$P = P_c \cot(\gamma - \rho) \qquad (5 \cdot 49)$$

が得られる．ここで，$\gamma > \rho$ならば逆転できるが，$\gamma < \rho$ならばウォームホイールでウォームを回すことができない．たとえば，ウォームホイールにワイヤの巻上げドラムを取り付け，ハンドルでウォームを駆動する手巻きウインチを構成すると，ハンドルを開放してもドラムが停止するため，都合がよい．

ウォームのピッチ面は円筒であるが，ウォームホイールのピッチ円の一部をウォームの軸のまわりに回転してできる円弧回転面をピッチ面とした**鼓形ウォーム**（globoid worm）がある．これによると，歯の接触面が大きくなり，負荷能力が増すが，組立てをごく正確にしないとこの長所は発揮されない．**図5・51**に示すのは，その一種の**ヒンドレイウォーム**（Hindley worm）である．

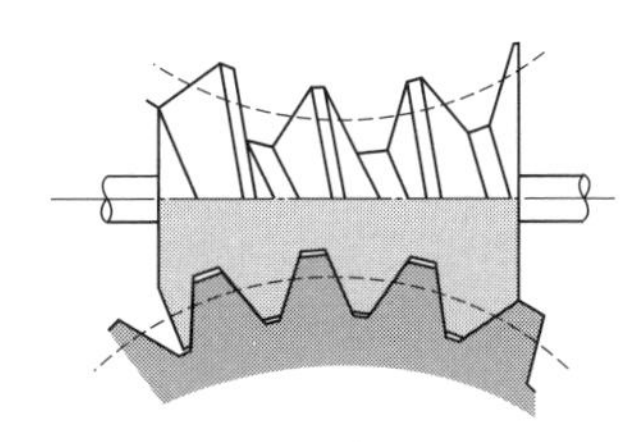

図5・51　ヒンドレイウォーム

5・16　歯　　車　　列

5・16・1　中心固定の歯車列

数組の歯車を順次にかみ合わせ，回転数を増減させる歯車の組合せを**歯車列**（gear train）という．**図5・52**のようにB，C両歯車が同軸に固定されているものでは，nを回転数，zを歯数，uを速比（回転数の比）とすれば

$$u_{AB} = \frac{n_B}{n_A} = \frac{z_A}{z_B}, \quad u_{CD} = \frac{n_D}{n_C} = \frac{z_C}{z_D}$$

$$\therefore \quad u_{AD} = \frac{n_D}{n_A} = \frac{n_B}{n_A} \cdot \frac{n_D}{n_C} = \frac{z_A}{z_B} \cdot \frac{z_C}{z_D}$$

このような歯車列では，幾組の歯車が組み合わされていても

$$速比 = \frac{駆動歯車の歯数の積}{被動歯車の歯数の積} \qquad (5 \cdot 50)$$

である．

図5・53の歯車列ではA，B，Cが順次にかみ合っている．その速比は

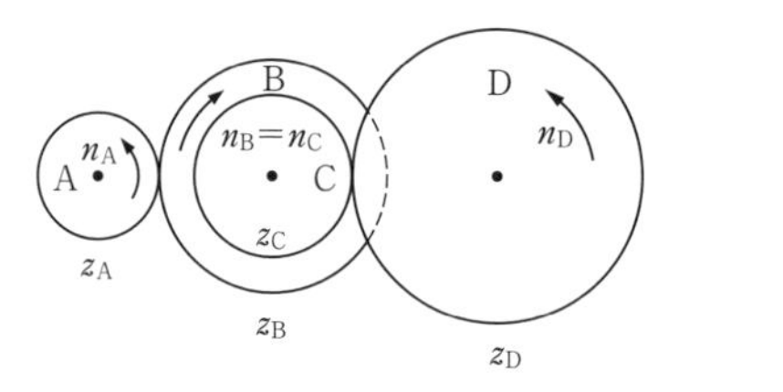

図5・52　歯車列（1）

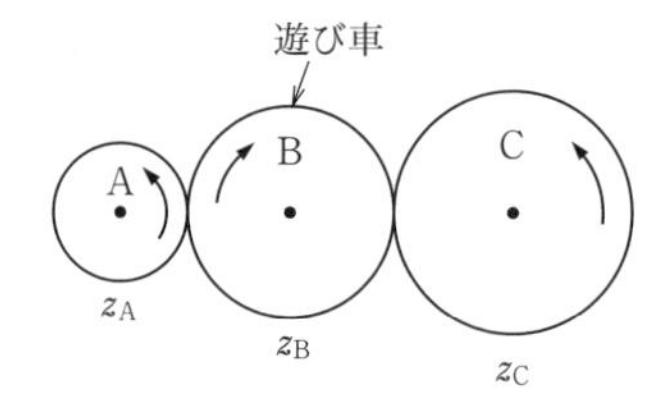

図5・53　歯車列（2）

$$u_{AC}=\frac{z_A}{z_B}\cdot\frac{z_B}{z_C}=\frac{z_A}{z_C}$$

となり，B歯車の歯数は関係しない．このB歯車を**遊び歯車**（idle gear）という．A，C両歯車が直接かみ合えば，その回転方向は互いに逆であるが，B歯車があればAとCの回転方向は同じになる．

また，歯車列では，最終の軸が原動軸と同軸上に戻ってくるものがある．**図5･54**は時計の時針と分針の間の関係を示したもので，分針の軸に固定されたAからB，Cを経て，Aと同軸上のDがAと同方向に回転され，これに時針を取り付けてある．速比は1/12でなければならないから，歯数の一例をあげれば

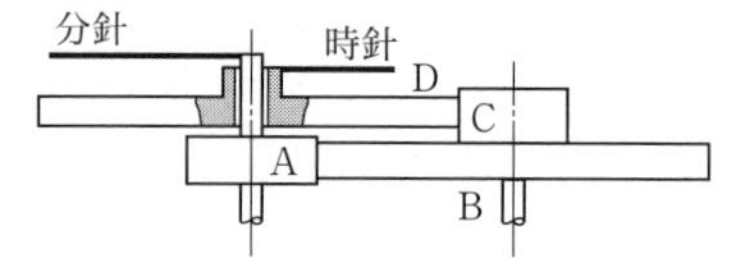

図5・54　時計の時針と分針

$$z_A=10,\ z_B=30,\ z_C=8,\ z_D=32$$

である．旋盤のバックギヤもこの歯車列の一例である．

【例題5・4】　10枚とびに20枚から100枚までの歯数の歯車がある．この歯車を使って**例図5･2**のような歯車列をつくり，速比を12になるようにせよ．

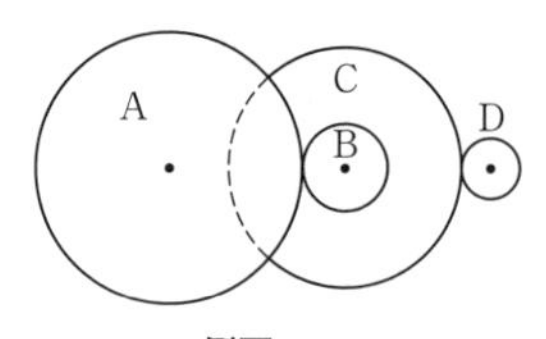

例図5・2

解

$$u_{AD}=12=\frac{3}{1}\times\frac{4}{1}=\frac{3\times30}{1\times30}\times\frac{4\times20}{1\times20}=\frac{90}{30}\times\frac{80}{20}$$

$z_A=90,\ z_B=30,\ z_C=80,\ z_D=20$

となる．もちろん，他の組合せも数種考えられる．

5・16・2　差動歯車列

かみ合う一組の歯車のうち一方の歯車が他方の歯車軸を中心として公転するとき，公転する歯車を**遊星歯車**（planet gear），中心の歯車を**太陽歯車**（sun gear）といい，この歯車列を**遊星歯車列**（planetary gear train）と名付ける．遊星歯車列において，太陽歯車にも回転を与えると，遊星歯車は公転以外に太陽歯車の回転の影響も受ける．このように太陽歯車，遊星歯車およびこれを結ぶ腕のうちいずれか二つに回転を与えれば，他の一つはそれらの作用を同時に受けて回転する．このような歯車列を**差動歯車列**（differential gear train）という．

いま，**図 5•55** において，歯車 A，B が腕 C によって結ばれているとき，腕 C を A の中心のまわりに回すものとする．A，B の歯数を z_A，z_B とし，A が n_A 回転し腕 C が n_C 回転するとき，B の回転数 n_B を求めてみよう．回転方向に正負を考え，反時計方向の回転を正とする．

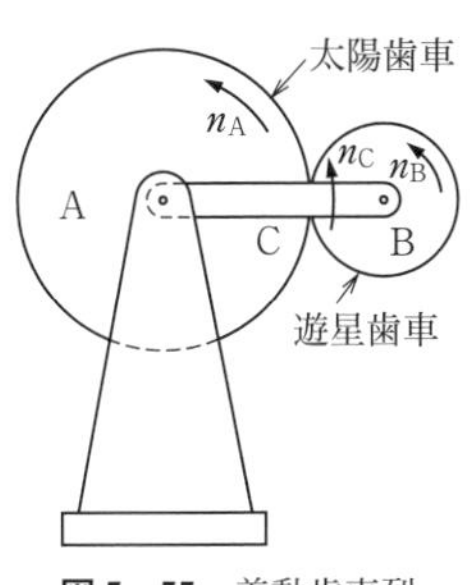

図 5・55　差動歯車列

解法の一つは次のようにする．まず，全体を固着したまま n_C 回転する．これによってどの歯車も n_C 回転したことになる．次に，腕を固定して中心固定の歯車列として A を (n_A-n_C) 回転する．すなわち，前の回転数と合計した結果，A が n_A 回転になるようにするのである．このとき，B は $-(n_A-n_C)z_A/z_B$ 回転するから，前の回転数 n_C にこの回転数を加えたものが，求める B の回転数 n_B である．すなわち

$$n_B=n_C-(n_A-n_C)\frac{z_A}{z_B}=\left(1+\frac{z_A}{z_B}\right)n_C-\frac{z_A}{z_B}n_A$$

これを次のようにまとめると，わかりやすい．

	A	B	C
全体固着	n_C	n_C	n_C
腕固定	n_A-n_C	$-(n_A-n_C)\dfrac{z_A}{z_B}$	0
合成回転数	n_A	$\left(1+\dfrac{z_A}{z_B}\right)n_C-\dfrac{z_A}{z_B}n_A$	n_C

もう一つの解法は，歯車の回転の腕の回転に対する相対回転数は，その歯車の回転数から腕の回転数を差し引いたものであるという考え方によるものである．すなわち

$$\frac{(\text{腕 C に対する B の回転数})}{(\text{腕 C に対する A の回転数})}=\frac{(\text{B の回転数})-(\text{腕 C の回転数})}{(\text{A の回転数})-(\text{腕 C の回転数})}$$

ところが，腕Cに対するBとAの歯車の回転数の比とは，腕を固定したときのBとAの回転数の比と同じであって，これは歯数に反比例する．したがって

$$-\frac{z_A}{z_B}=\frac{n_B-n_C}{n_A-n_C},\quad -\frac{z_A}{z_B}(n_A-n_C)=n_B-n_C$$

$$\therefore\quad n_B=\left(1+\frac{z_A}{z_B}\right)n_C-\frac{z_A}{z_B}n_A$$

【例題 5・5】 図5･55において，$z_A=40$，$z_B=20$である．Aを反時計方向に2回転すると同時に腕Cを時計方向に1回転するとき，Bはどの方向に何回転するか．

解

表にすれば

	A	B	C
全体固着	−1	−1	−1
腕固定	3	$-3\times\frac{40}{20}$	0
合成回転数	2	−7	−1

すなわち，Bは時計方向に7回転する．

もう一つの解法によれば

$$-\frac{40}{20}=\frac{n_B-(-1)}{2-(-1)},\quad -2=\frac{n_B+1}{3}\qquad\therefore\quad n_B=-7$$

次に，3個の歯車を用いた例として，**図5･56**において$z_A=z_C$でAが固定された場合，腕DをAの中心のまわりにn_D回転したときのCの回転数を求めてみよう．

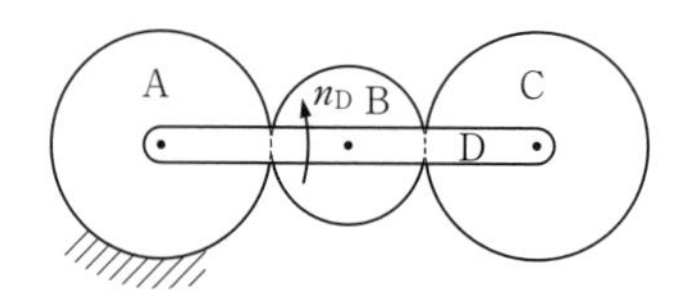

図5・56 3個の差動歯車列

	A	B	C	D
全体固着	n_D	n_D	n_D	n_D
腕固定	$-n_D$	$n_D \cdot \dfrac{z_A}{z_B}$	$-n_D \cdot \dfrac{z_A}{z_B} \cdot \dfrac{z_B}{z_C}$	0
合成回転数	0	$(1+z_A/z_B)n_D$	0	n_D

すなわち $n_C=0$ となり，C は A のまわりを公転はするが，自転はしない．これを応用したものに製綱機械がある．**図 5•57** において，綱の素線を巻き付けたものを C に取り付け，C は素線の数だけ A のまわりに放射状に配置され，A と C の歯数は等しい．腕 D は円板状をなしている．これは，綱をより合わせるとき，1 本 1 本の素線がねじれないようにするためである．

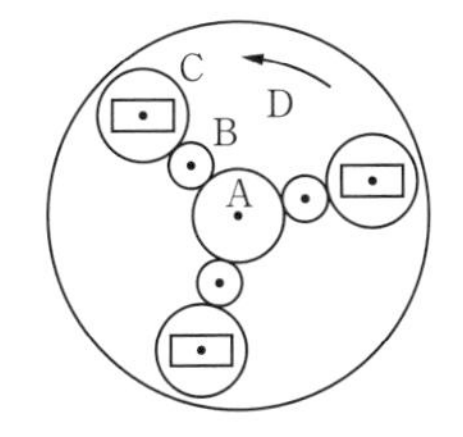

図 5・57 綱の素線のより合わせ

【例題 5・6】 **例図 5•3** に示す差動歯車列において，腕 E を A の中心のまわりに 3 回転し，同時に A を同方向に 2 回転したとき，D の回転数はいくらか．ただし，$z_A=90$，$z_B=30$，$z_C=60$，$z_D=20$ とする．

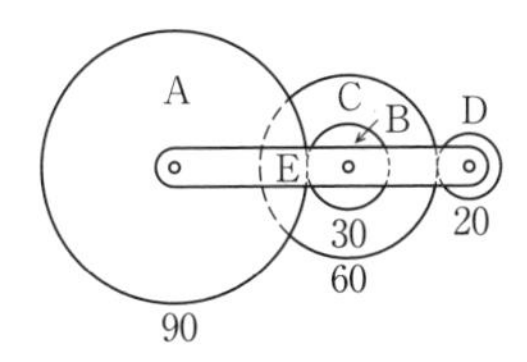

例図 5・3

解

	A	B, C	D	E
全体固着	3	3	3	3
腕固定	−1	$1\times\dfrac{90}{30}$	$-1\times\dfrac{90}{30}\times\dfrac{60}{20}$	0
合成回転数	2	6	−6	3

$n_D=-6$ となり，D は腕 E と反対方向に 6 回転する．

図 5•58 は内歯車を用いた例である．外歯車 B，C は，一体となり腕 E にゆる

く取り付けられている．内歯車 A を固定し，腕 E を n_E 回転したとき，D の回転数を求めてみよう．

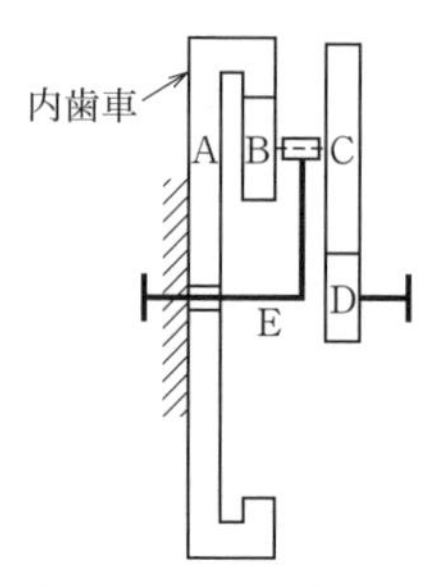

図 5・58　内歯車を用いた例

	A	B，C	D	E
全体固着	n_E	n_E	n_E	n_E
腕固定	$-n_E$	$-n_E \cdot \frac{z_A}{z_B}$	$n_E \cdot \frac{z_A}{z_B} \cdot \frac{z_C}{z_D}$	0
合成回転数	0	$\left(1-\frac{z_A}{z_B}\right)n_E$	$\left(1+\frac{z_A}{z_B} \cdot \frac{z_C}{z_D}\right)n_E$	n_E

$$n_D=\left(1+\frac{z_A z_C}{z_B z_D}\right)n_E$$

となる．いま，$z_A=54$，$z_B=14$，$z_C=28$，$z_D=12$ とすれば

$$n_D=\left(1+\frac{54\times 28}{14\times 12}\right)n_E=10n_E,\quad \frac{n_E}{n_D}=\frac{1}{10}$$

これは差動滑車に応用されている．上の例で，E の軸に滑車を付け，D を回転させると，滑車の回転数は D の 1/10 となるから，約 10 倍の回転モーメントが得られ，重い物を小さい力で揚げることができる．

【例題 5・7】　**例図 5・4** において，内歯車 C は固定されている．腕 D を A のまわりに回転するとき，A の回転数と D の回転数の比を求めよ．ただし，$z_A=39$，$z_B=32$，$z_C=104$ とする．

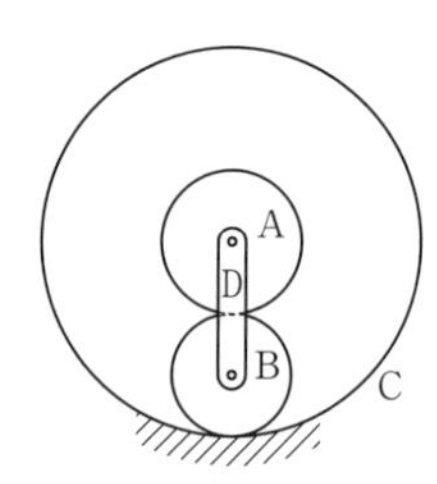

例図 5・4

解

腕を 1 回転するとき，A は x 回転するものとすれば

	A	B	C	D
全体固着	1	1	1	1
腕固定	$x-1$	$-(x-1)\dfrac{39}{32}$	$-(x-1)\dfrac{39}{32}\times\dfrac{32}{104}$	0
合成回転数	x	$\dfrac{71}{32}-\dfrac{39}{32}x$	$\dfrac{11}{8}-\dfrac{3}{8}x$	1

実は，$n_C=0$ であるから

$$\frac{11}{8}-\frac{3}{8}x=0,\ \ x=\frac{11}{3}$$

$$\therefore\quad \frac{n_A}{n_D}=\frac{11}{3}$$

または次のようにしてもよい．すなわち，腕を1回転したときCは回転しないから

	C	B	A	D
全体固着	1	1	1	1
腕固定	-1	$-1\times\dfrac{104}{32}$	$1\times\dfrac{104}{32}\times\dfrac{32}{39}$	0
合成回転数	0	$-\dfrac{9}{4}$	$\dfrac{11}{3}$	1

$$\therefore\quad n_A=\frac{11}{3}$$

$n_D=1$ であるから

$$\frac{n_A}{n_D}=\frac{11}{3}$$

図5•59 は，かさ歯車を差動歯車列として用いた例である．CとEは同大のかさ歯車で向かい合っている．Dもかさ歯車で腕Gに取り付けられ，CとEとにかみ合っている．腕GはCの中心を通り抜け，Cとの回転は自由である．Dは機構上は1個でもよいが，つり合いを保つために2個にしてある．いま，Gの先に付いている車Aを n_A 回転させると同時に，Cと一体になっている車Bを n_B 回転させたとき，Eと一体になっている車Fの回転数を求めてみよう．

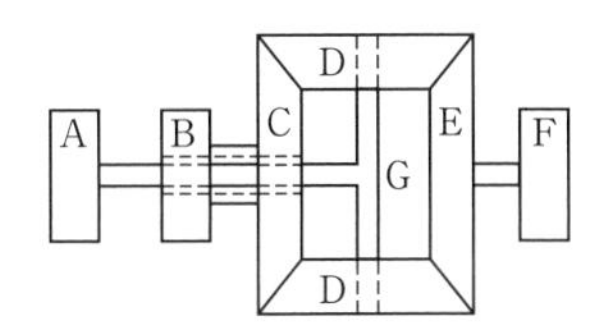

図5・59　かさ歯車を差動歯車列として用いた例

	B (C)	F (E)	A (G)
全体固着	n_A	n_A	n_A
腕固定	n_B-n_A	$-(n_B-n_A)$	0
合成回転数	n_B	$2n_A-n_B$	n_A

すなわち

$$n_F=2n_A-n_B$$

である．ここで，n_B と n_F の平均を求めてみると

$$\frac{n_B+n_F}{2}=\frac{n_B+2n_A-n_B}{2}=n_A$$

となり，腕の回転数は常に両側のかさ歯車の回転数の平均の値をとる．

この原理を応用したのが自動車の後車軸の駆動に用いられる差動歯車である．**図5･60**において，機関の回転によりHが回転し，これをAに伝える．Aには腕Gが取り付けられ，Dを介してC，Eとかみ合い，C，Eの軸の他端には車輪が取り付けられている．自動車が直進しているときは全部が一体となって回転するが，左へ曲がるときはCの回転数が少なくEの回転数が多くなり，右に曲がるときはその反対である．そして，その平均回転数はAの回転数となり一定である．なお，図5･60の記号は図5･59に対応するものである．

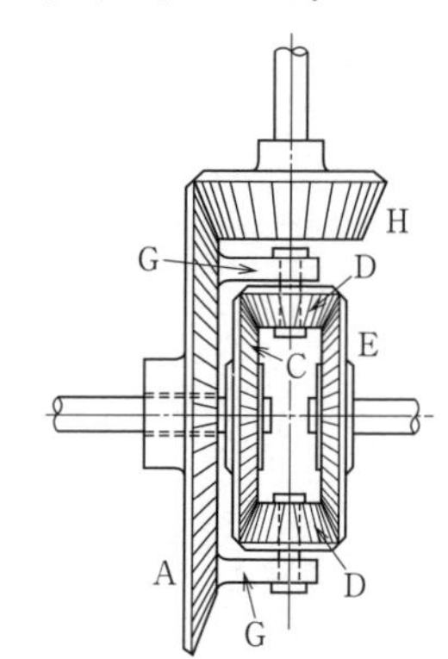

図5・60　自動車の後車軸の差動歯車

5・17　平歯車歯形の計算

ここでは，**図5･61**に示す半径 r_g のインボリュートの基礎円に対して，基礎円中心Oを原点とするO-xy座標系を設定し，この座標系におけるインボリュート曲線を関数表示する．インボリュート曲線の伸開角を θ とし，伸開角を原点Oとインボリュート曲線上の点Qを結ぶ直線を境として角度 ϕ と角度 ψ に分割する．

△OEQに着目すると

$$\theta=\tan\phi \qquad (5\cdot51)$$

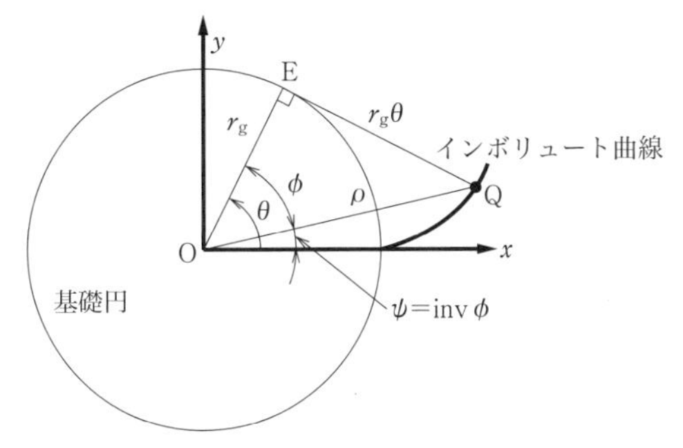

図 5・61 インボリュート曲線

となるので

$$\psi=\theta-\phi=\tan\phi-\phi=\text{inv}\,\phi \qquad (5\cdot52)$$

としてϕを変数とする**インボリュート関数** (involute function) inv ϕ を定義する.

インボリュート曲線上の点 Q の座標は,

$$\left.\begin{aligned} x&=\rho\cos\psi=\frac{r_g}{\cos\phi}\cos(\text{inv}\,\phi)=r_g(\cos\theta+\theta\sin\theta) \\ y&=\rho\sin\psi=\frac{r_g}{\cos\phi}\sin(\text{inv}\,\phi)=r_g(\sin\theta-\theta\cos\theta) \end{aligned}\right\} \qquad (5\cdot53)$$

となる.

次に, 3･9 節で紹介した包絡線の計算による板カムの輪郭曲線の導出と同じ方法により, 直線歯形である基準ラックとかみ合う歯車の歯形曲線を導出し, それがインボリュート曲線となることを示す.

インボリュート歯車の歯形は, **図 5･62** (a) に示す基準ラックが, 図 (b) に示すように, 歯車に対して創成する曲線群の包絡線として与えられる.

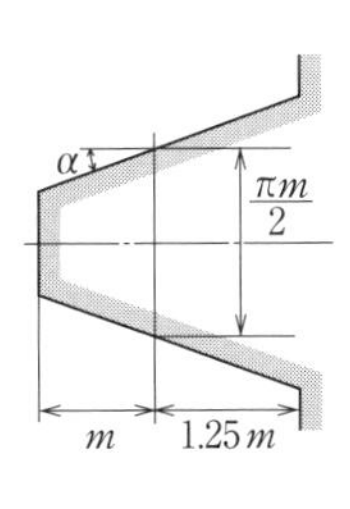

(a) 基準ラック

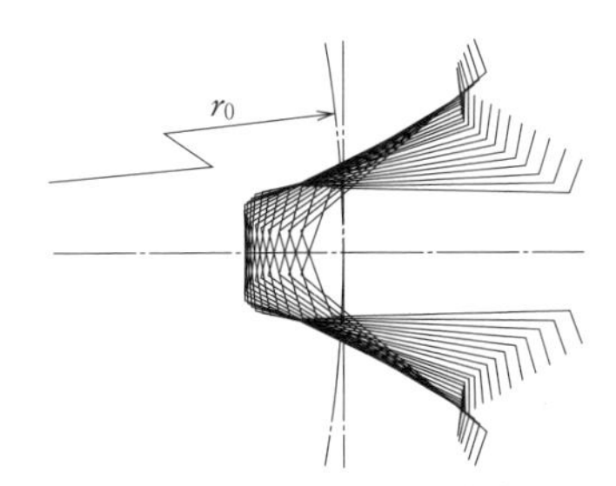

(b) 包絡曲線による創成

図 5・62 インボリュート歯車の歯形

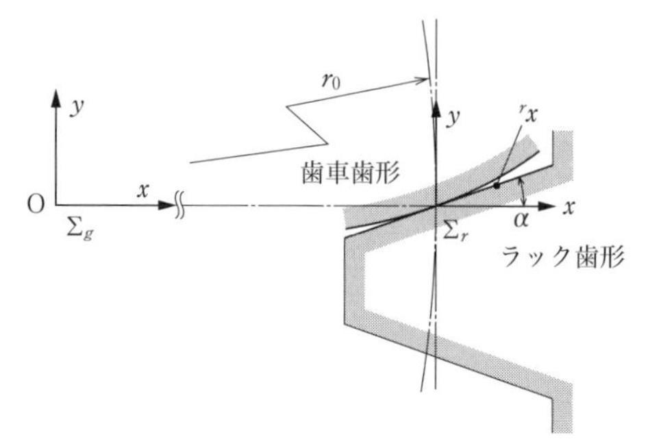

図5・63　ラック歯形と歯車歯形

図5･63に示すようにラックに固定した座標系Σ_rにおける圧力角αのラック歯形曲線（直線）$^r\boldsymbol{x}$は，媒介変数tを用いて

$$^r\boldsymbol{x}(t)=\begin{bmatrix} t\cos\alpha \\ t\sin\alpha \\ 1 \end{bmatrix} \tag{5・54}$$

歯車の回転中心に固定した座標系Σ_gを定義し，Σ_gからΣ_rに至る座標変換行列$^g\boldsymbol{A}_\mathrm{r}$は

$$^g\boldsymbol{A}_r(\theta)=\mathbf{Rot}(-\theta)\mathbf{Trans}(r_0, r_0\theta) \tag{5・55}$$

で与えられる．ここで，r_0はラックとかみ合う歯車のピッチ円半径，θは歯車の回転角度であり，座標変換行列$^g\boldsymbol{A}_\mathrm{r}$は$\theta$の関数となる．式（5･54）のラック歯形直線$^r\boldsymbol{x}$を歯車に固定した座標系$\Sigma_\mathrm{g}$へ変換する．

$$^g\boldsymbol{x}(\theta, t)={}^g\boldsymbol{A}_\mathrm{r}(\theta){}^r\boldsymbol{x}(t)=\begin{bmatrix} t\cos(\alpha-\theta)+r_0(\theta\sin\theta+\cos\theta) \\ t\sin(\alpha-\theta)+r_0(\theta\cos\theta-\theta\sin\theta) \\ 1 \end{bmatrix}$$

$$=\begin{bmatrix} {}^g x(\theta, t) \\ {}^g y(\theta, t) \\ 1 \end{bmatrix} \tag{5・56}$$

式（5･56）の$^g\boldsymbol{x}$は図5･62（b）に示したように曲線（直線）群を与え，この直線群の包絡線が歯車歯形曲線となる．

カム輪郭曲線の計算で示した方法と同様に計算すると，ラック曲線群の包絡線の条件は

$$\frac{\partial^g x}{\partial t}\cdot\frac{\partial^g y}{\partial\theta}-\frac{\partial^g y}{\partial t}\cdot\frac{\partial^g x}{\partial\theta}=-t-r_0\theta\sin\alpha=0 \tag{5・57}$$

で与えられる．式（5･57）を式（5･56）に代入した曲線に対して，歯形曲線の起点が $[r_g, 0]^T$ となるように曲線を角度〔$\tan(\alpha)-\alpha$〕回転変換し，さらに歯形曲線の起点の伸開角が0となるように角度変数〔$\theta+\tan(\alpha)$〕を新たに θ と定義し直すと，包絡線は

$$
{}^{g}\boldsymbol{x}(\theta)=\begin{bmatrix} r_g(\cos\theta+\theta\sin\theta) \\ r_g(\sin\theta-\theta\cos\theta) \\ 1 \end{bmatrix} \tag{5・58}
$$

となる．式（5･58）は，基準ラックの包絡線がインボリュート曲線（式（5･53））と等しいことを示している．ここで，r_g は基礎円半径であり，$r_g=r_0\cos(\alpha)$ である．

演 習 問 題

（**1**） 歯数25と70の平歯車がかみ合っている．小歯車の回転数は600 rpmである．歯と歯の接触点とピッチ点との距離が22 mmになった瞬間の歯の間のすべり速度を求めよ．

（**2**） 互いにかみ合っている平歯車の歯数を z_1，z_2，ピッチ円の周速度を v，円ピッチを t，歯の接触点とピッチ点との距離を l とすれば，歯の間のすべり速度 v_s は次の式で表されることを証明せよ．

$$
v_s=2\pi v\left(\frac{1}{z_1}+\frac{1}{z_2}\right)\frac{l}{t}
$$

（**3**） 歯数40，圧力角14.5°，モジュール8 mmの並歯の平歯車がある．ピッチ円直径，基礎円直径，歯先円直径，円ピッチ，法線ピッチを求めよ．

（**4**） 歯数40と60，圧力角14.5°，モジュール10 mmの並歯の平歯車がかみ合っている．中心距離を正規より2 mm大きくした場合，新しいかみ合い位置におけるピッチ円半径，圧力角を求めよ．

（**5**） 前問題において，中心距離を変化させる前と後とのかみ合い率を求めよ．

（**6**） 歯数20の並歯の歯車とラックがかみ合っている．モジュールは5 mmで，圧力角は20°である．かみ合い率を求めよ．

（**7**） 歯数40と60，圧力角20°の並歯の平歯車がかみ合っている．小歯車が駆動歯車であるとして，かみ合い始めとかみ合い終わりにおける両歯車のすべり率を求めよ．

（**8**） 歯数20の歯車を圧力角が14.5°で歯末の直線部分のたけがモジュールに等しいラ

ック形カッタで切削するとき，切下げを防ぐためには，転位係数をいくら以上にすればよいか．

（**9**）　歯数 28，圧力角 20°の並歯の平歯車がある．これと干渉を起こさずにかみ合う歯車の最小歯数を求めよ．

（**10**）　歯数 20 と 45 の平歯車がかみ合っている．モジュールは 6 mm で小歯数の回転数は 1 200 rpm である．両歯車のピッチ円直径，中心距離，ピッチ円の周速度，大歯車の回転数を求めよ．

（**11**）　歯数 20，正面モジュール 5 mm，正面圧力角 20°，ねじれ角 15°のはすば歯車がある．歯直角モジュール，歯直角圧力角，ピッチ円直径，相当平歯車歯数を求めよ．

（**12**）　歯数 20 と 45 のかさ歯車がかみ合っている．その軸角は 90°である．それぞれの歯車のピッチ円すい角，相当平歯車歯数を求めよ．

（**13**）　歯数 13 と 26 のねじ歯車がかみ合っている．両歯車のピッチ円直径は等しく，歯すじのねじれ方向は同じで，軸角は 90°である．歯すじのねじれ角を求めよ．

（**14**）　前問題において，歯直角モジュールを 5 mm とすれば，各歯車のピッチ円直径は何 mm か．また歯数 13 の歯車が 300 rpm で回転すれば，歯すじ方向のすべり速度は何 m/s か．

（**15**）　2 条のウォームと歯数 60 のウォームホイールがかみ合っている．軸角は 90°で，ウォームは軸方向ピッチ 20 mm，ピッチ円直径 45 mm である．ウォームのリード，進み角，ウォームホイールのピッチ円直径を求めよ．

（**16**）　問図 1 に示す歯車列において，A はウォーム，B はウォームホイール，C，D は平歯車，E，F はかさ歯車である．A が 1 800 rpm で回転するとき，F の回転数はいくらか．ただし，図の数字は歯数を表す．

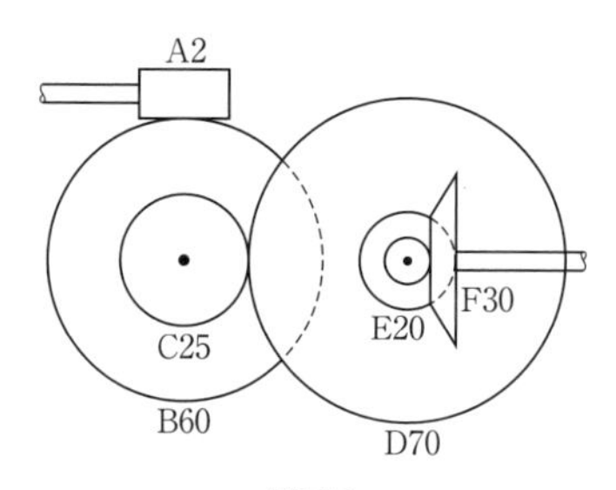

問図 1

(17) 問図2においてA，Cはウォーム，B，Dはウォームホイールである．ドラム（巻胴）Eの直径が500 mmとすると，ハンドルHの1回転につき荷重Wは何mm巻き上げられるか．ただし，図の数字は歯数を表す．

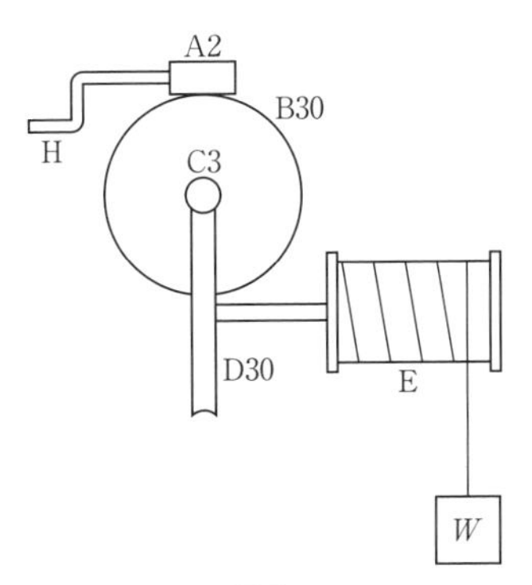

問図2

(18) 問図3において，$z_A=39$，$z_B=32$，$z_C=104$である．歯車A，Bが正規の中心距離でかみ合っているとすれば，B，Cは正規の中心距離でかみ合っていないはずである．Cの歯数が何枚ならば正規の中心距離でかみ合うことになるか．また，$z_C=104$であるならば，かみ合いのピッチ円は正規のピッチ円よりモジュールの何倍ずれることになるか．

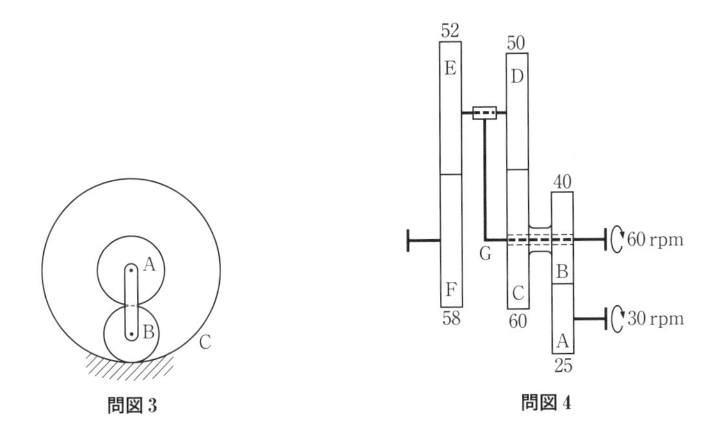

問図3　　**問図4**

(19) 問図4の差動歯車装置において，歯車B，CおよびD，Eは，それぞれ一体となり腕Gにゆるく取り付けられている．歯車Aおよび腕Gを同方向にそれぞれ30 rpm，60 rpmで回転させたとき，歯車Fはどの方向に何回転するか．なお，図の数字は歯数を示す．

(**20**) 問図5において，A，Cは内歯車で，Bは腕Dにゆるく取り付けられた外歯車である．腕Dを100回転すると歯車Cは何回転するか．また，CとDの回転方向は同じか，反対か．なお，図の数字は歯数を示す．

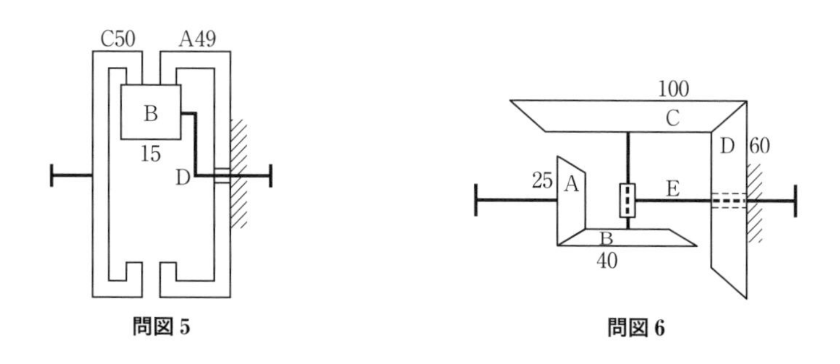

問図5　**問図6**

(**21**) 問図6において，A，B，C，Dはかさ歯車である．BとCは，一体となり腕Eの中で自由に回転できるようになっており，Dは固定されている．歯車Aと腕Eの回転数の比を求めよ．また，両者の回転方向は同じか，反対か．なお，図の数字は歯数を示す．

第6章　巻掛け伝動装置

巻掛け伝動装置というのは，原動軸の回転を従動軸に伝えるのに，**図6･1**のように両軸に車を置いて，これにベルトやロープのような屈曲自由な巻掛け媒介節を張り渡して伝動する方法であって，割合簡単なので，各種の機械の伝動装置としてよく用いられる．特にこの方法は，伝動しようとする2軸間の距離が大きい場合に便利であるが，その代わり歯車伝動のように回転比を厳密に一定に保つことは困難である．なお，ベルトやロープは衝撃を吸収する作用もあり，その伝動は摩擦によるのであるから，負荷が増大した場合はすべって，機械に無理を生じる心配が少なく，また割合に静かな運転をすることができる．

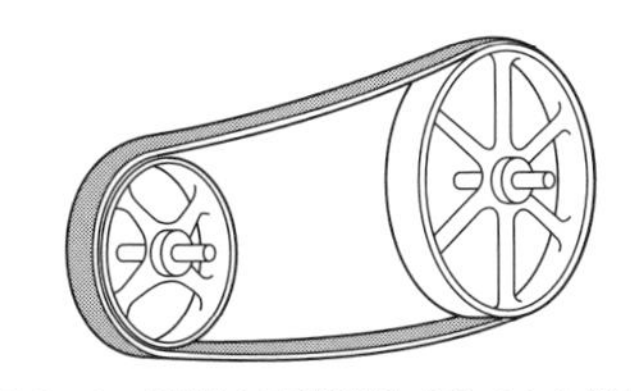

図6・1　巻掛け伝動装置（平ベルト伝動）

巻掛け媒介節としては，ベルトやロープのほかにVベルト，チェーンなども用いられる．

6・1　ベルト伝動装置

6・1・1　ベルトによる伝動

巻掛け媒介節としてベルトを用いた場合の伝動であって，**図6･2**（a）のようにしたものを**平行掛け***（open belting）といい，2軸は同方向に回転する．これに対し（b）のようにしたものを**十字掛け****（cross belting）といい，2軸は反対方向に回転する．

なお，ベルト伝動はベルトと車の周（しゅう）との間の摩擦力によって伝動をするのであるから，ベルトを車の周に押し付けるために，ベルトにある程度張力をもたせ

---

*　オープンベルトともいう．
**　クロスベルトともいう．

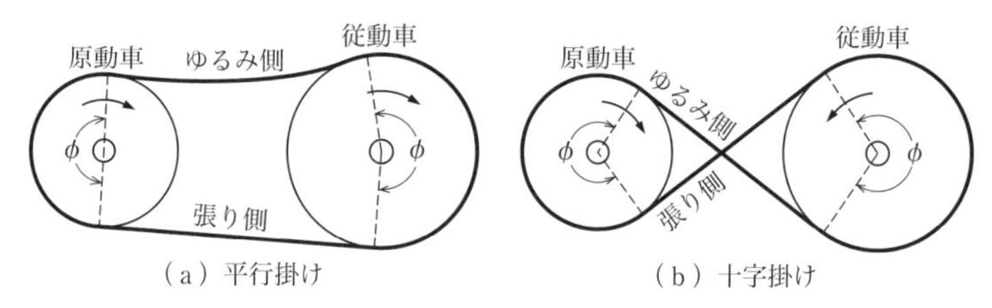

（a）平行掛け　　（b）十字掛け

図6・2　ベルトの掛け方

なければならない．これを**最初張力**（initial tension）という．そして運転を開始すれば，一方のベルトは原動車に引っ張られるためにその張力が増加し，他方のベルトは原動車から送り出されるためにその張力が減少する．すなわち，図6･2に見られるように**張り側**（tension side）と**ゆるみ側**（slack side）となる．

平行掛けで水平方向に伝動する場合は，ゆるみ側が上方になるようにすると，巻掛け角度 ϕ が増加してすべりが少なくなるから，なるべくこのようにするのがよい．十字掛けの場合は，一般に平行掛けの場合よりも巻掛け角度が大きくなるからすべりにくい．

6・1・2　ベルトとプーリ

ベルト*（belt）としては，牛の皮をタンニンまたはクロームでなめした皮ベルト，木綿，麻などでつくった織物ベルト，織物にゴムを浸み込ませて加硫してつくったゴムベルト，薄い鋼帯でつくった鋼ベルト，最近はビニールやナイロンなどを応用したベルトなどがあるが，現在最も多く用いられているのはナイロンなどの芯材を入れたゴムベルトである．

特殊な織物ベルトでは無端環状につくることもあるが，普通のベルトは1カ所あるいは数カ所でつないで環状にしなければならない．つなぐには，皮ベルト，ゴムベルトなどでは両端を次第に薄くなるように削って，にかわその他の接着剤で張り合せるのが最もよいが，簡単には，**図6･3**のようにひもでとじたり，継手金具を使用する．

ベルトを掛けるための車を**プーリ**（pulley）または**ベルト車**（belt pulley）という．プーリは鋳鉄，鋼，軽合金，木材などでつくられ，回転軸に直角な断面は円形である（円形以外のものも可能ではあるが，実際にはほとんど用いられな

* 平ベルト（flat belt）ということもある．

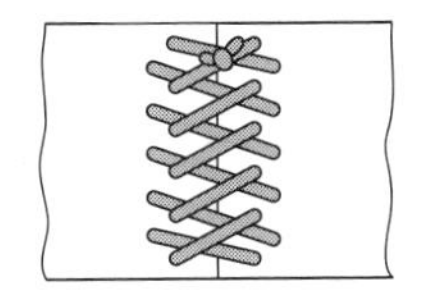
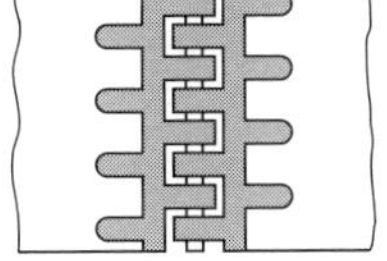
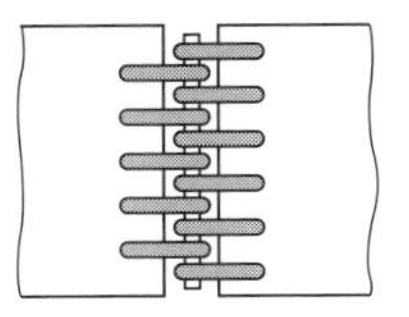

（a）とじひも継手　（b）レーシング継手　（c）フック継手

図6・3　ベルトの継手

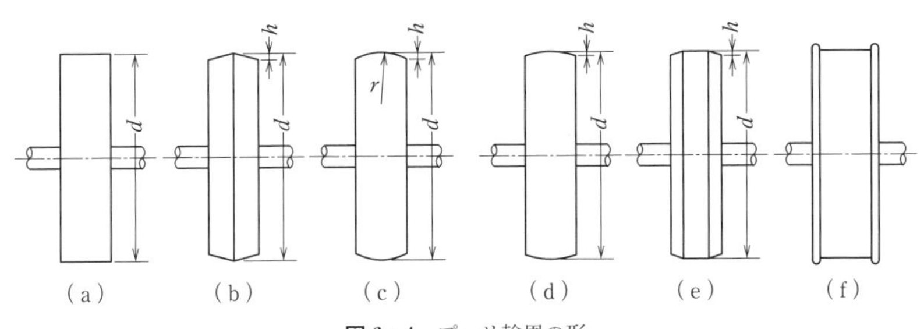

図6・4　プーリ輪周の形

い）.

輪周は，**図6・4**（a）のように直径が一様な円柱であってもよいが，ベルトが外れにくいようにするため，（b）～（e）に見られるように中央部の直径を大きくすることが多い．このようにすることを**中高**（なかだか）（crown）を付けるという．中高を付けるとベルトが外れない理由は，**図6・5**のようにベルトを円すい形の輪周をもった車に掛けて考えてみればよい．ベルトは柔軟であるから，円すい面に沿って a～b のように掛かるが，いま車を 90° だけ回転すると，b で車に接触したベルトはすべって移動することがないならば，そのまま b′ の位置にくるから，ベルトは破線のような位置になる．このようにして車を回転すれば，ベルトは次第に直径の大きいほうに移っていく傾向があるから，プーリの中央部の直径を最大にしておけば，ベルトは常に中央部に掛かるようになって外れないのである．

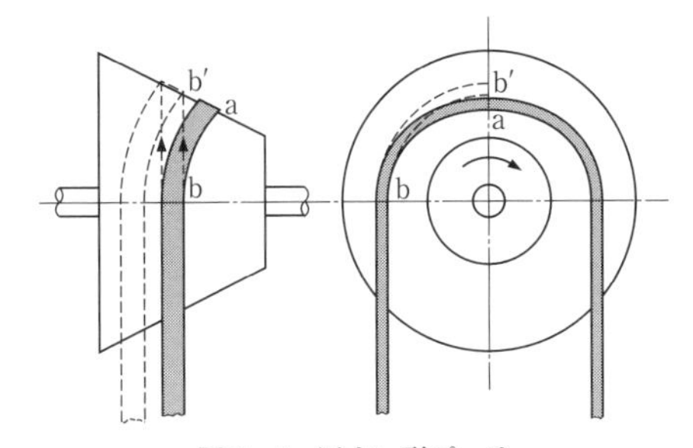

図6・5　円すい形プーリ

図6・4（b）のように中央部を角張らせるとベルトが傷みやすいから，（c）の

ように中央部に丸みをもたせるか，(d)，(e) のような形にするのがよい．ときによると，(f) のようにプーリの輪周の片側または両側につばを付けることもあるが，ベルトの掛外しが困難となり，またベルトの縁を傷めやすいから，軸が垂直でベルトが落ちる心配のあるときなどには用いるが，一般にはあまり使用しない．

6・1・3　ベルトの長さと巻掛け角度

両プーリの半径を r_A，r_B，両車の軸間距離を l とすると，所要ベルト長さ L は次のようにして求めることができる．ただし，ベルトには厚さがなく，またベルトは垂れ下がることなく直線状に張られるものとする．

①　平行掛けの場合（**図6･6**）

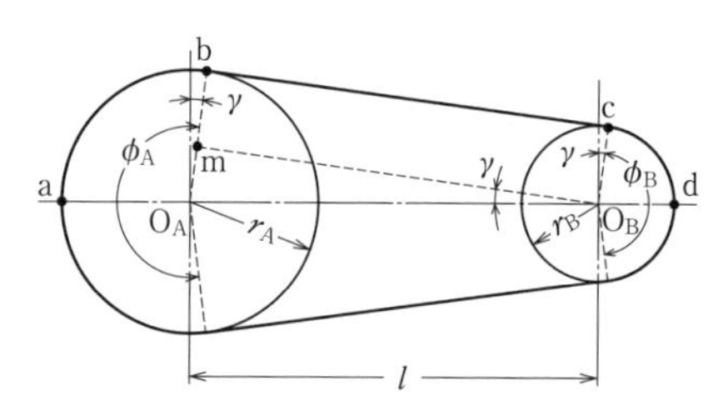

図6・6　平行掛けの場合

$$L=2(\overset{\frown}{ab}+\overline{bc}+\overset{\frown}{cd})$$

ここにおいて

$$\overset{\frown}{ab}=r_A\left(\frac{\pi}{2}+\gamma\right),\ \overset{\frown}{cd}=r_B\left(\frac{\pi}{2}-\gamma\right)$$

$$\overline{bc}=\overline{O_Bm}=\overline{O_AO_B}\cos\gamma=l\cos\gamma$$

であるから

$$L=2r_A\left(\frac{\pi}{2}+\gamma\right)+2l\cos\gamma+2r_B\left(\frac{\pi}{2}-\gamma\right)$$

$$=2l\cos\gamma+\pi(r_A+r_B)+2\gamma(r_A-r_B)$$

角 γ が小さいものとすると

$$\sin\gamma=\gamma=\frac{\overline{O_Am}}{l}=\frac{\overline{O_Ab}-\overline{O_Bc}}{l}=\frac{r_A-r_B}{l}$$

$$\cos\gamma=\sqrt{1-\sin^2\gamma}=\sqrt{1-\frac{(r_A-r_B)^2}{l^2}}\fallingdotseq 1-\frac{(r_A-r_B)^2}{2l^2}$$

とすることができるから

$$L=2l\left\{1-\frac{(r_A-r_B)^2}{2l^2}\right\}+\pi(r_A+r_B)+\frac{2(r_A-r_B)^2}{l}$$

$$=2l+\pi(r_A+r_B)+\frac{(r_A-r_B)^2}{l}$$

もし両車の直径を d_A，d_B で表すならば

$$L=2l+\frac{\pi}{2}(d_A+d_B)+\frac{(d_A-d_B)^2}{4l}$$

となる．

②　十字掛けの場合（**図6･7**）

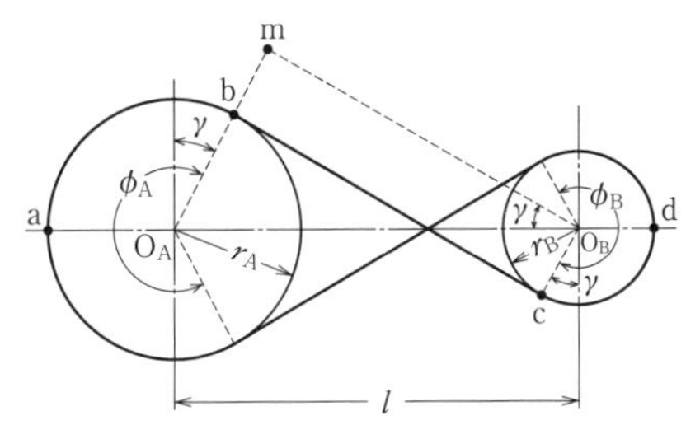

図6・7　十字掛けの場合

前と同様にして

$$L=2(\overset{\frown}{ab}+\overline{bc}+\overset{\frown}{cd})$$

$$=2r_A\left(\frac{\pi}{2}+\gamma\right)+2l\cos\gamma+2r_B\left(\frac{\pi}{2}+\gamma\right)$$

$$=2l\cos\gamma+\pi(r_A+r_B)+2\gamma(r_A+r_B)$$

角 γ が小さいものとすると

$$L=2l\left\{1-\frac{(r_A+r_B)^2}{2l^2}\right\}+\pi(r_A+r_B)+\frac{2(r_A+r_B)^2}{l}$$

$$=2l+\pi(r_A+r_B)+\frac{(r_A+r_B)^2}{l}$$

直径で表すならば

$$L=2l+\frac{\pi}{2}(d_A+d_B)+\frac{(d_A+d_B)^2}{4l}$$

また，巻掛け角度 ϕ は，図6･6および図6･7に見られるように，次のように求

めることができる．

① 平行掛けの場合

大車では　$\phi_A=\pi+2\gamma=\pi+2\sin^{-1}\dfrac{r_A-r_B}{l}$

小車では　$\phi_B=\pi-2\gamma=\pi-2\sin^{-1}\dfrac{r_A-r_B}{l}$

② 十字掛けの場合

$$\phi_A=\phi_B=\pi+2\gamma=\pi+2\sin^{-1}\frac{r_A+r_B}{l}$$

平行掛けの場合は，大車と小車の直径の差が大きく，かつ軸間距離 l が小さいときは，小車の巻掛け角度は，小さくなりベルトがすべりやすい．このような場合は，**図6･8**のような**張り車**（tension pulley）を使用して，小車の巻掛け角度を増加させるようにする．なお，十字掛けの場合は大車と小車の巻掛け角度は等しい．

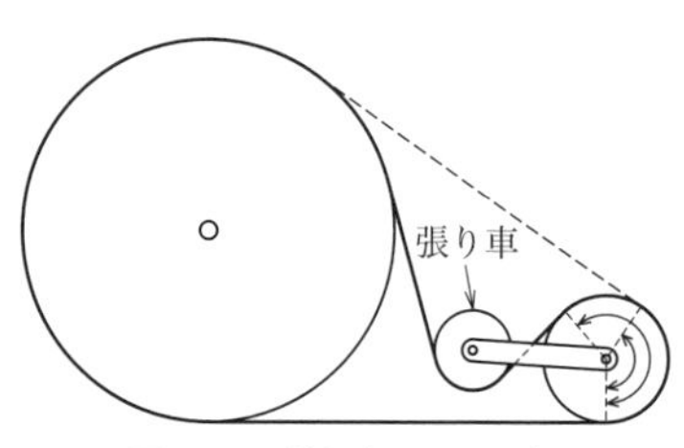

図6・8　張り車を用いた例

【例題6・1】 軸間距離2 m，原動プーリの直径800 mm，従動プーリの直径400 mm の場合，① 平行掛けの場合，および② 十字掛けにおける所要ベルト長さおよび巻掛け角度を求めよ．

解

① 平行掛けの場合

所要ベルト長さは

$$L=2l+\pi(r_A+r_B)+\frac{(r_A-r_B)^2}{l}=2\times2\,000+\pi(400+200)+\frac{(400-200)^2}{2\,000}$$

$$=4\,000+1\,884+20=5\,904\ \text{mm}$$

大車の巻掛け角度は

$$\phi_A=\pi+2\sin^{-1}\frac{r_A-r_B}{l}=\pi+2\sin^{-1}\frac{400-200}{2\,000}$$

$$=180°+11°30'=191°30'$$

小車の巻掛け角度は

$$\phi_B=\pi-2\sin^{-1}\frac{r_A-r_B}{l}=180°-11°30'=168°30'$$

② 十字掛けの場合は

所要ベルト長さは

$$L=2l+\pi(r_A+r_B)+\frac{(r_A+r_B)^2}{l}=2\times2\,000+\pi(400+200)+\frac{(400+200)^2}{2\,000}$$

$$=4\,000+1\,884+180=6\,064\ \text{mm}$$

両車の巻掛け角度は

$$\phi_A=\phi_B=\pi+2\sin^{-1}\frac{r_A+r_B}{l}=\pi+2\sin^{-1}\frac{400+200}{2\,000}$$

$$=180°+35°=215°$$

6・1・4　ベルト伝動の回転数比，ベルト張力および伝達動力

ベルト伝動における回転数比は，ベルトとプーリとの間にすべりがなく，またベルトには厚さがないものとすれば，原動プーリの円周速度がベルトの走る速度に等しく，それはまた，従動プーリの円周速度にも等しいものとして求めることができる．

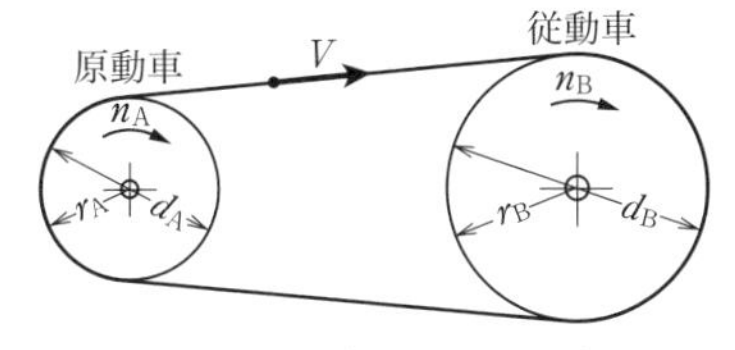

図 6・9　回転数比の求め方

図 6･9 において，原動車の半径，直径および回転数を r_A，d_A および n_A，従動車のそれらを r_B，d_B および n_B，ベルトの速度を v で表すと

$$2\pi r_A n_A=v=2\pi r_B n_B$$

であるから，回転数比 u は

$$u=\frac{n_B}{n_A}=\frac{r_A}{r_B}=\frac{d_A}{d_B}$$

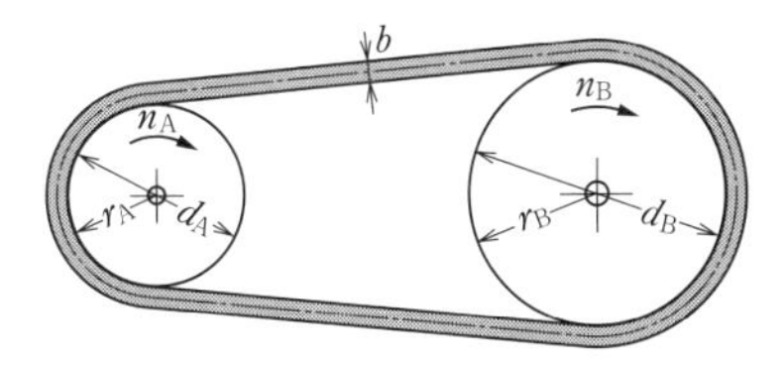

図 6・10　ベルト厚を考慮した場合

となる．ところが，実際のベルトにはある厚さがあり，ベルトがプーリに巻き付くときはベルトの内側は縮み，外側は伸びて，厚さのほぼ中央が伸縮のないところと考えられるから，**図 6･10** のように，プーリの半径にベルトの厚さの 1/2 を加えた大きさを半径とする車に厚さのないベルトを掛けたとみることができる．すなわち，ベルトの厚さを b とすると，回転数比は

$$u=\frac{n_B}{n_A}=\frac{r_A+b/2}{r_B+b/2}=\frac{d_A+b}{d_B+b}$$

となる．

このことから，ベルトの厚さを考慮に入れると，従動車の回転数は，ベルトの厚さをないものとした場合に比べて，$d_A<d_B$ すなわち減速の場合は増加し，$d_A>d_B$ すなわち増速の場合は減少することになる．

しかし，実際にはベルト伝動には多少のすべりをともなうのが普通であるから，従動車の回転数は，上記の式で計算した値よりもいくらか少なくなる．

すべりには移動すべりと弾性すべりがある．

移動すべりというのは，ベルトがプーリの周上で実際に移動するすべりであって，原動車においては，ベルト速度のほうがプーリの円周速度よりも小さく，従動車においては，プーリの円周速度のほうがベルト速度よりも小さい．

弾性すべりというのは，原動車においては，ベルトは張り側の伸びた状態で巻き込まれ，ゆるみ側の縮んだ状態となって送り出される．すなわち，ベルトはプーリに巻き付いて回っていく間に伸びていたものが次第に縮むのであるから，ベルト速度はプーリの円周速度よりも小さい．同様に従動車においては，ベルトはゆるみ側の縮んだ状態でプーリに巻き付き，張り側の伸びた状態となって出るのであるから，ベルトはプーリに巻き付いて回っていく間に次第に伸びるので，プーリの円周速度のほうがベルト速度よりも小さい．この現象をベルトの**クリープ**（creep）といい，これによって弾性すべりを生じる．

しかし，移動すべりと弾性すべりとを区別することは困難であって，普通は両者を合わせて2～3% のすべりがあるものとする．これが4% 以上にもなると発熱が多く，またベルトの寿命が短くなり，極端な場合はベルトは外れてしまうから注意を要する．

ベルトの張力は次のようにして求める．**図6･11**において，ゆるみ側の張力を T_s，張り側の張力を T_t，巻掛け

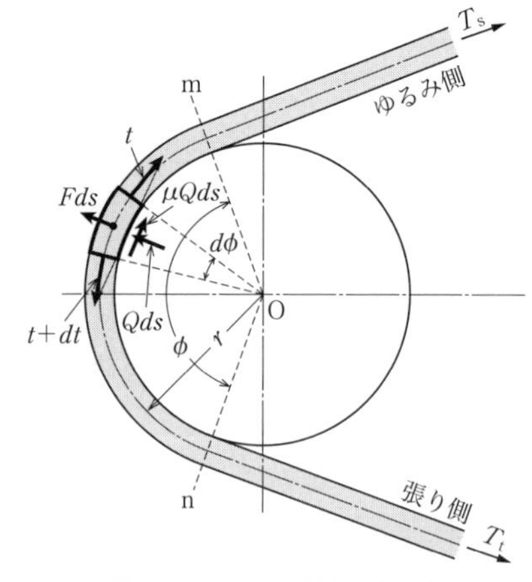

図6・11　ベルト張力の求め方

角度をϕとする．ベルトはm～nの間プーリに巻き付いているものとし，その間の任意のところに微小長さdsをとり（巻掛け角度は$d\phi$），この部分のゆるみ側に近いほうの張力をt，張り側に近いほうの張力を$t+dt$とする．ベルトはこれらの張力のためにプーリに押し付けられ，逆に，プーリはベルトを同じ大きさの力で押し返し，その力を$Q \cdot ds$，摩擦係数をμとすると，ベルトとプーリとの間の摩擦力は$\mu \cdot Q \cdot ds$となる．これらの力が平衡状態にあるのであるから，そのつり合いを考えると，半径方向では

$$Q \cdot ds = t \sin\frac{d\phi}{2} + (t+dt)\sin\frac{d\phi}{2} = 2t\sin\frac{d\phi}{2} + dt\sin\frac{d\phi}{2}$$

dt，$d\phi$は微小であるとすると$\sin\frac{d\phi}{2} = \frac{d\phi}{2}$，また，第2項は省略して

$$Q \cdot ds = 2t \cdot \frac{d\phi}{2} = t \cdot d\phi \tag{6・1}$$

また，円周方向のつり合いより

$$t + dt = t + \mu \cdot Q \cdot ds$$

$$dt = \mu \cdot Q \cdot ds \tag{6・2}$$

式（6･1），（6･2）より

$$dt = \mu \cdot t \cdot d\phi,\quad \frac{dt}{t} = \mu \cdot d\phi$$

mよりnまで積分すれば

$$\int_{T_s}^{T_t}\frac{dt}{t} = \mu\int_0^{\phi} d\phi,\quad \log T_t - \log T_s = \mu\phi$$

$$\frac{T_t}{T_s} = e^{\mu\phi} \tag{6・3}$$

この式は**アイテルワイン**（Eytelwein）**の式**として知られているものであって，原動車についても従動車についてもこの関係は成立する．

また，もし高速度で運転されているものとすると，ベルトは遠心力のためにプーリから離れようとするから，ベルトがプーリを押し付ける力はそれだけ減少する．プーリの半径をr，ベルトの単位長さの質量をm，ベルト速度をvとすると，dsの長さについての遠心力$F \cdot ds$は

$$F \cdot ds = m \cdot \frac{v^2}{r} \cdot ds = m \cdot \frac{v^2}{r} \cdot r \cdot d\phi = m \cdot v^2 \cdot d\phi$$

であるから，式（6･1）は

$$Q\cdot ds = t\cdot d\phi - m\cdot v^2\cdot d\phi = (t - mv^2)d\phi$$

となり，したがって式（6･2）は

$$dt = \mu\cdot Q\cdot ds = \mu(t - mv^2)d\phi$$

$$\frac{dt}{t - mv^2} = \mu\cdot d\phi$$

となる．前と同様に m より n まで積分すれば

$$\frac{T_{\mathrm{t}} - mv^2}{T_{\mathrm{s}} - mv^2} = e^{\mu\phi} \qquad (6\cdot 4)$$

プーリを回そうとする力（プーリのまわりに働く力）を T とすれば，これは張り側の張力とゆるみ側の張力との差となるから，$T = T_{\mathrm{t}} - T_{\mathrm{s}}$ として，これと式（6･3）とより

$$T_{\mathrm{s}} = \frac{1}{e^{\mu\phi} - 1}T$$

$$T_{\mathrm{t}} = \frac{e^{\mu\phi}}{e^{\mu\phi} - 1}T$$

また，遠心力を考慮に入れた場合は，式（6･4）より

$$T_{\mathrm{s}} = \frac{1}{e^{\mu\phi} - 1}T + mv^2$$

$$T_{\mathrm{t}} = \frac{e^{\mu\phi}}{e^{\mu\phi} - 1}T + mv^2$$

すなわち，この場合は T_{s} も T_{t} も mv^2 だけその張力が増加するのであって，mv^2 を**遠心張力**（centrifugal tension）という．

また，$T_{\mathrm{t}}/T_{\mathrm{s}}$ を**張力比**（tension ratio）といい，平ベルト伝動では 2〜5 くらいの値とする．

ベルト伝動においては，ベルトとプーリとの間に動力を伝達するのに十分な摩擦力がなくてはならないから，ベルトには最初から最初張力 T_0 をもたせて掛ける．T_0 は近似的に $(T_{\mathrm{s}} + T_{\mathrm{t}})/2$ と考えてよく，一般に $T_0 = 1.5T$ 程度に設定する．

伝達動力 P はベルト速度を v，ベルトがプーリを回転しようとして円周に働く力を T として，次式から求められる．

$$P = T\cdot v = (T_{\mathrm{t}} - T_{\mathrm{s}})v$$

【例題 6・2】　ベルト伝動装置において，原動車は直径 100 mm，1 500 rpm であるとする．この原動車より 1 800 mm を隔てた従動車を 300 rpm で回転させ，1.5 kW の動力を伝達し

ようとするならば，ベルト張力はいくらか．ただし，ベルトは平行掛けで，使用ベルトの質量は 1 m につき 0.2 kg，摩擦係数は 0.3 とする．

解

ベルト速度は

$$v=\frac{\pi dn}{1\,000\times60}=\frac{3.14\times100\times1\,500}{1\,000\times60}=7.85\ \mathrm{m/s}$$

したがって，$P=T\cdot v$ より

$$T=\frac{P}{v}=\frac{1.5}{7.85}=0.1911\ \mathrm{kN}=191.1\ \mathrm{N}$$

従動車の直径は

$$d_{\mathrm{B}}=\frac{n_{\mathrm{A}}}{n_{\mathrm{B}}}\cdot d_{\mathrm{A}}=\frac{1\,500}{300}\times100=500\ \mathrm{mm}$$

小車の巻掛け角度は

$$\phi_{\mathrm{A}}=180°-2\sin^{-1}\frac{r_{\mathrm{B}}-r_{\mathrm{A}}}{l}=180°-2\sin^{-1}\frac{250-50}{1\,800}$$

$$=180°-12°45'=167°15'=2.92\ \mathrm{rad}$$

$\mu=0.3$，$\phi=2.92$ として $e^{\mu\phi}$ を計算すると，$e^{\mu\phi}=2.401$ となる．したがって，張り側の張力は

$$T_{\mathrm{t}}=\frac{e^{\mu\phi}}{e^{\mu\phi}-1}T+mv^2=\frac{2.401}{2.401-1}\times191.1+0.2\times7.85^2=339.8\ \mathrm{N}$$

また，ゆるみ側の張力は

$$T_{\mathrm{s}}=T_{\mathrm{t}}-T=339.8-191.1=148.7\ \mathrm{N}$$

6・1・5　固定プーリと空転プーリ

ベルト伝動において，原動軸が一定回転を続けている場合に従動軸に起動，停止，逆転をさせるには，原動軸には幅の広いプーリを取り付け，従動軸には軸に固定された**固定プーリ**（fixed pulley）と，軸上を空転できるようにした**空転プーリ**（loose pulley）とを置いて，ベルトを**ベルト寄せ**（belt shifter）によって左右に移動させるようにする．

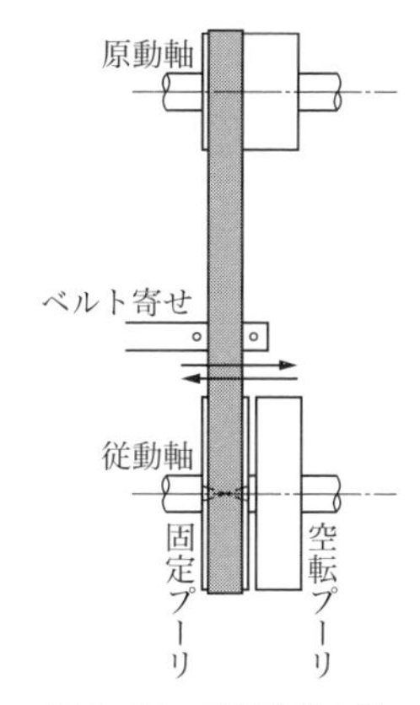

図 6・12　平行掛けの例

すなわち，**図 6•12** のように，ベルトが固定プーリに掛かっていれば従動軸は回転しているが，ベルト寄せによってベルトを右方に移動させて空転プーリのほ

うに掛ければ，従動軸は停止をする．

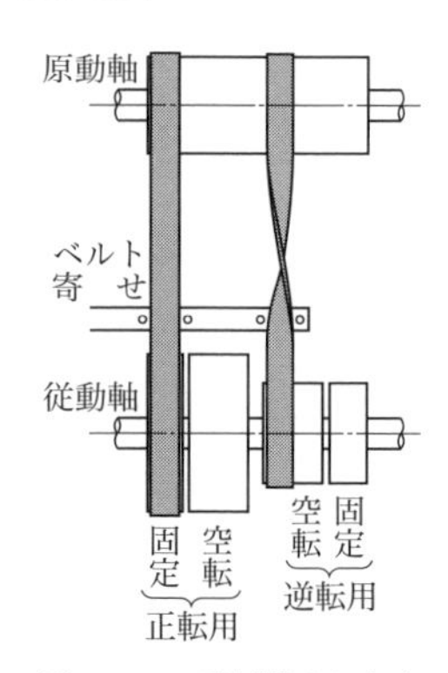

図6・13　平行掛けと十字掛け併用の例

図6•13は逆転もさせる場合で，ベルトは2本使用し，一つは平行掛け，他は十字掛けとし，ベルト寄せによって両方のベルトが同時に移動できるようにしておく．いま，図のように平行掛けのベルトが固定プーリに掛かっていれば，従動軸は正方向に回転し，両方のベルトを移動させて十字掛けのベルトが固定プーリに掛かるようにすれば，従動軸は逆転する．そして，両方のベルトが空転プーリに掛かっていれば，従動軸は停止をする．図では，逆転用プーリは正転用のプーリより直径の小さいものが用いてあるが，このようにした場合は，逆転時のほうが従動軸の回転数が大となり，早もどり運動をさせることができる．

これらの場合，空転プーリは動力を伝える必要がないから，その直径をやや小さくしておくと，ベルトの張力を減少させることができるので，ベルトの傷み方が少なくなる．

なお，ベルトが静止状態のときはベルトを移動させることはできないし，運転時でも，ベルト寄せをベルトの進入側に配置しておかないとベルトを移動させることはできない．

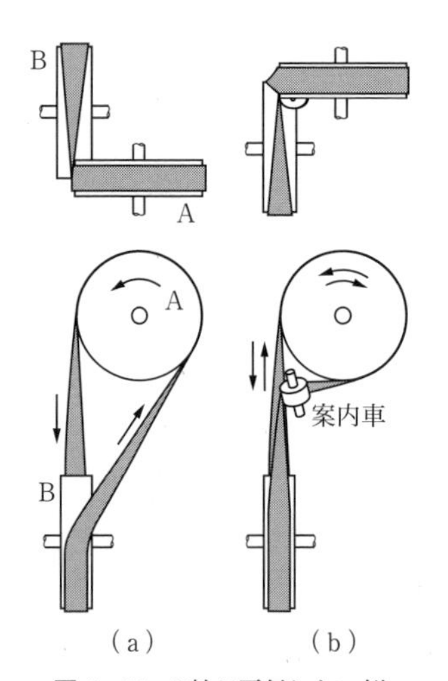

図6・14　2軸が平行しない例

6・1・6　特殊位置のベルト掛け

ベルト伝動は，原動軸，従動軸の両プーリの中央断面が一平面内にある場合の伝動に用いることが多いが，ベルトがプーリに巻き付こうとするとき，ベルトの中心がプーリの中央断面と同一面内にあるように配置すれば，両プーリの中央断面が一平面内にない場合でも伝動をすることができる．

たとえば，**図6•14**(a)は空間において直角の位置にある2軸間に伝動する場合で，A車より出たベルトはB車の正面に入り，B車より出たベルトはA車の正面に入るようにすればよい．この場合，ベルトの退去側はプーリの中央断面に対しある角度をなすようになるが，さしつかえはない．その代わり，逆転をすればベルトは直ちに外れてしまい，運転できない．

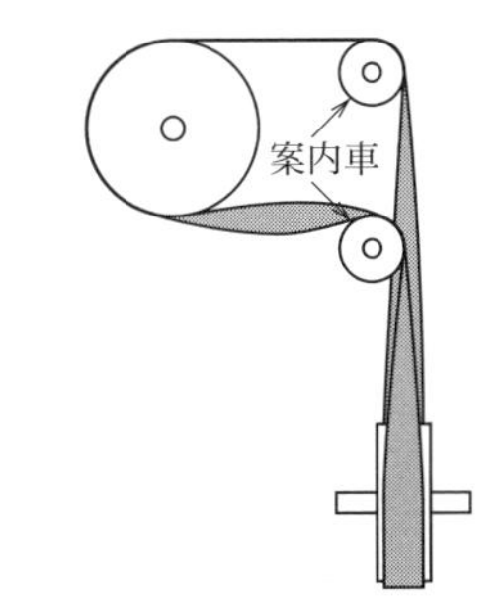

図 6・15　案内車を用いた例（1）

逆転も可能にするには，ベルトの退去側もプーリの中央断面にあるようにしておかなければならないが，それには（b）のように案内車を使用すればよい．このようにすれば，逆転してもベルトは外れることなく運転できる．

図 6･15 も同様の例であるが，これらの場合，ベルトが途中で反対に曲げられることはなるべく避けるようにするのがよい．

図 6･16 は2軸がきわめて接近していて，直接ベルトを掛けることができない場合の例で，（a）は逆転不可能の場合，（b）は逆転も可能の場合である．

図 6･17 は途中に障害物，たとえば建物の一部，機械の一部などがあるため，それを避けて伝動するような場合の一例を示す．

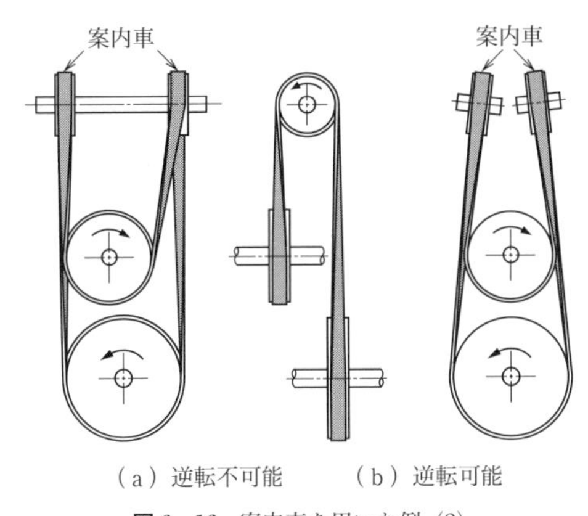

図 6・16　案内車を用いた例（2）

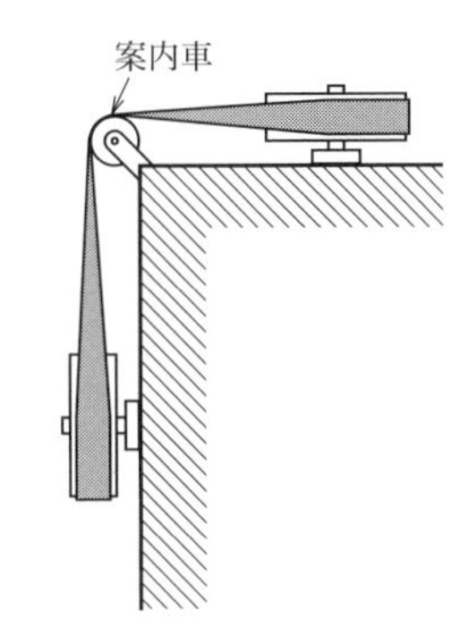

図 6・17　案内車を用いた例（3）

6・1・7　ベルト伝動による変速装置

〔1〕　**無段的変速の場合**　　**図 6･18** のように円すい形のプーリを2個互いに向きを反対にして配置し，ここにベルトを掛ければ，ベルトの位置を移動することにより，原動軸が一定回転の場合，従動軸の回転数を連続的に変化させることができる．この場合に考えておかなければならないことは，ベルトがどの位置にあ

っても，たるんだり張りすぎたりしないようにしなければならないことである．

6·1·3 項の所要ベルト長さの式を見ると，十字掛けの場合は

$$L=2l+\pi(r_A+r_B)+\frac{(r_A+r_B)^2}{l}$$

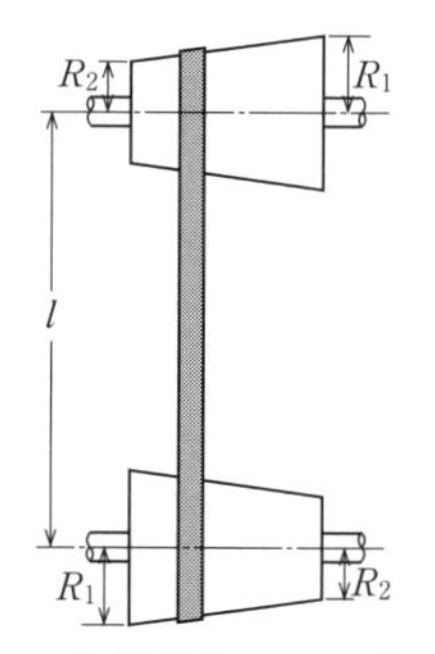

図 6・18 無段変速のベルト掛け (1)

であるから，同形の正円すい形のプーリを2個向きを反対にして使用すれば，ベルトの移動によって，一方のプーリの半径が増減しただけ，他方のプーリの半径が増減する．プーリ中央位置の半径を R，ベルトが左右に移動したときの半径の増加量を r とすると

$$r_A=R+r$$
$$r_B=R-r$$

より

$$L=2l+2\pi R+\frac{(2R)^2}{l}$$

となるので所要ベルト長さには変化がなく支障なく運転できる．しかし，平行掛けの場合は，所要ベルト長さの式は

$$L=2l+\pi(r_A+r_B)+\frac{(r_A-r_B)^2}{l}$$

であるから

$$L=2l+2\pi R+\frac{(2r)^2}{l}$$

となり，ベルトの位置に応じて所要ベルトの長さが変化する問題がある．

いま仮に，図 6·18 のように同形の円すい形のプーリを2個用いたとして，その両端の半径を R_1，R_2 とすると，軸間距離を l として，ベルトが両端にある場合の所要ベルト長さ L は同じで，それは

$$L=2l+\pi(R_1+R_2)+\frac{(R_1-R_2)^2}{l}$$

である．中央位置では両プーリの半径は等しいから，そのところの半径を R' として所要ベルト長さ L' を求めると，$L'=2l+2\pi R'$ となり，これが前記の L に等しいとすると

$$2l+\pi(R_1+R_2)+\frac{(R_1-R_2)^2}{l}=2l+2\pi R'$$

これより

$$R'=\frac{R_1+R_2}{2}+\frac{(R_1-R_2)^2}{2\pi l}$$

となる.

もし両方のプーリが正円すい形の車ならば，中央の半径は $(R_1+R_2)/2$ でなければならないから，同じベルトが，両端でも中央でもゆるんだり張りすぎたりしないで掛かるものとすると，この円すい車の中央部は，**図6•19** のように，正円すい車よりも半径が $(R_1-R_2)^2/2\pi l$ だけふくらんだものを使用する必要がある.

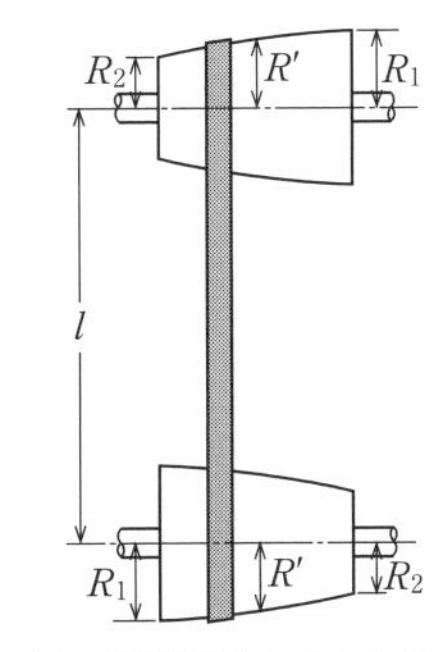

図6・19　無段変速のベルト掛け（2）

しかし，ベルトの最初張力や伸びが多少は変化してもさしつかえないものとすれば，軸間距離を相当大きくし，また円すい車の両端の半径の差をなるべく小さくする（したがって，回転数比の変化範囲をあまり大きくできない）ことにより，正円すい車を使用しても，実用上は大して支障なく運転することができる．なお，やむを得ない場合は，張り車を使用してベルト張力がどの位置でも一定になるようにすることもある.

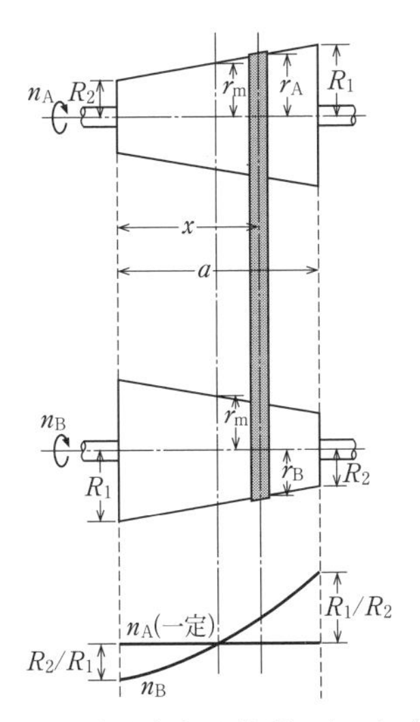

図6・20　無段変速の回転数の求め方（1）

さて，このような円すい形のプーリを用いた場合に，原動軸が一定回転をするとき，ベルトの移動につれて従動軸の回転数はどのように変化をするかを調べてみると，**図6•20** において，正円すい車の両端の半径を R_1，R_2，その長さを a，ベルトはプーリの一端より x の位置にあるとし，この位置のプーリの半径を r_A，r_B とする

と

$$r_A=\frac{aR_2+(R_1-R_2)x}{a}$$

$$r_B=\frac{aR_1-(R_1-R_2)x}{a}$$

したがって，このときの両軸の回転数を n_A，n_B とすれば

$$\frac{n_B}{n_A}=\frac{r_A}{r_B}=\frac{\dfrac{aR_2+(R_1-R_2)x}{a}}{\dfrac{aR_1-(R_1-R_2)x}{a}}=\frac{aR_2+(R_1-R_2)x}{aR_1-(R_1-R_2)x}$$

であるから

$$n_B=n_A\cdot\frac{aR_2+(R_1-R_2)x}{aR_1-(R_1-R_2)x}$$

となって，n_A が一定の場合，正円すい形のプーリでは x の変化の割合と n_B の変化の割合が図6・20下図に示すように直線的にはならない．

次に，x の変化の割合と n_B の変化の割合とを直線的な関係にするプーリの形状を求める．ベルトの長さは一定であるとして

$$r_A+r_B=R_1+R_2$$

また，$\dfrac{n_B}{n_A}=\dfrac{r_A}{r_B}$ より $r_A=r_B\cdot\dfrac{n_B}{n_A}$

したがって

$$r_B\cdot\frac{n_B}{n_A}+r_B=R_1+R_2,\quad r_B=\frac{R_1+R_2}{1+\dfrac{n_B}{n_A}}$$

次に，x の変化と n_B/n_A の変化とが直線的な比例関係にあるとすれば，それは $n_B/n_A=px+q$ の形であり，$x=0$ のとき，$n_B/n_A=R_2/R_1$ であるから $q=R_2/R_1$ となり，また，$x=a$ のときは $n_B/n_A=R_1/R_2$ であるから

$$\frac{n_B}{n_A}=\frac{R_1}{R_2}=ap+\frac{R_2}{R_1}\quad \text{より}\quad p=\frac{R_1{}^2-R_2{}^2}{aR_1R_2}$$

よって

$$\frac{n_B}{n_A}=\frac{(R_1{}^2-R_2{}^2)x}{aR_1R_2}+\frac{R_2}{R_1}$$

したがって

$$r_B=\frac{R_1+R_2}{1+\dfrac{n_B}{n_A}}=\frac{R_1+R_2}{1+\dfrac{(R_1{}^2-R_2{}^2)x}{aR_1R_2}+\dfrac{R_2}{R_1}}=\frac{aR_1R_2}{aR_2+(R_1-R_2)x}$$

$$r_A=R_1+R_2-r_B$$

となる．この場合の両プーリの形およびベルトの位置と両軸の回転数の関係は，**図6・21**に示すようなものになる．もちろん，この場合は n_A＝一定とした関係であって，n_B＝一定としたときの n_A は x と直線的な比例関係にはない．

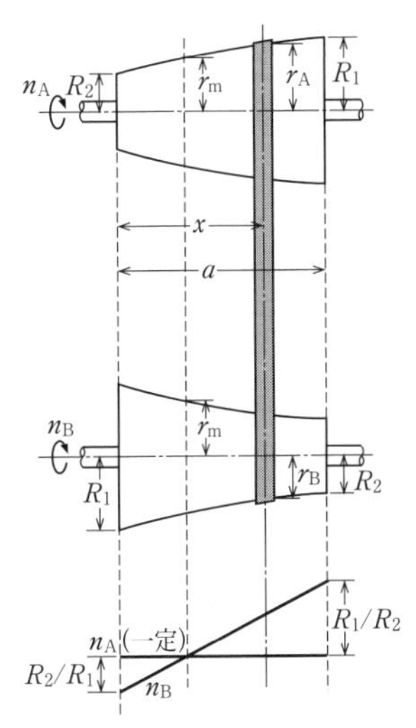

図6・21　無段変速の回転数の求め方（2）

これらの無段的変速装置においては，ベルトは直径の大きいほうに移動しようとする傾向があるから，それを防ぐようにしなければならないし，あまり幅の広いベルトを用いることもできないから，大きな動力を伝達することは困難である．したがって，普通は次の階段的変速装置が用いられる．

〔2〕 **階段的変速の場合**　これは，**図6・22**のように，直径が次第に異なるいくつかのプーリを順次に並べた**段車**（cone pulley, stepped pulley）を用いる方法で，(a) のように，一方の軸には直径の一様な幅の広いプーリを用いるときは，ベルトをどの段に掛けてもたるまないように張り車を使用しなければならないが，(b) のように両軸とも段車を用いた場合は，ベルトをどの段に掛けても所要ベルト長さが同じになるようにつくれば，張り車はなくてもよい．そして，これらの場合は，原動軸が一定回転しているとき，従動軸に対して何段かの速度変化をさせることができる．

いま，**図6・23**において，原動軸Ⅰの回転数が一定で N の場合に，従動軸Ⅱの回転数を n_1，n_2，n_3 …… に変化させるのに，両軸ともに段車を用いるものとする．Ⅰ軸の段車の半径を R_1，R_2，R_3 ……，Ⅱ軸の段車の半径を r_1，r_2，r_3 ……，軸間距離を l とし，原動軸Ⅰの段車の最初の段の半径 R_1 が与えられていて他の半径を求めるには，ベルトが平行掛けの場合は，従動軸Ⅱの段車の最初

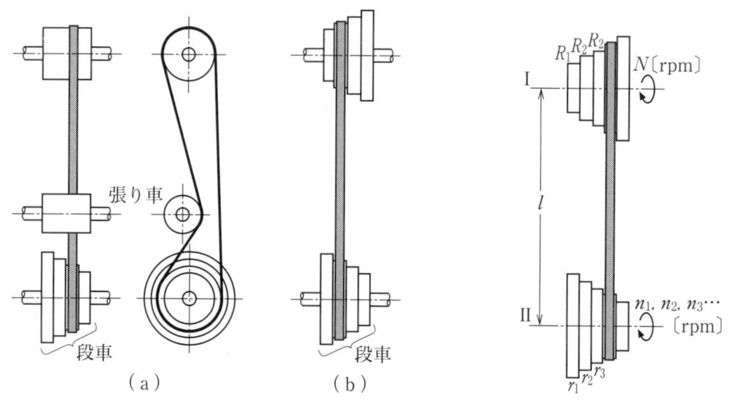

図6・22 段車を用いた例 (1)

図6・23 段車を用いた例 (2)

の段の半径 r_1 およびそのときの所要ベルト長さ L_1 は

$$r_1 = R_1 \cdot \frac{N}{n_1}$$

$$L_1 = 2l + \pi(R_1 + r_1) + \frac{(R_1 - r_1)^2}{l}$$

として求めることができる．

次に，第2段目の両軸の半径 R_2 および r_2 を求めるには

$$\frac{n_2}{N} = \frac{R_2}{r_2}$$

および

$$L_2 = 2l + \pi(R_2 + r_2) + \frac{(R_2 - r_2)^2}{l}$$

かつ

$$L_2 = L_1$$

を満足するような R_2 および r_2 を求めればよい．

すなわち，$r_2 = R_2 \times N/n_2$ として，これを L_2 の式に入れれば

$$L_2 = 2l + \pi\left(R_2 + R_2 \cdot \frac{N}{n_2}\right) + \frac{\left(R_2 - R_2 \cdot \dfrac{N}{n_2}\right)^2}{l}$$

$$= 2l + \pi R_2\left(\frac{n_2 + N}{n_2}\right) + \frac{R_2^2\left(\dfrac{n_2 - N}{n_2}\right)^2}{l}$$

となり，$L_2(=L_1)$，l，N，n_2 は既知であるから，この式を

$$\left(\frac{n_2-N}{n_2}\right)^2 R_2{}^2+\pi l\left(\frac{n_2+N}{n_2}\right)R_2+2l^2-lL_1=0$$

として，これより R_2 を求めることができ，したがって，r_2 も求めることができる．第3段目以降も同様にして求めることができる．

ベルトが十字掛けの場合は，所要ベルト長さの式は

$$L=2l+\pi(R+r)+\frac{(R+r)^2}{l}$$

の形となるので，$R_1+r_1=R_2+r_2=R_3+r_3=\cdots\cdots$ であればよいから，ベルト長さを特に求めないでも，簡単に各段の半径を求めることができる．

平行掛けの場合でも，軸間距離 l が相当大きく，回転数比が小さければ，$(R-r)^2/l$ の項は小さな値となるから，ベルトの最初張力の値の多少の変化はさしつかえないものとすれば，この項は省略してもよく，この場合は，十字掛けのときと同様に $R_1+r_1=R_2+r_2=R_3+r_3=\cdots\cdots$ として，容易に各段の半径を求めることができる．

【例題 6・3】 原動軸が 600 rpm のとき，従動軸に 120，150，180 rpm をさせるような段車をつくれ．ただし，原動軸の段車の最小車の直径は 150 mm，軸間距離は 3 m で，平行掛けとする．

解

原動軸の段車の直径を D_1，D_2，D_3，回転数を N，従動軸の段車の直径を d_1，d_2，d_3，回転数を n_1，n_2，n_3 とする．$D_1=150$ mm，$N=600$ rpm，$n_1=120$ rpm とすると

$$d_1=D_1\cdot\frac{N}{n_1}=150\times\frac{600}{120}=750\text{ mm}$$

プーリの直径に比べて軸間距離は相当大きいと考えられるから

$$D_1+d_1=D_2+d_2=D_3+d_3=150+750=900\text{ mm}$$

とする．

第2段目は $D_2+d_2=900$，$d_2/D_2=N/n_2=600/150=4$ より

$$d_2=4D_2,\ D_2+4D_2=900,\ 5D_2=900,\ D_2=180\text{ mm}$$

したがって

$$d_2=4\times180=720\text{ mm}$$（$d_2=900-D_2=720$ mm として求めてもよい）

同様に第3段目は $D_3+d_3=900$，$d_3/D_3=N/n_3=600/180=10/3$ より

$$d_3=\frac{10}{3}\times D_3,\quad D_3+\frac{10}{3}D_3=900,\quad \frac{13}{3}D_3=900,\quad D_3=207.7\ \mathrm{mm}$$

したがって

$$d_3=(10/3)\times 207.7=692.3\ \mathrm{mm}$$

念のため，第1段目と第3段目の所要ベルト長さを計算してみると，$L_1=7\,443$ mm，$L_3=7\,432.7$ mm で，その差は 10.3 mm で約 0.14 % であるから，この程度の長さの差は無視しても実用上さしつかえない．

6・2　V ベルト伝動装置

6・2・1　V ベルトによる伝動

これは，**V ベルト**（V belt）と名付ける台形断面のゴム製のベルトを，同様の断面形をもった溝車に掛けて伝動する方法で，摩擦力が大きく，すべりが少ないので，特に短い軸間距離で大きな回転比をもたせるときなどに便利であり，また何本も並べて掛けることもできるし，運動が静かで衝撃を緩和する働きもあって，各種の機械の運転にたくさん用いられている．

6・2・2　V ベルト

V ベルトは，**図 6·24** のような台形の断面をもった無端環状のベルトで，主として天然ゴムまたは人造ゴムを材料とする．そして，この V ベルトは車に巻き付くときは外側は伸び，内側は縮むのであるから，その中間の伸び縮みのないところに**心体**（または張力層，tension member）として綿糸，綿布，人絹糸，人絹布または細い綱索などを配置して，これによって伝動に必要な張力を受け持たせる．台形の大きさは，JIS K 6323 によって**表 6·1** のように M，A，B，C，D の5種類が決められており，また角度 θ は 40° に決められている．なお，自動車のファンベルトなどには特殊寸法のものを用いることもある．

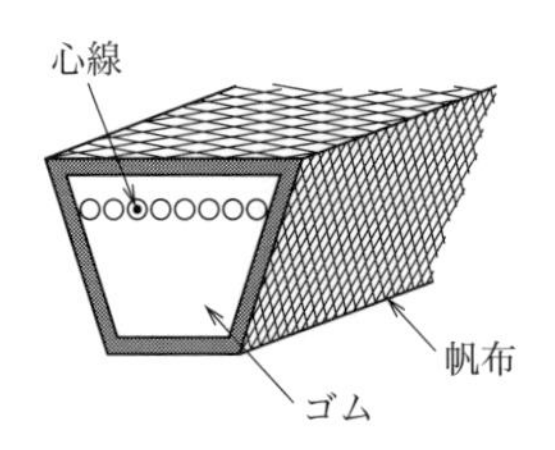

図 6・24　V ベルトの構造（JIS K 6323 より）

表 6・1　V ベルトの台形の大きさ（JIS K 6323 より）

形別	a〔mm〕	b〔mm〕
M	10.0	5.5
A	12.5	9.0
B	16.5	11.0
C	22.0	14.0
D	31.5	19.0

a　b　θ

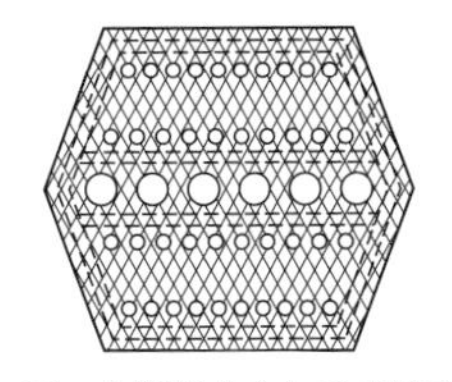
図 6・25　台形背中合わせの断面形状

これらのＶベルトは一般に無端環状に製造されるから，各種の長さのものがつくられているが，ときには長尺のものをつくって，適当な長さに切って継手金具で環状にすることもある．そのほか，曲げやすくするために内側を波状にしたものや，反対にも曲げられるように台形を背中合わせにした**図 6・25** のような断面形状のもの，無段変速装置に用いるのに便利なように幅の広いものなど，特殊なものもある．

Ｖベルトの長さは，JIS ではＭ形以外は厚さの中央のところの長さ（**中心周**または**有効周**，pitch length）とするように規定されているが，外周長さまたは内周長さをもってすることもある．それらの場合の換算は，Ｖベルトの厚さを b とすれば

$$中心周長さ=外周長さ-\pi b=内周長さ+\pi b$$

とすればよい．

6・2・3　Ｖ プーリ

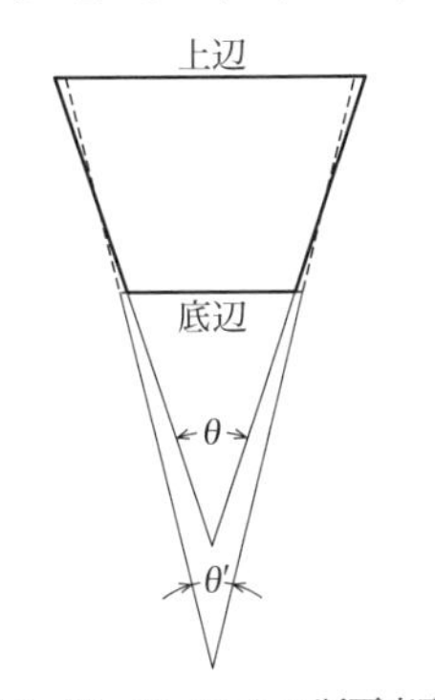

図 6・26　Ｖベルトの断面変形

Ｖベルトを掛けるには溝のある **Ｖ プーリ**（grooved pulley, V–belt pulley）を用いるが，その溝の形は，Ｖベルトがプーリに巻き付いたときにちょうど適合するような形にしなければならない．すなわち，Ｖベルトがプーリに巻き付くと曲げられて外側は伸び，内側は縮むため，断面の台形は，**図 6・26** に示すように上辺は幅が狭くなり，底辺は広くなって，最初の角度 θ（$=40°$）はいくらか小さい角度 θ' となる．そしてこの変形は，曲率半径が小さいほど著しいから，溝の形（角度）は車の直径に応じて適当に定めなければならない．これは計算で求めることはできないから，実用上は**表 6・2** の JIS に示された値によるか，または各Ｖベルト製造会社のカタログに示された値によって決める．

なお，溝の幅はＶベルトの外側が車の外周と一致するようにするのが普通であるが，Ｖベルトが使用につれて摩耗して次第に細くなり，また溝も広くなるので，最初は少しはみ出るようにすることもある．また溝の深さは，Ｖベルト

表6・2 Vプーリの溝部形状および寸法（JIS B 1854より）

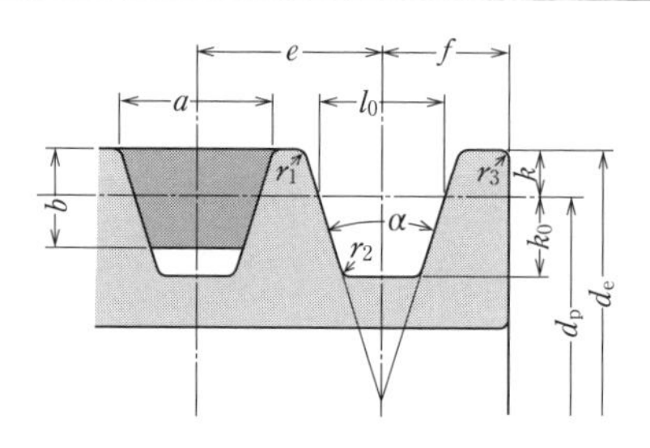

〔単位 mm〕

形別	d_p	α*〔°〕	l_0	k	k_0	e**	f	r_1	r_2	r_3	Vベルトの寸法（参考）
M	50以上 71以下 71を超え 90以下 90を超えるもの	34 36 38	8.0	2.7	6.3	—	9.5	0.2 ～ 0.5	0.5 ～ 1.0	1 ～ 2	a=10.0 b=5.5
A	71以上100以下 100を超え125以下 125を超えるもの	34 36 38	9.2	4.5	8.0	15.0	10.0	〃	〃	〃	a=12.5 b=9.0
B	125以上160以下 160を超え200以下 200を超えるもの	34 36 38	12.5	5.5	9.5	19.0	12.5	〃	〃	〃	a=16.5 b=11.0
C	200以上250以下 250を超え315以下 315を超えるもの	34 36 38	16.9	7.0	12.0	25.5	17.0	〃	1.0 ～ 1.6	2 ～ 3	a=22.0 b=14.0
D	355以上450以下 450を超えるもの	36 38	24.6	9.5	15.5	37.0	24.0	〃	1.6 ～ 2.0	3 ～ 4	a=31.5 b=19.0

* αの許容差は±0.5度．
** M形は原則として1本掛けとする．
なお，JIS B 1854-1987表2には，種別Eが含まれているが，JIS K 6323-2008から種別Eが削除されているため，上表では省略した．

の内側が溝底に触れないように十分深くしておくことが大切であるが，軸間距離が短くて大きな回転比の場合は，製作費を軽減するために大車のほうは浅い溝にして，溝底でVベルトに接触するようにすることもある．

6・2・4 Vベルト伝動の回転数比，摩擦係数および張力

原動車，従動車の回転数をn_A，n_B，直径をd_A，d_Bとすれば，回転数比uは，ベルトのときと同様に

$$u=\frac{n_B}{n_A}=\frac{d_A}{d_B}$$

の関係になるが，ただ直径としてはどこをとるかが問題であって，これはVベルトが車に巻き付いたとき伸び縮みのないところ，すなわち中立面までの直径をとるべきであるが，その位置はVベルトの形や構造によって異なり，一般には求めることが困難であるから，普通はVベルトの厚さの中央までをとる．すなわち，**図6・27**において，Vベルトの外側がVプーリの外周と一致するものとし，外周直径をd_0，Vベルトの厚さをbとしたとき，$d_0-b=d_p$を直径として用いて計算する．このd_pを**ピッチ直径**（pitch diameter）という．なお，Vベルト伝動においては，回転数比uは1：10くらいまでにすることができる．

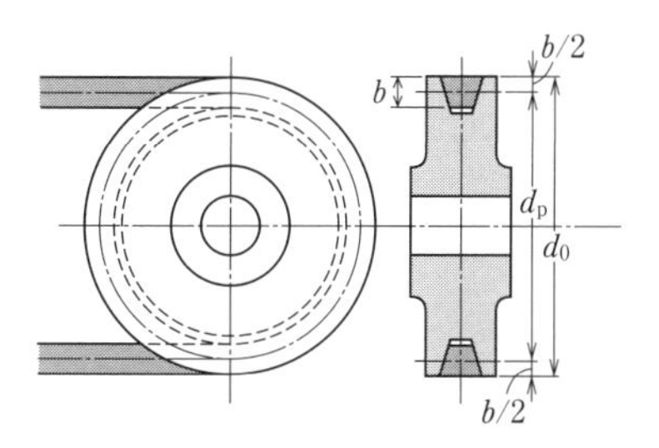

図6・27　ベルト伝動の計算の条件

原動車Aの回転数n_Aが与えられたとき，従動車Bの回転数n_Bは，両車のピッチ直径をd_{pA}，d_{pB}として，前記の式より$n_B=n_A\times(d_{pA}/d_{pB})$として求められるが，実際にはすべりがあるから，この値は少しちがってくる．

すべりには**移動すべり**と**弾性すべり**があることは平ベルト伝動の場合と同様であるが，Vベルト伝動の場合は，そのほかに**見掛けのすべり**がある．それは，Vベルトが原動車に巻き付くときは張り側が巻き付くから，Vベルトは伸びて細くなった状態にあり，しかも，大きな張力を受けながら巻き付くから，溝の奥深く入る．それに対し従動車に巻き付くときは，ゆるみ側が巻き付くので，Vベルトは幾分太くなっており，張力も小さいから，溝の奥深くに入らない．すなわち，原動車では直径が小さくなり，従動車では直径が大きくなって，そのため，従動車の回転数は計算値よりも小さくなり，すべりを生じたのと同じ効果を示すので，これを見掛けのすべりというのである．

VベルトがVプーリに掛かるときは，ロープ伝動の場合と同様に，Vベルトがくさび状となって溝に入るので，**見掛けの摩擦係数**μ'は，VベルトとVプーリの材料との間の摩擦係数をμ，溝の角度をαとすると4・5・2項の溝付き摩擦車の摩擦係数の計算式と同様に

$$\mu'=\frac{\mu}{\sin\dfrac{\alpha}{2}+\mu\cos\dfrac{\alpha}{2}}$$

となる．普通の場合，$\mu'=(1.5\sim2)\mu$ とみてよい．

なお，V ベルトは V プーリに巻き付いているときは内側の幅が広がろうとするから，溝の両側の斜面にいっそうよく密着し，大きな摩擦力が得られ，しかも，車に巻き付く前後の直線状態では V ベルトの内側の幅は狭くなっているから，溝に無理なく出入することができる．

これらのことのために，V ベルト伝動では巻掛け角度がかなり小さい場合でも，あまりすべりを生じないで伝動をすることができるのである．

張力の式も，ベルト伝動の場合と同様に

$$T_s=\frac{1}{e^{\mu'\phi}-1}T+mv^2$$

$$T_t=\frac{e^{\mu'\phi}}{e^{\mu'\phi}-1}T+mv^2$$

としてよい．ここに，T_s，T_t はゆるみ側と張り側の V ベルト張力，μ' は見掛けの摩擦係数，ϕ は巻掛け角度，T は V プーリの周に働く力で $T=T_t-T_s$，m は V ベルトの単位長さの質量，v は V ベルトの速度であって，V ベルトは割合に質量が大きいから，v が大きいと遠心力が大きく働き，伝動能力が低下するので，V ベルトの速度は 25 m/s を超えないようにする．

6・2・5　V ベルトの掛け方

V ベルトは主として平行 2 軸間の伝動に用いる．そして平行掛けとして用い，十字掛けにすることはない．しかし，軸間距離が相当大きいときは，2 軸が直角の位置にあるような場合でも伝動できる．このときは V プーリの溝を幾分深くつくるのがよい．

V ベルト伝動では，巻掛け角度が小さくてもすべりを生じることが少ないから，**図 6･28** のように，1 個の原動車から 2 個の従動車に伝動することも容易に行うことができるし，また，**図 6･29** のように軸間距離が小さく，回転比が大きい場合でも，容易に伝動することができる．この場合，巻掛け角度を増加するために，図 6･8 に示したような張り車を使用する必要はない．むしろこのような張り車は，V ベルトを反対に曲げることになるから，V ベルトを非常に傷めることになる．

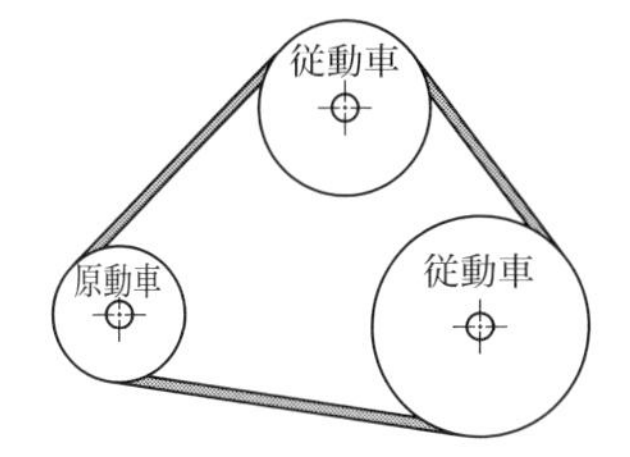

図 6・28　Vベルト掛けの条件（1）

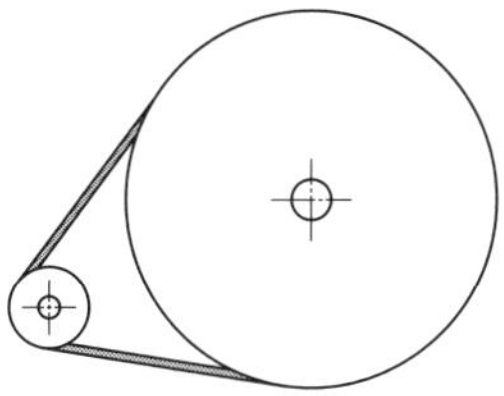

図 6・29　Vベルト掛けの条件（2）

Vベルトは一般に無端環状につくられ，長さを調節することができないから，最初張力を適当にするためには，軸間距離が調節できるように設備されていなければいけない．もし2軸の位置が定まっていて軸間距離を調節できないときは，**図 6・30** のように張り車を用いて最初張力を適当な値とすることがあるが，このときは，Vベルトが1周する間に張り車がなければ2回曲げられるだけであるのに，張り車があると3回曲げられることになるから，Vベルトの寿命が幾分短くなる．

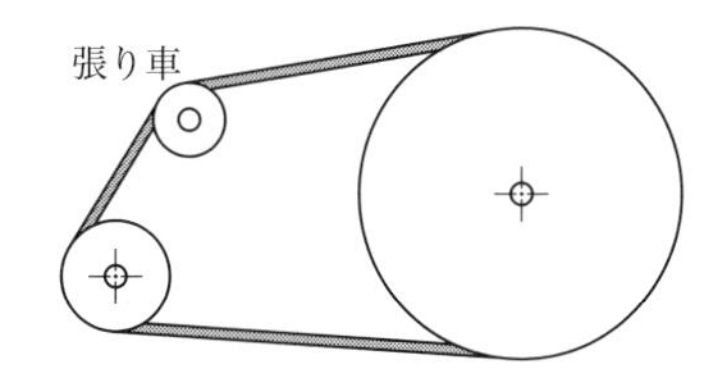

図 6・30　張り車を用いたVベルト掛け

Vベルトを何本か並行して掛ける場合は，Vベルトも同じ長さのものを用い，また溝も同じ幅になるようにつくらないと，各Vベルトの張力が不同となり，最も張力の大きなVベルトが荷重を負担するようになるから，注意を要する．

【例題 6・4】　鋳鉄製Vプーリの溝の角度が36°であった．ゴムと鋳鉄との間の摩擦係数を0.25とすると，見掛けの摩擦係数はどれほどか．

解

$$\mu'=\frac{\mu}{\sin\dfrac{\alpha}{2}+\mu\cos\dfrac{\alpha}{2}}$$

において，$\alpha=36°$，$\mu=0.25$ とすれば

$$\mu'=\frac{0.25}{\sin 18°+0.25\times\cos 18°}=\frac{0.25}{0.3090+0.25\times 0.9511}=0.46$$

もし $\mu'=\mu\operatorname{cosec}\dfrac{\alpha}{2}$ とすれば

$$\mu'=0.25\times\operatorname{cosec} 18°=0.25\times\frac{1}{0.3090}=0.81$$

6・3　チェーン伝動装置

6・3・1　チェーンによる伝動

チェーン伝動装置はベルトやロープの代わりに金属製の**チェーン**（chain）を用いた伝動であって，ベルトやロープが摩擦によって伝動したのに対して，チェーンは**スプロケット**（sprocket wheel）の歯に引っ掛かって伝動するので，すべりを生じることなく回転比を確実に保つことができる．また，チェーンは，普通は鋼製であるから大きな張力に耐えられ，すべる心配もないから大馬力の伝動も可能であるが，その反面，振動や騒音を生じやすいので，あまり高速度の伝動は困難である．

チェーンにはさまざまの種類があるが，伝動用に用いられるのは主として**ローラチェーン**（roller chain）と**サイレントチェーン**（silent chain）である．

6・3・2　ローラチェーンとスプロケット

ローラチェーンは，**図6･31**のように自由に回転できるローラをはめたブシュで固定されたローラリンクと，ピンで固定されたピンリンクとを交互につないでつくったもので，首尾両端を取外し可能のピンで環状に結合して用いる．この場合，リンクの総数は偶数でなければ具合がわるいが，もし奇数の場合は，**図6･32**のようなオフセットリンクを用いれば結合することができる．また，大馬力を伝動するには長いピンを用いて，2列チェーン，3列チェーンなどとする．

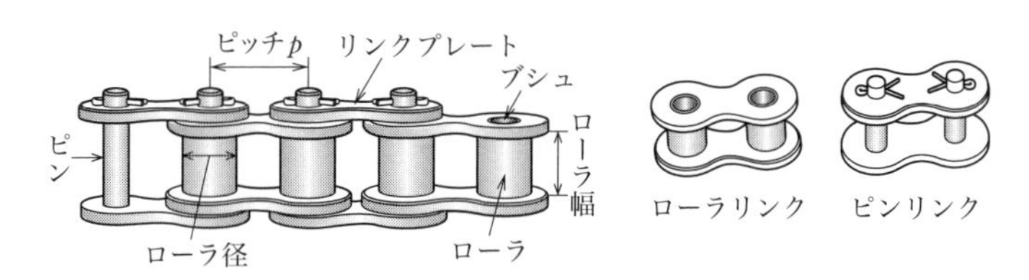

図6・31　ローラチェーンの構成

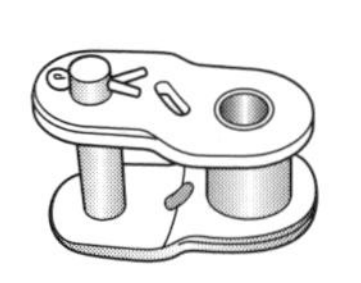

図6・32　オフセットリンク

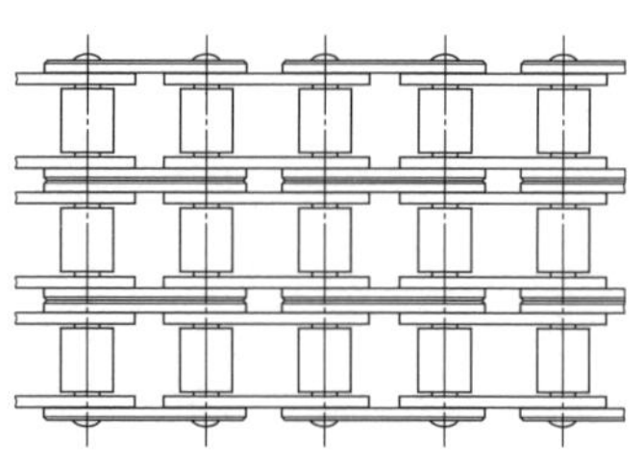

図6・33　3列ローラチェーン

図 6・33 は3列ローラチェーンを示す．なお，ピンとピンとの中心距離 p をローラチェーンのピッチという．

このローラチェーンを掛けるスプロケットは高級鋳鉄か鋼でつくり，その形は**図 6・34** に示す．すなわち，歯と歯の中間は，ローラがちょうどおさまるようにローラの半径よりわずか大きい半径の円弧とし，歯の形は，チェーンがスプロケットから出入するとき，ローラの動きのさまたげにならないような形とする．すなわち，ローラの直径を R，ピッチを p とすると，A 点を中心とし $\overline{\mathrm{Am}}=p-(R/2)$ を半径とする円弧にすればよい．実際の機械においては，この歯形をいくらか修正したJISのS歯形* かU歯形* を用いることが多い．

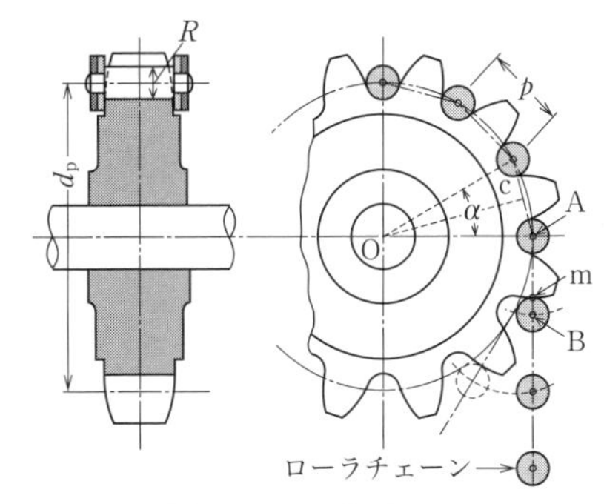

図 6・34 スプロケット

これらのスプロケットにおいて，チェーンのピンの中心を通る円をピッチ円といい，その直径を d_p，歯数を Z とすると，図6・34において

$$\alpha=\frac{2\pi}{Z},\quad \overline{\mathrm{OA}}=\frac{\overline{\mathrm{Ac}}}{\sin\dfrac{\alpha}{2}}=\frac{p/2}{\sin\dfrac{\pi}{Z}}$$

であるから

$$d_p=2\times\overline{\mathrm{OA}}=\frac{p}{\sin\dfrac{\pi}{Z}}$$

の関係となる．

歯数は，あまり少ないと運転が円滑を欠くので普通13枚以上とし，また，なるべく摩耗が均一になるように奇数歯とする．

長く使用すると，チェーンのピンやブシュが摩耗してピッチが伸びてくる．そうすると，チェーンのピッチとスプロケットのピッチとが一致しなくなり，チェーンはスプロケットの一つの歯だけに掛かって，他の歯は遊ぶようになる．このようになると，スプロケットの回転につれてその荷重が次の歯に移り，その度ご

*JIS B 1801 附属書 JA（参考）スプロケット参照

とに激しい衝撃や騒音を生じる．これは大荷重，高速度のときに著しい．

6・3・3　サイレントチェーンとスプロケット

サイレントチェーンは，摩耗してピッチが伸びても騒音を発することなく，静かな伝動をすることができる．これは，**図6・35**（a）のような形をした鋼板製のリンクを多数ピンをもって連結して同図（c）のようにしたものであって，このままでは，スプロケットに掛けたとき横に移動して外れるおそれがあるから，中央または両側に（b）のような案内リンクをいっしょにとじ込んでおく．中央に入れた場合は，スプロケットの中央部に案内リンクの入る溝を切っておく必要がある．なお，チェーンに案内リンクを入れる代わりにスプロケットの両側面につばを付けてもよい．

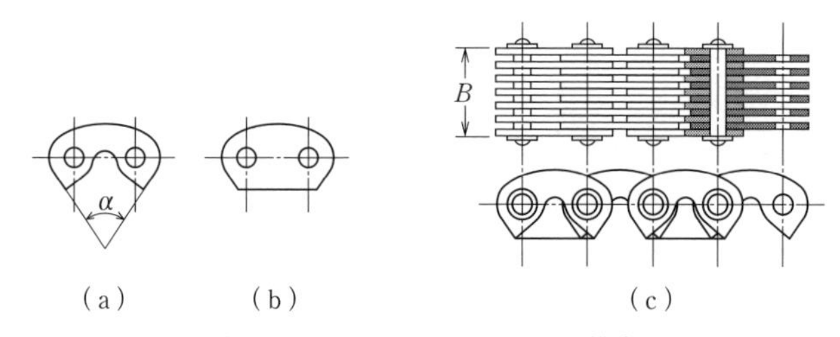

図6・35　サイレントチェーンの構成

サイレントチェーンを掛けるスプロケットの歯の形は，**図6・36**に示すように直線からなり，歯の一つおいて向い合った面が図6・35のαと同じ角度をなすようにつくられている．αの角度は**面角**と呼ばれ，52°，60°，70°，80°などが用いられる．また，一つの歯の両側のなす角度βは，歯数をZとすると，**図6・37**に

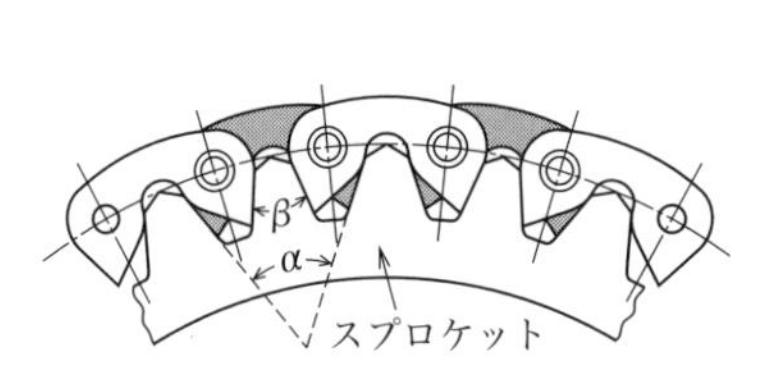

図6・36　スプロケットの歯形

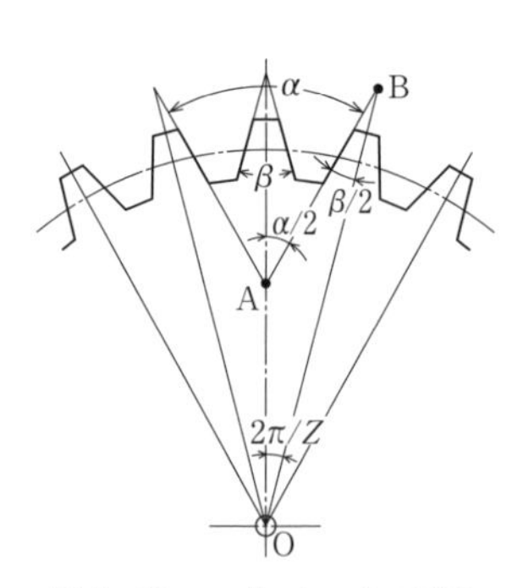

図6・37　スプロケットの面角

おいて △OAB より

$$\frac{\alpha}{2}=\frac{\beta}{2}+\frac{2\pi}{Z}$$

であるから

$$\beta=\alpha-\frac{4\pi}{Z}$$

として求められる．

このサイレントチェーンは，スプロケットに掛かるときは，図 6•36 のようにチェーンの各リンクの両側面がスプロケットの歯の側面に密着して伝動するのであるが，チェーンが摩耗してそのピッチが伸びても，チェーンは歯に対して幾分外側で接するようになるが，やはり全部のリンクが**図 6•38** のようにスプロケットの歯に密着して伝動をするので，静かな運転をすることができる．

また，このサイレントチェーンは，**図 6•39** で見られるように，スプロケットに巻き付く前の直線状態にあるときは，隣り合ったリンクの突出部は重なり合って狭くなっているが，スプロケットに巻き付くと，隣り合ったリンクはピンを中心として相互に回転して突出部は広がり，その両側の歯に密着し，スプロケットから離れるときは，また直線状態になるから，突出部が狭くなって無理なく離れることができる．

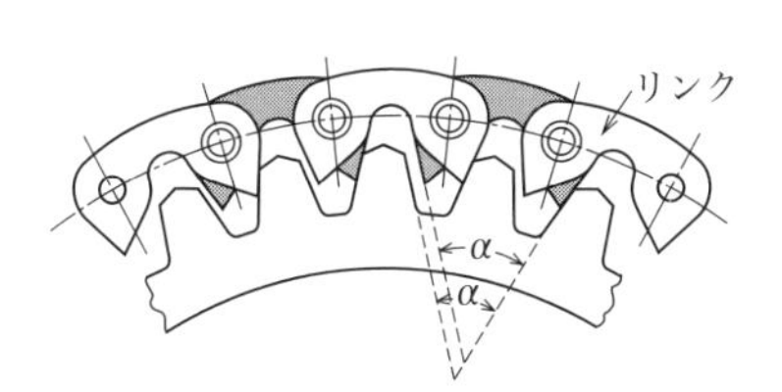

図 6・38　スプロケットと各リンク

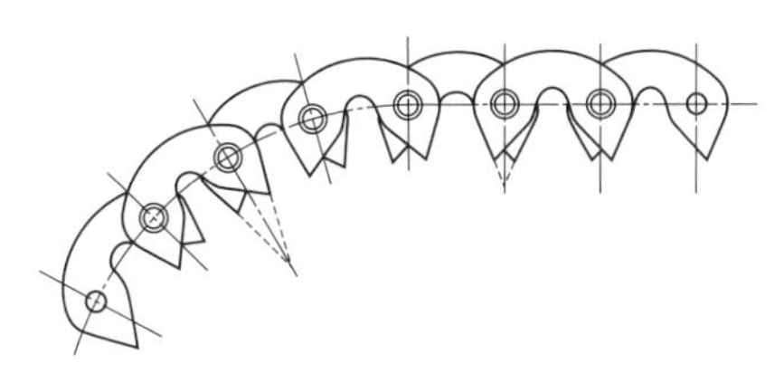

図 6・39　リンクの巻付き状態

6・3・4　チェーンの長さ

所要チェーンの長さは，ベルト伝動においてベルトの長さを求めた方法と同じ考え方で，原動，従動両スプロケットのピッチ円直径 d_A，d_B と軸間距離 l から求めることもできるが，両スプロケットの歯数 Z_A，Z_B を用いて，チェーンの所要リンク数を求めるようにしたほうが便利である．すなわち，チェーンの所要リンク数 N は，チェーンのピッチを p とすると

$$N=\frac{2l}{p}+\frac{Z_A+Z_B}{2}+\frac{\{(Z_A-Z_B)/2\pi\}^2}{l/p}$$

となる．しかし，このようにして求めたものは，普通，小数点以下の数字のある端数となるから，これを切り上げて整数とする．なお，この場合，Nが奇数であると首尾両端を接続するのにオフセットリンクを必要とするから，軸間距離を調節して偶数にする．

1本のチェーンで，1個の原動スプロケットから数個の従動スプロケットに伝動したり，案内スプロケットを用いるようないわゆる多軸伝動の場合は，チェーンの長さを計算で求めることは困難なことが多いが，このようなときは，図を描いて図上で実測する．

6・3・5　回転数比，チェーン速度および張力

チェーン伝動における回転数比は，両軸の回転数をn_A，n_B，両スプロケットの歯数をZ_A，Z_Bとすると

$$u=\frac{n_B}{n_A}=\frac{Z_A}{Z_B}$$

で表され，歯車の場合と同じであるが，ピッチ円の直径とは簡単な関係で表すことはできない．回転数比の値は普通は1：8くらいまでであるが，最大1：10くらいにまではすることができる．

なお，チェーン伝動は，両スプロケットが同一面内にある場合の伝動にのみ用いられ，両スプロケットは同方向に回転するのが普通であるが，ローラチェーンの場合は，チェーンを反対に曲げてもさしつかえないから，**図6･40**のようにすればAとBとは反対方向に回転する．これらの多軸伝動の場合は，チェーンの巻掛け角度が小さくなることが多いが，120°よりも小さな値となることは避け，やむを得ない場合は，張り車（やはりスプロケットを用いるのがよい）によって巻掛け角度を増すようにする．

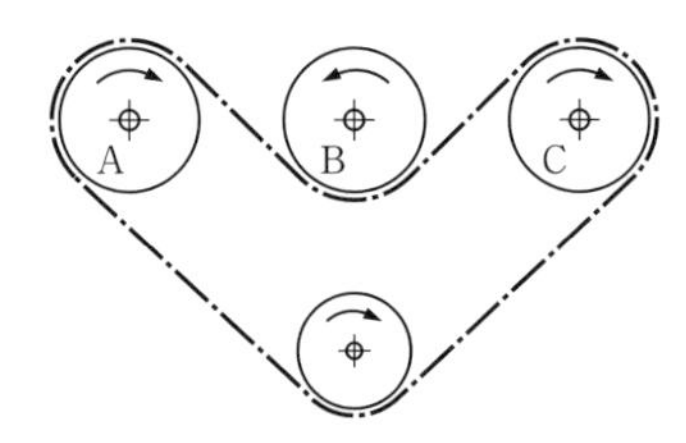

図6・40　チェーンの多軸伝動

チェーンの速度vは，チェーンのピッチをp，スプロケットの回転数をn，歯数をZとすると

$$v=n\cdot p\cdot Z$$

で表されるが，これはチェーンの平均速度であって，実際は，チェーンは金属製のリンクをピンで結合したものであるから，全体としては自由に曲げられるが，一つひとつのリンクは曲がらないので，これがスプロケットに巻き付いたときは円形とはならず，多角形となる（**図 6•41**）．

したがって，あたかも多角形の車にベルトを掛けたのと同様の状態となって，半径が周期的に変化をするから，車が一定の速さで回転をすれば，チェーンの速度は周期的に変化をする．すなわち，同図において，ピッチ円の直径を d_p とすると

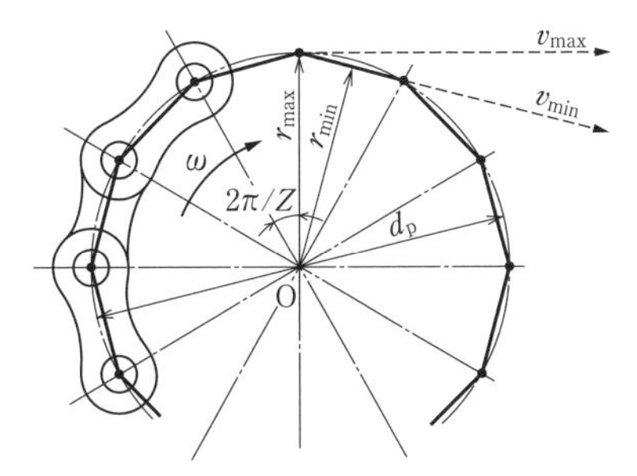

図 6・41　チェーンの速度

$$r_{max}=\frac{d_p}{2},\quad r_{min}=\frac{d_p}{2}\cos\frac{\pi}{Z}$$

となるから，スプロケットの角速度を ω とすると，チェーンの速度は

$$v_{max}=\frac{d_p}{2}\cdot\omega,\quad v_{min}=\left(\frac{d_p}{2}\cdot\cos\frac{\pi}{Z}\right)\omega=v_{max}\cdot\cos\frac{\pi}{Z}$$

の間を絶えず周期的に変化をする．

もし原・従両スプロケットが同じ歯数で位相も一致していれば，この現象は原動スプロケットのところと従動スプロケットのところで互いに打ち消し合って，原動スプロケットが一定角速度なら，従動スプロケットも一定角速度で回転するが，それ以外の場合は，原動スプロケットの角速度が一定でも，従動スプロケットの角速度は一定とならない．しかし，この角速度の変動は，チェーンのピッチをなるべく小さくし，スプロケットの歯数をなるべく多くすれば，実用上はさしつかえない程度にすることができる．

チェーン伝動は，ベルトのように摩擦にたよっていないから，最初張力を必要としない．したがって，伝達力は張り側の張力と等しく，またゆるみ側の張力はチェーンの自重を無視すれば0とみてよい．そのため，スプロケットを水平方向に配置したときは，ゆるみ側が比較的垂れ下がるので，ゆるみ側を上にすると，チェーンがスプロケットから離れにくく，また，スプロケットが小さくて軸間距離が大きいときは，ゆるみ側と張り側とが接触してこすれ合うおそれがあるから，一般に張り側が上方になるようにする．伝達動力はベルトの場合と同様にして計算すればよい．

【例題 6・5】　チェーンのピッチは 25.4 mm，スプロケットの歯数は 24 枚で，600 rpm で等速回転をしている．チェーンの速度を求めよ．

解

ピッチ円の直径は

$$d_{\mathrm{p}}=\frac{p}{\sin\dfrac{\pi}{Z}}=\frac{25.4}{\sin 7.5^\circ}=194.6\ \mathrm{mm}$$

チェーンの平均速度は

$$v=n\cdot p\cdot Z=\frac{600}{60}\times\frac{25.4}{1\,000}\times 24=6.096\ \mathrm{m/s}$$

チェーンの最大速度は

$$v_{\max}=\frac{d_{\mathrm{p}}}{2}\cdot\omega=d_{\mathrm{p}}\cdot\pi\cdot n=\frac{194.6}{1\,000}\times 3.1416\times\frac{600}{60}=6.114\ \mathrm{m/s}$$

チェーンの最小速度は

$$v_{\min}=\left(\frac{d_{\mathrm{p}}}{2}\cos\frac{\pi}{Z}\right)\omega=v_{\max}\cdot\cos\frac{\pi}{Z}=6.114\times\cos 7.5^\circ=6.062\ \mathrm{m/s}$$

演　習　問　題

（**1**）　軸間距離 3 m，原動プーリの直径 400 mm，従動プーリの直径 600 mm の場合，所要ベルト長さおよび巻掛け角度を求めよ．

（**2**）　原動プーリ，従動プーリの直径を 180 mm および 240 mm，ベルトの厚さを 4 mm とする．原動プーリの回転数を 500 rpm としたとき，従動プーリの回転数を求めよ．ベルトの厚さを無視したら回転数はいくらになるか．ただし，すべりはないものとする．

（**3**）　原動プーリは直径 80 mm，従動プーリは直径 320 mm，軸間距離は 1 200 mm とする．原動車の回転数は 1 500 rpm で，2 kW を伝達するものとしたら，ベルトの速度および張力はいくらか．ただし，ベルトは平行掛けで，使用ベルトの質量は 1 m につき 0.2 kg，摩擦係数は 0.3 とする．

（**4**）　図 6・19 のような場合に，$R_1=200$ mm，$R_2=100$ mm，$l=1$ m としたら，中央部の直径は直線を母線とする正円すい車の場合よりどれほど大きくすべきか．

（**5**）　図 6・23 において，軸間距離 $l=800$ mm，また I 軸の回転数は一定で，$N=600$ rpm とする．II 軸の回転数を $n_1=200$ rpm，$n_2=300$ rpm とするには，各段車の直径をいくらにしたらよいか．また，所要ベルト長さ L はいくらか．ただし，ベルトは平行掛けで R_1＝80 mm とする．

（**6**） 原動軸が 800 rpm のとき，従動軸に 240，320，400 rpm をさせるような段車をつくれ．ただし，原動軸の段車の最小車の直径は 180 mm，軸間距離は 3 m，ベルトは十字掛けとする．また所要ベルト長さはいくらか．

（**7**） V ベルト伝動において，ゴムと V プーリの材料との間の摩擦係数を 0.3 としたとき，溝の角度が 34°，36°，38° の各場合の見掛けの摩擦係数はいくらか．

（**8**） 原・従両スプロケットの歯数は 37 および 72，軸間距離は 630 mm，チェーンのピッチは 19.05 mm であるとする．チェーンの長さを所要リンク数で求めよ．

（**9**） 原動スプロケット A の歯数は 20，従動スプロケット B の歯数は 40，チェーンのピッチは 25.40 mm とする．スプロケット A が 360 rpm で等速回転をするとき，スプロケット B に起こりうる最大および最小角速度を求めよ．

演習問題解答

第 1 章の解答

（1）

問題	N	P_1	P_2	f
(a)	5	5	0	$3\cdot(5-1)-(2\cdot5+1\cdot0)=2$
(b)	4	4	0	$3\cdot(4-1)-(2\cdot4+1\cdot0)=1$
(c)	3	2	1	$3\cdot(3-1)-(2\cdot2+1\cdot1)=1$
(d)	2	0	2	$3\cdot(2-1)-(2\cdot0+1\cdot2)=1$

（2）

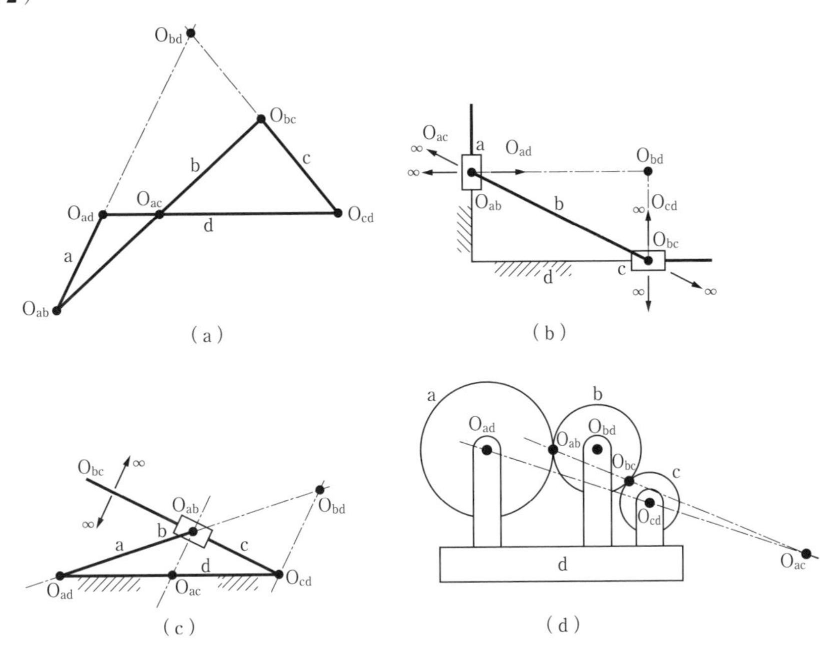

〔解答の補足〕

問題（2）の瞬間中心 O_{ac} は，3 瞬間中心の定理を応用した作図から求めるのは困難である．1･6 節に示した無限遠点を用いると，解答は簡単に導出できる．

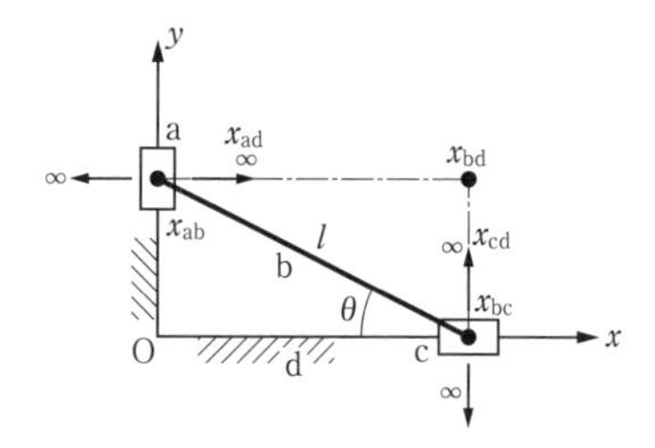

瞬間中心 O_{ac} の位置 x_{ac} は，瞬間中心 O_{ad} と O_{cd} を通過する直線 l_{acd} と，O_{ab} と O_{bc} を通過する直線 l_{abc} との交点となる．

$$x_{ac}=l_{acd}\times l_{abc}=(x_{ad}\times x_{cd})\times(x_{ab}\times x_{bc})$$

$$=\left(\begin{bmatrix}1\\0\\0\end{bmatrix}\times\begin{bmatrix}0\\1\\0\end{bmatrix}\right)\times\left(\begin{bmatrix}0\\l\sin\theta\\1\end{bmatrix}\times\begin{bmatrix}l\cos\theta\\0\\1\end{bmatrix}\right)\propto\begin{bmatrix}\cos\theta\\-\sin\theta\\0\end{bmatrix}$$

すなわち，x_{ac} は $(\cos\theta, -\sin\theta)$ 方向の無限遠点である．

（**3**），（**4**） 省略

（**5**） 瞬間中心を O_{ab}，O_{bc}，O_{ca} とするとき，O_{ab} は接触点における共通法線上にある．したがって，この共通法線と O_{bc}，O_{ca} を結んだ線との交点を求めればよい．

（**6**） 1 秒後，$\theta=143.24°$，$n=47.8$ rpm，$a=7.65$ m/s^2，$\phi=11°19'$

（**7**） $v_R=0.7$ m/s

（**8**） $v_3=3.3$ m/s

（**9**） $v_3=0.25$ m/s，$a_3=2.4$ m/s^2

（**10**） 変位 s は $\sin t$ で表される曲線であるから，v は $\cos t$，a は $-\sin t$ を表す曲線となる．

第 2 章の解答

（**1**） 60°16′，2°10′ 増加する．

（**2**） 4.9 rad/s

（**3**） b：62°32′，d：56°28′

（**4**） 59.4 mm，3.06 m/s，77°01′

（**5**） 82°49′，1.02

（**6**） 214.1 mm，1.19

（7） $\phi=\tan^{-1}\dfrac{\lambda\sin\theta}{1+\lambda\cos\theta}$，$\omega_c=\dfrac{\lambda(\lambda+\cos\theta)}{1+\lambda^2+2\lambda\cos\theta}\cdot\omega$

（8） 1.71

（9） 25 mm，1.36 m/s，24.7 m/s^2

（10） 省略

（11） 1.06

第 3 章の解答

（1）～（6） 省略

（7） 弁が開き始めてから閉じ終わるまでに，カムは（6°＋180°＋38°）/2 だけ回るものとして，［例題 3･2］と同様にしてカムの形を描けばよい．

第 4 章の解答

（1） $r'=r_0'e^{\theta'/m}$

（2） 長軸 200 mm，短軸 160 mm

（3） 150 mm，450 mm

（4） 1.88 kW

（5） 10°54′，49°06′

（6）～（7） 省略

第 5 章の解答

（1） 1.88 m/s

（2） 省略

（3） ピッチ円直径 320 mm，基礎円直径 309.807 mm，歯先円直径 336 mm，円ピッチ 25.133 mm，法線ピッチ 24.332 mm

（4） ピッチ円半径 200.8 mm，301.2 mm，圧力角 15°21′

（5） 2.12，1.87

（6） 1.77

（7） かみ合い始め $\sigma_1=-1.04$，$\sigma_2=0.51$，かみ合い終わり $\sigma_1=0.45$，$\sigma_2=-0.82$

（8） 0.373

（9） 15

（**10**） $d_1 = 120$ mm，$d_2 = 270$ mm，$a = 195$ mm，$v = 7.54$ m/s，$n_2 = 533$ rpm

（**11**） $m_n = 4.830$ mm，$\alpha_n = 19°22'$，$d = 100$ mm，$z_v = 22.2$

（**12**） $\delta_1 = 23°58'$，$\delta_2 = 66°02'$，$z_{v1} = 21.9$，$z_{v2} = 110.8$

（**13**） 63°26′，26°34′

（**14**） 145.34 mm，2.55 m/s

（**15**） $L = 40$ mm，$\gamma = 15°48'$，$d_2 = 381.97$ mm

（**16**） 14.3 rpm

（**17**） 10.5 mm

（**18**） 103，0.222 倍

（**19**） 24.7 rpm，A，G と反対方向

（**20**） 2 回転，同方向

（**21**） 1/25，同方向

第 6 章の解答

（**1**） 平行掛けの場合 $L = 7\,574$ mm，$\phi_A = 176°11'$，$\phi_B = 183°49'$

十字掛けの場合 $L = 7\,654$ mm，$\phi_A = \phi_B = 199°11'$

（**2**） 377 rpm，375 rpm

（**3**） 6.28 m/s，張り側 550.5 N，ゆるみ側 232.5 N

（**4**） 3.2 mm

（**5**） $d_1 = 480$ mm，$D_2 = 217$ mm，$d_2 = 434$ mm，$L = 2\,637$ mm

（**6**） $D_1 = 180$ mm，$d_1 = 600$ mm，$D_2 = 222.9$ mm，$d_2 = 557.1$ mm，$D_3 = 260$ mm，$d_3 = 520$ mm，$L = 7\,276$ mm

（**7**） $\mu' = 0.52$，0.50，0.49

（**8**） 122

（**9**） $\omega_{max} = 18.97$ rad/s，$\omega_{min} = 18.68$ rad/s

索　　引

ア　行

カ　行

サ　行

タ　行

ナ　行

ハ　行

〈著者略歴〉

稲田 重男（いなだ　しげお）

1934 年　早稲田大学理工学部機械工学科卒
元早稲田大学教授
早稲田大学名誉教授

森田　鈞（もりた　ひとし）

1941 年　早稲田大学理工学部機械工学科卒
元早稲田大学教授
早稲田大学名誉教授

長瀬　亮（ながせ　りょう）

1985 年　東北大学大学院工学研究科精密工学専攻修士課程修了
同　年　日本電信電話株式会社入社
元千葉工業大学工学部教授

原田　孝（はらだ　たかし）

1987 年　大阪大学大学院工学研究科産業機械工学専攻修士課程修了
同　年　株式会社神戸製鋼所入社
現　在　近畿大学理工学部教授

大学課程　機構学（改訂 2 版）

1966 年 2 月 20 日　第 1 版第 1 刷発行
2016 年 11 月 25 日　改訂 2 版第 1 刷発行
2024 年 7 月 10 日　改訂 2 版第10刷発行

著　者　稲田重男・森田　鈞
　　　　長瀬　亮・原田　孝
発行者　村上和夫
発行所　株式会社 オーム社
　　　　郵便番号　101-8460
　　　　東京都千代田区神田錦町 3-1
　　　　電話　03(3233)0641(代表)
　　　　URL　https://www.ohmsha.co.jp/

印刷・製本　三美印刷
ISBN978-4-274-21971-9　Printed in Japan